U0303637

科 学
新视野

杯盘之间

一部被湮没的"庖厨"史

〔英〕比·威尔逊 著

赵雪倩 译

创于1897
The Commercial Press

2019年·北京

图书在版编目(CIP)数据

杯盘之间：一部被湮没的"庖厨"史/(英)比·威尔逊
著；赵雪倩译. —北京：商务印书馆，2019
（科学新视野）
ISBN 978-7-100-17647-7

Ⅰ.①杯… Ⅱ.①比… ②赵… Ⅲ.①炊具—历史—
少年读物 Ⅳ.①TS972.21-49

中国版本图书馆 CIP 数据核字(2019)第 144512 号

Original Edition
CONSIDER THE FORK

科学新视野

杯盘之间：一部被湮没的"庖厨"史
〔英〕比·威尔逊(Bee Wilson) 著
赵雪倩 译

商 务 印 书 馆 出 版
（北京王府井大街 36 号　邮政编码 100710）
商 务 印 书 馆 发 行
北京中科印刷有限公司印刷
ISBN 978-7-100-17647-7

2019 年 11 月第 1 版　　　开本 880×1230　1/32
2019 年 11 月北京第 1 次印刷　印张 10⅜
定价：45.00 元

目
录

引　言

　　一把木制的汤勺——一种最亲切、最招人喜爱的厨房器皿——如果按照我们通常对"科技"这个词的理解，它看起来与"科技"完全不沾边儿。它没有开关，不能打开和关闭，也不会发出滑稽的声响。关于它，没有专利和保质期这一说，更谈不上意味深长，或者预示着未来、灵巧适用之类。

　　但是，如果仔细地看一眼你的木汤勺（我敢说你至少有一个，因为我从未发现哪家厨房中一个也没有），抚摸上面的花纹，看一看它是不是由工厂量制的，是山毛榉木的还是木质细密的枫木的？或者它是由某位能工巧匠手工削制的一把橄榄木汤勺？现在来注意一下它的形状，是椭圆的还是圆的？有沟槽的还是实心的？或许它的一端略尖，以便能够触到锅盘边角儿的食物；或许它的勺柄极短，方便儿童使用；或者很长，确保你的手与滚烫的锅之间能够留有一个足够安全的距离。无数的需求，来自经济、社会以及与设计和应用工程相关的各个方面，都参与了这一物品的制作。这一切又进一步影响了我们使用它的方式。木勺是我们每日进行的就餐交响乐中一个安静的弹奏者，我们对它熟视无睹，它不会因为摊平了鸡蛋，帮助熔化了巧克力或者捞起了洋葱而获得我们的赞美。

木勺看起来并不复杂，历史上，它曾经作为纪念奖品送给比赛场上的失败者，不过它也有自己的科技含量。木的质地不那么锋利，不会刮坏锅盘，你可以用它尽情地刮来刮去而不用担心会在金属表面留下刮痕；也不灵敏，你无须担心它会留下金属的味道，或者在与柑橘和番茄这样的酸性物质的接触过程中受到腐蚀；它不是热导体，你可以用木勺搅动滚烫的汤而不会把手烫伤。除了它本身所具备的功能以外，我们使用木勺，还因为我们一直就在用它，它是我们文明的一个组成部分。工具首次被制造出来是因为它迎合了某种需求或者解决了某个具体的问题。但是，经过岁月的洗礼，到底哪些工具能够让我们长期乐此不疲地使用，却取决于文化。在使用不锈钢锅盘的时代，用金属勺搅拌而不伤及容器，是完全可能的，但是这么做却令人莫名其妙地感觉不舒服。金属的尖锐棱角会碰碎我们精心切好的蔬菜，手柄握起来也不那么适意，当啷当啷的声音则与木头轻柔的敲击声形成鲜明的对比。

在这个塑料遍布的时代，你大概更愿意使用合成质地的工具，因为木勺不适合用洗碗机来清洗（多次清洗之后，它们会软化和开裂）。但是，情况远非这么简单。最近，在一家厨具商店，我看到了一个有点儿古怪的玩意儿——"仿木硅脂勺"，价格是普通山毛榉勺子的八倍。

它们有着木勺的形状，实际上却是花哨艳丽、相对厚重的塑料质地的厨房用品，与木头没有关系。制造商很清楚，他们需要让自己的产品与木头的质感联系起来，以便在我们的心目中和厨房中赢得一席之地。烹调的时候，有很多事情被我们视为理所当然：我们用木勺搅拌，吃的时候却用金属的（我们以前也用木勺吃饭）；对于我们来说，哪些食物应该趁热吃，哪些必须生吃是很明确的。大多数情况下，根据本能或者遵照食谱的建议，有些食材我们把它煮熟，其他的则冷冻、油煎，或者碾碎。每个做意大利菜的人都清楚，做意式烩饭的时候，应该一点儿一点儿地加水，而意大利面则要在很多水中快速煮熟，这又是为什么呢？*烹调的很多方面并非像它们表面看起来那么明确，而且似乎永远都存在着其他的烹调方法，如同那些因为种种原因而没有被采纳的器具，像水力打蛋器、磁力烧烤机什么的。无数大大小小的发明充实了我们今天设备齐全的厨房，而我们那位低科技含量的朋友——木汤勺，则加入了搅拌器、冰箱和微波炉组成的大军，但是其中的历史却大部分受到了忽视或者被湮没了。

传统科技史并不关注食物，而是关注重工业和军事工业的发展，如车轮和船舶、炮弹和电子通讯、飞船和无线电等。当人们提到食物的时候，更多是与农业相关的内容——耕作系统以及灌溉，而不是家中的厨房。但是，发明一个胡桃钳所需的创造力与发明一颗子弹是等量的。一位发明家在发明军事设备的时候却发现这项发明在厨房中会

---

* 你或许会说，这是因为意式烩饭是松软而有黏性的，而意大利面则口感滑爽，淀粉需要在水中冲掉一些。但是，问题仍然存在，如果用做烩饭的方法做意大利面，特别是那种米粒状的意面，再加上一些葡萄酒和肉汤，也是很美味的。同理，做烩饭用的米饭，也可以在开始时就加很多水或者汤，就像西班牙海鲜饭那样，口感同样不错。

有更大的用途，这类事情可以说是司空见惯。不锈钢，就是谢菲尔德人哈利·布莱利（Harry Brearley）在设法提高枪管性能的过程中发明的，他在无意中提高了全世界餐具的品质。珀斯·斯宾塞（Percy Spencer），微波炉的发明者，是在研究海军雷达系统的时候偶然发明了一种新的烹调方式。我们的厨房在很大程度上得益于科学的智慧，一位正在炉盘上用各种食材做试验的厨师与实验室中的化学家差不多：我们往红色卷心菜中加一点儿醋来固色，往柠檬蛋糕中放一些小苏打来中和柠檬的酸性。不要以为科技只是科学思想的应用，它其实是更基本也更古老的事物。科学思想是亚里士多德在公元前4世纪所创立的有关宇宙运行的组织严密的知识系统，不是每种文化都包含真正的科学思想。现代的科学研究方法，即由观察、预测以及假设所构成的实验方法则是17世纪的产物；而以解决问题为主的烹饪科技却可以追溯到几千年前，早在石器时代，人们就以削尖的打火石来切割生鲜食物。我们人类一直用各种发明来寻求"糊口"的更好方式。

科技（technology）一词源自希腊语："techne"的意思是艺术、技能或者工艺，"logia"的意思是研究某种事物。科技并非像机器人那样冰冷机械，而是充满人性的：那些有关工具和技术的发明满足了我们的生活需求。有时候，科技可能就意味着工具本身；其他时候，它指发明工具时所运用的创新技能，以及人们用这些工具而非其他工具的事实。科学不像科技那样依赖其应用情况，当工具不再有用，它也就过期了。一个打蛋器，无论设计得如何巧妙，在人们选择用它来搅打鸡蛋以前，是无法证明其效用的。

本书要探讨的是：我们所使用的厨房用具如何影响了我们所吃的食物和吃的方式，以及我们对食物的感受。食物是最有人类共性的事物，俗语说：除了"死亡和税"以外，在这世界上没有什么是确定无疑的。实际上应该改成"死亡和食物"。太多人逃避缴税（其中一个缘由是一点儿钱也没赚，但是肯定不是唯一的缘由）。有些人可以不过性生活，虽然它是生活中的另一项重要内容；但是，没有人可以不依赖食物而生活。这是一种习惯、一种更高层次的享受，同时是我们的基本需求，它塑造了我们日常生活的模式，食物变得贫乏的时候，生活便开始侵蚀折磨我们。厌食症患者或许在试图逃避，但是只要我们活着，饥饿是无法逃避的。我们都要吃饭，人类满足自己这一基本需求的方式因为时间和地域的不同而五花八门，所使用的工具则是其中差异最大的。

我的早餐通常包括咖啡、吐司面包、黄油、果酱以及橙汁，如果孩子们还没有把它们喝光的话。像这样的一个早餐，就其组合因素来说，可以出现在过往 350 年时间长河的任何一段时期。在英格兰，人们是从 17 世纪中期开始饮用咖啡的，榨取橙汁和制作果酱是从 1290 年开始的，食用吐司面包和黄油就更古老了。这其中的奥秘隐藏在细节之中。

为了做咖啡，我不会像 1810 年代的人们那样，先把咖啡煮上 20 分钟，然后用鱼胶（就是鱼的膀胱）来过滤；也不会像 1850 年代的人们那样，用"拉姆福德（Rumford）科学咖啡渗滤壶"来做咖啡；也不会像爱德华时代 * 的人们那样，用一个缸子和木调羹，把冷水淋在热的咖啡粉上面，这样烧好的咖啡会落到下面；我也不会像我在美国的时候那样，用电子咖啡壶做咖啡；更不会像学生时代那样，把热水倒在一小勺散发着焦煳气味的速溶咖啡粉上面；一般情况下，我也不会使用法式滤压咖啡壶来做咖啡，虽然我在 1990 年代用过这玩意儿。我是 21

---

* 指 1901—1910 年英国国王爱德华七世在位的时期。——译者注

世纪早期的咖啡狂人（但是还没有疯狂到花钱买一个最时髦的日式虹吸咖啡壶的程度），我用磨盘式研磨机把咖啡豆（公平贸易牌的）研磨成极细的粉末，然后用卡布奇诺咖啡机以及一些辅助用具（咖啡勺、搅拌棒和不锈钢奶壶）给自己做出一杯白咖啡（浓缩的，加了热牛奶）。在一个阳光明媚的清晨，10分钟左右的专注和努力过后，高科技发挥了作用，咖啡和牛奶交融成泛着白沫的美味饮料；如果是一个不太美妙的早上，它们会溅得到处都是。

在伊丽莎白时代，吐司、黄油和果酱为人们所熟知并受到喜爱。但是莎士比亚从未吃过我现在吃的这种吐司，就是把自动面包机烘烤出来的大面包切成片，然后用四格吐司炉烤成吐司，盛在一个白色的可用洗碗机清洗的瓷盘中享用。他也没有享用过可涂抹的黄油以及果肉含量很高的果酱，它们都保存在我家的那个功能完善的大冰箱里。另外，莎士比亚的果酱很有可能是用柑橘制成的，而非橙子。我的黄油也不会不新鲜或者坚硬，像20世纪七八十年代那样，那时候我还是一个孩子，我用一把不锈钢刀涂抹黄油，因为这种刀不会留下金属的味道，也不会与果酱中的糖分发生任何反应。

说起橙汁，它所仰赖的科技似乎是最简单的，拿起橙子，挤压出汁，同时也可以说是最复杂的。爱德华时代的家庭主妇，需要在一种圆

锥形的玻璃榨汁器里费力地榨取果汁，而我通常是从利乐包装盒中把果汁倒出来，尽管标明的成分只有橙子，但是果汁的制取却要经过一系列令人迷惑的工业科技程序：首先把水果与隐性酶一

起压碎，然后用澄清器过滤，高温加热并冷却，之后再从一个国家运送到另一个国家，所有这一切都是为了我的快乐早餐。感谢琳达·布鲁斯特（Linda C. Brewster）女士，她在1970年代因为"通过降低柠檬苦素的含量去除橙汁的苦味"而获得了四项发明专利，因此，今天的果汁才没有在我的唇齿间留下苦涩的回味。

人们在特定的历史阶段，以特定的方式享用特定的早餐，我们所吃的食物与我们所居住的地方以及生活的时代密切相关。但是，从更广泛的视角来说，我们在烹制和享用食物时所使用的工具也应该包括在内。人们常常说我们生活在一个"科技时代"，这句话的潜台词是：我们有很多电脑。事实是每个时代都有它的科技。它不一定是彰显未来的，它可以是一个叉子、一口锅或者一个简单的量杯。有时候，厨房用具只是用来增添饮食的乐趣，但是它们也可能是某种基本的生存工具。一万年以前，在陶器还没有发明之前，考古挖掘出来的骸骨显示：没有人可以在没有牙齿的情况下活到成年，咀嚼是一项必要的技能，如果你不能咀嚼，你就会挨饿。陶器让我们的祖先可以制作流质的食物，如粥和汤，这些东西不需要咀嚼就可以吃下去，我们也因此第一次看到了没有牙齿的成年骸骨。是蒸煮罐拯救了这些人。

最通用的科技往往是最基本的，像捣杵和研钵，我们使用了几千年。我们的祖先首先用杵和钵处理谷物，之后成功地将其应用于碾磨各种东西，从法式蒜泥蛋黄酱到泰式咖喱酱。其他一些用具就没有这么有用了，像1970年代的烤鸡锅，短暂流行之后，当人们不再热衷于这种食物，这些用具就被扔进了废物堆。有一些用具，如调羹和微波炉，在世界范围内被广泛应用；其他的则局限于某个具体的地区，如那种嗞嗞作响的热乎乎的石锅，韩国人用它来烹制一种特色食物——石锅拌饭，它混合了糯米、切好的蔬菜以及生的或者熟的鸡蛋等食物，底层的米饭则因为石锅的热量成了脆脆的锅巴。

这本书写的是有关"高"科技的玩意儿，不过其中也包括那些我们不怎么关注的技术和工具。即使我们不注意，食物科技依然无时无刻不在发挥着作用。自从发明了火，我们所吃的任何食物背后，都有科技的支持，不管我们有没有意识到。每一条大面包的背后，都有一个烤炉；每一碗汤的背后，都有一个汤锅和木勺（除非是来自罐头）；每一份大厨级的泡芙背后，都有一个以氧化亚氮作为能量的搅拌罐。斐朗·阿德里亚（Ferran Adria）位于西班牙的斗牛犬餐厅，直到 2011 年关闭以前一直是世界上最受欢迎的饭店。但是，如果没有真空低温烹调机、离心机、脱水机和万能冰沙机，它就不可能做出菜单上的那些食物。随着厨房科技的日新月异，仍然有人声称老式烹调法才是最好的。

厨师们是保守的，习惯于安静地从事重复的事情，年复一年，日复一日，很少变化。整个文化都是以一种特定的方式建筑在食物烹饪的基础之上。一顿真正的中餐，离不开一把菜刀，这是一种制作精巧的刀，可以把原材料切得非常细小；还有一口炒锅，可以用来翻炒。是因为有了这种锅，人们才想到翻炒食物；还是为了翻炒食物，才出现了这种锅？两者都不对！为了了解中餐的逻辑，我们必须回溯得更久远一些，考虑到当年的燃料问题，快速烹制食物是当年木材燃料短缺的解决办法，然而，随着时光的流逝，工具和食物之间结合得如此紧密，以至于很难说孰先孰后。

厨师们很自然地将厨房改革看成是一种个人攻击。抱怨总是这样的：你们用这些新奇玩意儿把我们熟悉和喜爱的食物给毁了。19 世纪末，商业制冷技术得到了应用，为消费者和这项工业都提供了极大的益处；冰箱对于易腐食物的销售尤其有利，比如说牛奶，之前在大城市，每年会因此导致上千人死亡。制冷工业同样令货商们获益，他们销售食物的窗口因此变得更多。但是，关于这种新科技的恐惧也在弥漫着，涵盖了销售商和消费者。消费者们不相信冷藏过的食物，市场经营者们同样不知道拿这种"冷"来做什么。在1890年代的巴黎雷阿勒大商场，销售商们认为冰箱会损害他们的商品。从某种程度上来说，他们是对的，如果我们把一个室温下保存的西红柿，跟一个在冰箱中保存的西红柿拿来对比的话，就可以证明这一点：一个（或许这是一个很好的西红柿）甜美多汁，另一个则蔫蔫的。每一项新科技都预示着一种交替：有得，也有失。

我们通常失去的是知识。当你有了食物处理机，你就不再需要拥有那么好的刀工。拥有了煤气、电烤炉和微波炉意味着我们不需要知道怎么把火点起来并让它保持燃烧。直到大约一百年以前，火的管理一直是人类所从事的最主要的事务之一。这种时代已经一去不复返了（想到一天之中需要为此消耗的那些无聊的时光，以及它对我们的生活所造成的妨碍，这未尝不是一件好事）。更大的问题是：随着烹饪科技的发展，人力投入也越来越少，这是否意味着烹饪技术的消失？2011年，针对2000位18—25岁之间的英国人的调查发现，他们中超过一半的人在离开父母家时，甚至连番茄肉酱这么简单的菜也不会做。微波炉和方便食品让我们只需按几个电钮就能喂饱自己。可是，如果你因此对于为自己烹饪食物失去了所有的兴致，那么它们就不能意味着是一种进步。有时候，一项新的科技令我们更加珍惜原来的那一个。虽然我可以用30秒的时间在搅拌器中做成一份荷兰酱，但是，用老方法做却更有乐趣：用一个双层锅和一个木勺，把黄油一点儿一点儿地加在蛋黄上。

与食物自身的历史相比，厨房设备显得不那么重要。人们尽可以在餐桌摆设和果冻模型这些事情上过分讲究，但是，与饥饿时对面包的渴求相比，那些穷讲究又算得了什么呢？也许这就是为什么厨房用具在食物历史上受到了忽视。在过去的二十年间，烹饪历史成为了研究的热门。但是，这些新历史的关注焦点，除了几个显著的例外，都明显地集中在原材料方面：是关于做什么的，而不是关于怎么做的。有大量关于马铃薯、鳕鱼、巧克力以及烹饪、餐馆和厨师们的历史著作，但是，厨房及其用具却在这些著作的字里行间难觅踪迹。因此，这些故事的一半是残缺的，而残缺的这部分很重要，因为我们正是运用不同的工具和烹饪技术，去改变那些原材料的质地、味道和营养结构。

除此以外，厨房科技——"怎么烹调食物"与"吃什么"同样改变了我们人类。我不是只想说"我的梦幻厨房改变了我的生活"，虽然此话不虚。厨房工具的改变与大量的社会变革息息相关，就拿人力节约型装置与仆从之间的关系来说吧，如果富人的厨房并不缺乏人力来承担那些繁重的劳动，人们就没有兴趣想办法减轻烹饪的辛劳，因此曾经一度造成了科技发展的停滞。电子食物处理器和搅拌器确实解放了人力，在黎巴嫩和印度，胳膊再也不会因为制作羊肉酥饼或者姜蒜泥而酸痛，很多曾经伴随着痛楚的美食也不再是什么麻烦事了。

厨房用具在生理上给我们带来了更大的变化。有证据显示，目前的肥胖危机并不完全是由我们所吃的食物造成的（虽然这是主要原因），部分是因为我们对食物加工的程度，有时候我们称之为"卡路里欺诈"。2003 年，日本九州大学的科学家给一组老鼠喂硬食物球，另一组喂软食物球，食物球在其他方面完全一样：同样的营养，同样的卡路里。22 周之后，吃软食物球的老鼠变得更胖。这个实验表明，食物的质地对于体重增加起着重要作用。利用蟒蛇（喂食磨碎的熟牛排与整块的生牛排）等进行的研究结果进一步证实了这一发现。消化不易咀嚼、粗加工的食物会消耗我们更多的热量，身体所吸收的卡路里也就更少。与脆脆的生鲜苹果相比，我们从慢火熬成的苹果泥中会吸收更多的热量，即使两者之间的卡路里含量在书本上是一致的。今天，食物标注的营养信息仍然很粗浅（依照 19 世纪末的亚特华德营养开发会议讨论的结果），尚未顾及这些方面，但是却清晰地证明了烹饪科技的关键。

在很多方面，食物的历史就是科技的历史。烹饪离不开火，火的运用以及随之发展起来的烹饪艺术，使我们从猿进化为直立的人。早期的狩猎采集者们或许没有厨房用具或者"低脂均热烤炉"，但是仍然拥有他们的厨房科技。他们用一种石头来敲打肉类，再用一种磨得较为锋利的石头来切割和撕扯大块的肉；凭借一双灵巧的双手，他们知道如何采集可食用的坚果和浆果而不被蜇着或刺着；他们在高山岩石的缝隙中搜寻蜂蜜，用贝壳接住烤得嗞嗞作响的海豹身上留下来的油脂：各种巧思妙计，令人惊叹！

这本书将要讲述的故事是：我们是如何发现并利用火和冰的，我们又是如何使用搅拌器、勺子、擦菜器、捣碎器和杵钵的，以及我们在如何使用我们的双手和牙齿，而所有这一切都是为了把食物送进我们的嘴里。在我们的厨房里，存在着一种隐秘的信息，这种信息影响着我们的烹饪和饮食方式。这不是一本有关农业科技的书（有不少这方面的书），与餐饮行业的烹饪技术也没有太大的关系，它们有它们自己的特点。这本书讲的是每天的家居生计，以及不同用具为我们的烹饪所带来的益处和风险。

我们很容易忘记，厨房科技可以关乎生死，如其中最基本的切割和加热设备，就充满了风险。在人类历史的大多数时期里，烹饪曾经是一件无比残酷的差事，要在一个大汗淋漓、烟雾弥漫的封闭空间里与危险相伴。在世界上的很多地方，现在依旧如此。根据世界健康组织的统计：油烟——主要是烹饪时产生的油烟，在发展中国家每年要杀死 150 万人。在多个世纪里，在欧洲，敞开式灶台是导致死亡的一个主要原因。女人所承受的风险尤其大，起伏的裙摆、宽大拖曳的双袖，与开放式火炉上沸腾翻滚的大锅在一起，实在是一个糟糕的组合。直到 17 世纪，富裕人家雇佣的专职厨师一般都是男士，因为厨房里焦灼的热度，在工作的时候，他们往往裸体或者只穿内衣。女人们的工作则局限在制作奶制品和清洗碗碟，在那些地方，她们的裙子不会给她们带来什么麻烦。

16、17 世纪，封闭的砖式烟囱和铸铁炉箅是英式厨房所经历的一次最重大的革命。为了控制和利用新的热源，一系列新式厨房设备涌现出来。一时间，厨房不再是污秽油腻的所在，闪闪发光的铜器和锡制锅具取代了熏得漆黑的老式铁制用具。这一变革对社会的影响是巨大的，最后，妇女们终于不会在生火时点着自己了。仅仅过了一代人的时间，封闭式炉具成为一种标准之后，一部女人写给女人的烹饪书就在大不列颠出版了。这不是巧合，各种厨房用具的出现不是彼此孤立的，而是互有关联。一种用具出现了，会有更多的工具出现，以便与之配套。微波炉的诞生催生了各种微波炉专用容器和薄膜；冰箱一出现，制冰格马上就成为一种需求；不粘锅使无痕刮铲成为必需品。与古老的开放式炉灶相配套的是炉前铁架和火钳，防止熊熊燃烧的木材滚出来；烤面包架和风箱——一种庞大的金属罩，放置在火前，可以让饭菜熟得更快一些；以及各种烧烤转轮，用来翻动烤肉钢钎；还有手柄极长的铁制长柄勺、漏勺和大叉子等。随着开放式炉灶的终结，所有这些相关的用具也随之消失了。

很多厨房用具承受了岁月的洗礼，而留存至今，比如杵和钵，然而更多的却消失在历史的长河之中：我们再也不需要苹果酒罐、各式吊钩、长柄肉叉以及大灶锅、锅钩和松饼调料瓶了，尽管在当年，这些东西与我们今天所用的油酒、电子搅拌机和冰淇淋挖勺一样，并不多余。厨房中的小物件可以让人们管窥一个社会的喜好和焦点。乔治王（The Georgians）时代 * 的人们喜爱烤骨髓，为此专门发明了一种银勺子；玛雅人在用来喝巧克力的葫芦上面展现出了高超的艺术才能；如果你在我们的厨房五金商店里逛一圈，就会觉得今天让我们西方人着迷的是意式浓缩咖啡、烤三明治和杯形蛋糕。

科技是与"可能性"相关的艺术，受人类欲望的驱使——无论这欲望是什么，是要做出一款更好吃的蛋糕，还是只要活下去——同时受到当时的材料和知识水平的限制。罐装食物早在开始大批量生产之前就出现了，直到 1812 年，尼古拉斯·埃伯特（Nicolas Appert）发明的革命性的罐装工艺获得了专利，第一家罐头制造厂才于 1813 年在伦敦的柏孟塞区（Bermondsey）成立。再过 50 年，开罐器诞生了。

一个新鲜玩意儿的出现，往往会导致人们狂热地过度使用，直到用烦了或者东西坏了。现代管理学大师亚伯拉罕·马斯洛（Abraham Maslow）曾经说过："对于一个只有斧头的人来说，整个世界就像一枚钉子。"同样的事情也发生在厨房里，对于一位刚刚得到了一个电子搅拌器的女人来说，整个世界就是一碗汤。

并非每一项有关厨房的发明都意味着便利和改善。我的橱柜就是

---

* 1714—1837 年，大不列颠乔治一世、乔治二世、乔治三世和乔治四世接连在位时期。——译者注

我消逝的激情的墓场：电子榨汁机，我以为它会改变我的生活，直到有一天，我发现自己再也不愿意清洗它了；电饭煲，第一年用得好好的，突然有一天，把米饭都烧煳了；苯森煤气炉，我原以为可以用它做出一块块的法式焦糖布丁，为晚餐聚会添彩，但是我至今也没举办过这种聚会。我们都会在自己的厨房中找到几个可有可无的物件：瓜肉挖勺、鳄梨削皮器、剥蒜器等，面对这些东西，我们不免心生疑问，小勺、小刀和手指都怎么了？我们的烹饪固然受益于令人捉摸不透的工艺设计，但是有一些小玩意儿给我们带来的麻烦多于它们所解决的问题；有的虽然用起来很不错，但是不得不消耗一定的人力成本。

　　科技史家们经常引用克兰茨贝格（Kranzberg）的第一定律（1986年，由梅尔文·克兰茨贝格在一篇富于开创性的论文中提出）："虽然科技不好也不坏，但是它也不是中性的。"这一定律也适用于厨房。我们不能说厨房里面的工具是中性的，它们随着社会的变化而变化。一个杵和钵，对于被迫长时间地辛苦捣槌的古罗马奴隶们的意义，与对我们的意义是不同的，这是让我在一时兴起时用来做香蒜沙司的小玩意儿啊。

　　任何时候，从绝对意义上来说，拥有那些让我们的食物更美味、让我们的生活更轻松的工具都不是必然的。我们得到的是那些我们买得起以及我们的社会能够接受的工具。1960年以来，陆续有历史学家们指出：自从1920年代以来，无论有多少先进的科技涌向了市场，美国妇女花费在家务、包括烹饪方面的时间都没有变化，这很有讽刺意味。尽管有了洗碗机、电子搅拌器和垃圾自动处理器，女人们仍需要像以前一样努力地工作，为什么？露丝·施瓦兹·科文（Ruth Schwartz Cowan）在她令人振奋的历史著作《妈妈的工作更多》中说："纯粹从技术的角度来说，美国人没有理由不接受公共厨房，即几户人家分担烹饪的工作。但是这方面的技术从未得到广泛的开发和应用，因为我们的社会很难接受公共厨房的概念。美国人，跟我们一样，普遍喜欢生活在小家庭的单位之中，无论这是多么不理性。"

厨房物品广告，特别是那些昂贵的、通过购物频道出售的，吹嘘它们可以改变你的生活。可是，你的生活通常会以一种你所意料不到的方式被改变。你买了一个电子搅拌器，做蛋糕对你来说变得又快又省力，所以你就觉得应该自己做大蛋糕了。然而，拥有这个搅拌器之前，因为做蛋糕太麻烦，你都是心安理得地去购买它们。因此，搅拌器实际上是消耗了你的时间，而不是为你节省了时间。还有一个副作用是：因为搅拌器，你那珍贵的厨房台面空间又少了一些；更别提你花在清洗搅拌碗和那些附件，以及清理地板上到处都是的面粉的时间。

一项科技的存在并不意味着我们就必须应用它。没有一个厨房用具是绝对必需的，以至任何地方、任何人都离不开它。不过，大多数厨房所拥有的器皿确实超出了需要。你无法打开橱柜的抽屉，是因为其中塞满了摩擦器、煎鱼铲以及各种滚来滚去的小物件，这时候，你就该考虑如何摆脱几个科技产品了。要知道，如果必要，一位技术熟练的厨子只用一把锋利的刀、一个木质菜板、一个煎锅、一个勺子以及某种热源就可以把饭做得很好。

但是，你愿意这样吗？烹饪——把食物放进我们口中的永恒事业——其部分乐趣来自于它在每个时代都有着微妙的变化。我相信，十年或者二十年以后，我的早餐会有所改变，即使我仍然喝着同样的咖啡和果汁，吃同样的吐司、黄油和果酱。时光流逝，一些曾经似乎很好用的技术突然间显得有些过时了。我已经开始后悔买了那个面包机——这么丑的家伙，做出来的面包中间总是有那么一个洞，全都是因为那个和

面用的桨叶——我正在恢复使用低科技含量的做面包的方法，从一个面包师那里购买优质酵母或者自己手工制作。正在写这本书的时候，我的咖啡机终于坏掉了，而我刚刚发现了气压咖啡壶，神奇而且不贵，用手压的方法就能压榨出咖啡的墨色精华。关于果酱，我正在考虑买一个自动果酱机。

就其他方面来说，谁知道像我现在享用的这种美妙的早餐又能坚持几年呢？佛罗里达的橙子可能会贵得让人买不起，为了迎合能源短缺的需求，风车可能会取代农场土地上种植的橙子。黄油也一样（我祈祷这一切永远不要发生），因为奶牛牧场要被用来种植更有成效的农作物。又或许，在未来的高科技厨房中，我们都将在早餐时吃到"培根葡萄柚和咖啡培根"，就像马特·格勒宁（Matt Groening）在动画片《飞出个未来》中所描绘的那样。

有一点是不容置疑的，我们永远不可能超越厨房科技本身。叉勺可以来了又走，微波炉曾经风靡一时又遭冷落。但是，人类将永远拥有厨房工具。火、手和刀，这些我们将永远拥有！

第一章　锅具

煮啊煮，小小的锅。

——格林兄弟《甜粥》（Sweet Porridge），1819

煮的是生命，烧烤的是死亡。*

——克洛德·列维-斯特劳斯（Claude Levi-Strauss）
《神话学：餐桌礼仪的起源》（The Origin of Table Manners），1978

　　我最常用的锅很平常，是刚刚结婚的时候，通过一个"星期日增刊"的特别优惠邮购来的，是十件套中的一件；拥有了属于我们自己的亮闪闪的成套锅具，这与学生时代所用的那些残缺不全的器皿形成了鲜明的对比，让我们感觉似乎一下子就成熟了。这是一套不锈钢器皿，广告上面说："马上下单即可节省若干英镑，另外附赠一个完全免

---

*　克洛德·列维-斯特劳斯是法国人类学家，他发现食人族在吃人时，如果是朋友，会用水煮；如果是敌人，则采取烧烤的方式。——译者注

费的牛奶锅！"我就照做了。这些锅都还不错，即使那个免费的牛奶锅，我们也用了很久，用来给我女儿的谷物早餐热牛奶，有点儿不方便的是它没有倾倒口，所以有时候会有一点儿牛奶溅到台面上。后来，在一个阳光明媚的早晨，它的手柄掉了。总体来说，这一套锅具的质量还是很可靠的，13 年了，没有一个彻底坏掉：它们经历过烧煳的意大利烩饭、漫不经心的乱炖、黏糊糊的焦糖。不锈钢不像铜那么耐热，不像铸铁或者陶瓷那么保温，也不像珐琅陶瓷那么漂亮，但是非常易于清洗。

我们用得最多的是那个中等大小的有盖的锅，它有两个小小的圆形把手。从专业角度来说，它应该被称作汤锅，不过法语中的"炖锅"更适合它，因为它真的可以用来做任何东西。早上，把它拎出来放到炉盘上做粥，晚上用来做米饭；它体验过奶冻和布丁的清淡，咖喱的热辣，更了解无数的汤品，其中包括润滑的绿色西洋菜汤和辛辣的蔬菜通心粉汤。它是我的日常用锅，用来做意面或者肉汤有点儿小，但是可以用来做那些只要简单煮煮的东西。打开电水壶，把水倒在锅里，加盐，把西蓝花、四季豆或者玉米棒扔进去，然后把锅盖盖上或者打开，就看我当时的心情了；煮上几分钟，用滤锅把水滤干——就完了。这个过程没有任何的挑战性，或者突破性。法国人通常瞧不起这种烹饪方式，把它称作"英国佬式"，考虑到法国人对英国食物的看法，我们不难想到这其实是一种侮辱。分子厨艺之父、法国科学家埃尔韦·蒂斯（Hervé This）还小题大做地指责这种方式象征着"知识分子的贫乏"。法国厨师喜欢用黄油和少量的水炖胡萝卜一类的蔬菜，要么就把它们放在一起炖，要么用肉汤或者奶油焗烤，以便凸显蔬菜的甜味。煮，被认为是最单调的一种烹饪方式，也许确实如此吧。

作为一种科技，"煮"远非看起来那么简单。锅的出现使烹饪成为一种可能。从单纯的火烧，到能够煮东西——在一种液体中，这种液体可能有它自己的味道，也可能没有——是一个很大的飞跃。很难想象一个厨房中会没有锅，因此，很难说到底有多少种菜的存在得益于这一基本的器皿。锅具扩大了可食用材料的范围：很多原本有毒或者难以消化的植物，一旦煮过几个小时以后，就变得可以食用了。锅具标志了单纯的加热到烹饪——将不同的原料，经过深思熟虑之后，按比例地融汇在一个人造器皿之中——之间的飞跃。最早的烹饪方式是烘烤和烧烤，我们发现了几十万年以前的人类烘烤的遗迹，而土陶锅最早出现于9000—10000年以前。在中美洲的特瓦坎山谷（Tehuacán Valley）发现的石锅则出现于公元前7000年左右。

烧烤是一种直接明了的烹饪方式，生鲜食品可以直接接触火苗而发生改变；煮与煎炸则属于间接的烹饪方式，除了火，它们还需要一种既防水又防火的器皿。无论是煎炸所用的油脂，还是烹煮所用的水，都是从媒介那里吸收火的热量；考虑到火的猛烈，这确实是一种进步，特别对于加工比较易碎的食物如鸡蛋来说。煮鸡蛋的时候，有三层保护可以使鸡蛋免于大火的"屠戮"——蛋壳、锅的金属层和滚开的水。在自然界中，滚开的水并不常见。

冰岛、日本和新西兰多温泉，实际上作为一种自然的奇迹，温泉还是十分稀少的。在前工业时代，住在温泉附近就意味着后院里有一个湖泊大小的茶炉——真是令人艳羡的奢侈啊！住在新西兰华卡雷瓦雷瓦（Whakarewarewa）温泉附近的毛利人传统上用它来烹调食物：把各种食物——根类蔬菜、肉类——放在亚麻包里，然后悬在水中，直到食物变熟。在冰岛的温泉地区，曾经在几百年的时间里，人们使用相似的方法来烹调食物。即使在今天的冰岛，人们在做一种黑麦面包时，仍然将面团放在罐中，然后埋在靠近温泉的热土之中，直到完全蒸熟（通常需要 24 个小时左右）。

虽然没有充分的考古证据的支持，我们仍然有理由假定，住在温泉附近的古代人民曾经尝试着把生的食物系在木棍或者绳子的一端，然后浸在缭绕的热气之中，当食物熟了的时候，会神奇地自动弹出来。很神奇！除非我们的祖先远比我们灵巧，不然很多美食的碎屑会飞溅散落在沸腾的水中，就像大块的面包落在奶油正在熔化的锅中。

不过，与用火相比，用温泉烹调仍然具有很多优点。首先，不用费那么多力气——生火以及让火保持燃烧的活儿都省了；其次，它对食物相对温和，如果你把食物直接放在火上烹调，很难避免食物表皮已经烤焦，但是里面还没有熟的问题；浸在热水中的食物，可以自己慢慢变熟，多几分钟或者少几分钟都没有关系。

很多人并不住在温泉附近。如果你只有冷水，怎么会想到把水加热然后用来烹调？水与火是对立的冤家，如果你已经花费了数小时来生火——采集木材，摩擦打火石，再把木材堆起来——你为什么要冒险把水放到宝贵的灶台旁边，使之前的工作都毁于一旦？对于我们现代人来说，有了易于点燃的炉灶以及电热水壶，煮东西是再平常不过的事情，我们也习惯了用锅具；但是，用热水烹煮对于从来没有这么做过的人来说，却不是一种容易的烹调方式。

因此，第一次有意识地煮东西的举动实在了不起；前所未有地发明一个器皿用来烹调，不能不说是一个创举。用温泉来煮东西，要用到各种包和绳子，但是它们不是主要的；喷溅着热气腾腾的温泉水的土地，才是烹饪用的锅具。在没有温泉的地方，煮东西需要一个容器，一个足以抵御热量以及不让食物溢出的容器。

制陶工人制造出第一个锅具之前，一些特定食物是在它们与生俱来的"装备和容器"中烹调的：贝类、各种爬虫类，尤其是乌龟，有它们自己的硬壳；今天，大海中的贝壳仍然被当做容器和器皿使用。我们在吃一碗热气腾腾的贻贝的时候，首先会选用一个贻贝的壳作为夹子，以便夹出其他贻贝的肉。与此相似，火地岛（Tierra del Fuego）*的土著雅甘人用贻贝壳做接油盘，以便接住烧烤海豹时流下来的油脂。几位人类学家提出：这种使用贻贝壳的方式距离使用器皿来煮东西只有一步之遥。人们通常认为：贝壳作为器皿的使用是锅具产生的必经之路。真是这样吗？

除了它自己壳中的肉，贻贝的壳不能用来烹调任何其他食物，承接流下来的油脂则更接近于勺子的功能，而非锅具。美国原住民也曾将蛤的壳作为调羹使用，并且把贻贝壳削尖了之后用来割鱼；不过，就我们目前所知，他们并没有把它用作锅具。不过这么想也挺有趣的，一个珍贵的贻贝"锅"，倒是可以做出一顿供米老鼠享用的晚餐；那么，一些大的软体动物和爬行动物又怎么样呢？有人曾经举出用乌龟壳做菜的

* 火地岛，位于南美洲最南端的一个岛屿群。——译者注

例子，在锅具发明之前的很长时间里，亚马逊河流域各部落的人们曾经实践过，证明这是可行的。用乌龟壳烹调食物，听起来很浪漫，但是乌龟壳里被做熟的到底是乌龟自己还是其他什么东西，就另当别论了。

除了动物身体的外壳以外，还有其他一些东西也曾经被用来作为烹饪器皿：史前时期，各种外壳坚硬的葫芦曾被用来作为得心应手的碗具、瓶子和锅具；另一种植物系列的烹饪器皿是中空的竹茎，普遍应用于亚洲各地。但是，竹子和葫芦仅仅局限于一些特定的区域。自从人们发现可以烹调肉类以后，动物内脏就成为人们普遍使用的器皿，一种现成的容器，不但防水，从某种程度上来说还耐热。哈吉斯（Haggis），苏格兰人民深爱的一种食物，就是用羊肚做成的。用动物的内脏把填在内脏中的东西煮熟，是对古代传统的回归。公元前 5 世纪，历史学家希罗多德曾经描述过斯基泰（Scythians）的游牧民族如何利用动物自身的肚腹脏器来烹调动物的肉："公牛，或者其他动物的牺牲都以这种具有独创性的方式'自相烹煮'"。"具有独创性"这个词用得十分恰当。在没有锅具的年代里，在没有特氟隆不粘煎锅，以及挂钩上面那些金光闪闪的全套铜制炊具的年代里，利用动物的内脏器官作为烹调的器皿，这种烹饪方式充分展现了人类的聪敏和机智。

至少三万年以前，世界各地的人们开始用烧热的石头来烹调食物，没有什么比这个方法更有创造性的了。在几千年的直接用火烧烤之后，人们终于发现了一种方式，可以间接地利用热能，如"蒸汽"或者"水"来烹调食物。有人认为，这一食物烹饪方面的进化是现代之前的烹饪史上最伟大的科技变革。

　　　　杯盘之间：一部被湮没的"庖厨"史

怎么做一个坑式炉子呢？首先在地上挖一个大坑，然后用石头把坑壁垒好，使它在一定程度上具有防水功能；接着，往坑里倒上水；如果你挖的坑低于地下水位的话，可以省去这个步骤，因为坑里会自动填满水（在爱尔兰的泥炭沼泽，可以发现几千处类似的热石槽的痕迹）。

接下来，准备更多的石头——最好是那种大号的鹅卵石——把它们放在火中加热，烹调用的石头可以加热到500摄氏度，比披萨炉的温度还要高；再把石头放入注满了水的坑里，在这个过程中需要使用木夹一类的工具，以免烧伤手；热石头放到一定的数量，水就会开始"沸腾"，这时候就可以把食物加进去了；最后，盖上盖子以便保持温度，盖子是用草皮、树叶、动物毛皮或者土做成的。再往后，就要视水温下降的情况，不停地往水中添加滚烫的石头，以便保持水温，直到食物变熟。

热石烹饪的方式有很多种。有时候，岩石是在坑中被加热，而不是在另一处的火中，这时坑被分成两个部分，一个用来放水，一个用来生火和加热岩石；有时候，食物是蒸熟的，而不是煮熟的；根类蔬菜和肉片则用叶子包起来，层叠在坑中的热石上，不加水，在这种情况下，这个土坑更像是一个烤炉，而非煮具。

在新英格兰，人们仍然会在室外宴会上采用热石烹饪的方式：在海滩上，在一个坑中垒好滚热的石头，以便把刚刚捕获的鲜蛤做熟；海中漂流的木头和海草，可以把蛤肉烧得美味多汁。这种方式也被用于夏威夷的烤猪盛宴：先在一头猪的身上放满香蕉和芋头，在一天里最好的时候把它埋在热坑（an imu）中，从坑中抬出时，要举行盛大的仪式，人们欢呼雀跃。在旧大陆，陶器发明之后，热石烹饪很快就绝迹了。

人们很容易认为，用石头做饭相比于用锅来煮东西，科技含量比较低，真的是这样吗？这确实不是一种方便简捷的方式：我们今天日常吃的很多食物，如意大利面、土豆和米饭，都没有办法用一个坑来做，因为这些食物会混在泥土里；煮鸡蛋或者芦笋这种只需要几分钟就会熟的东西，用这种方式做也显然没有效率。

尽管这样，就热石烹饪在当时的多项用途来说，它仍然不失为一种高超的科技。它非常适宜烹调体积很大的食材，就像夏威夷的烤猪盛宴。很多野生植物是无法生吃的，坑石烹饪则使它们变得可食，这是它另一个值得注意的地方。传统上，在坑炉的热气之中缓慢变熟的食物一般是球状或者块状的植物根茎，富含菊粉糖，这是一种人类肠胃无法消化的碳水化合物（洋姜之中就富含此物，因此吃后会令人胀气，很烦人）。热石烹煮可以使这些植物发生改变，通过水解作用将可消化的果糖从碳水化合物中分解出来。某些情况下，令这些植物发生水解作用可能需要长达 60 个小时。令人感到欣慰的是，长时间的热气蒸煮使这些原本乏善可陈的野生植物变得格外香甜。

有些人执着于土炉和坑煮，以至认为锅具并非必要，亦非更好。基督教时代早期的波利尼西亚人——他们在公元后 1000 年之内从萨摩亚群岛和汤加迁移到太平洋群岛的东部，到达夏威夷、新西兰以及复活节岛——在发明和使用锅具 1000 年之后，又放弃了，让我们看到了这个族群复杂的一面。公元前 800 年左右，波利尼西亚人制作了一系列的陶制品，就是那种典型的低温烧制的土陶器，并掺以贝壳和砂土。但是，公元 100 年左右波利尼西亚人迁移至玛贵斯群岛，他们突然放弃了陶器制作，选择不再使用锅具来烹调。

一种说法是，波利尼西亚人停止制作锅具的原因是新的家园缺少陶土，但是事实并非如此，即使在岛上荒凉高远的地方，也可以找到陶土。30 年以前，新西兰人类学家海伦·利奇（Helen M. Leach）针对这一难解之谜提出了一个比较大胆的说法，即波利尼西亚人不使用锅具，是因为他们认为没有必要。如果他们以米饭为主食的话，情况就会有所不同，但是，波利尼西亚人的食物以富含淀粉的蔬菜为主，即山药、芋头、红薯以及面包果，这些食物用热石烹调的效果好于锅具。

不可否认，不用锅也可以煮东西。波利尼西亚人拒绝使用各种陶器的现象提醒我们，即使最主要的厨房科技也并非世界上所有地方的人们都会采用。有些厨师拒绝在厨房中添置煎炸锅（好像这个东西的存在会导致人吃进更多不健康的脂肪）；生鲜食物爱好者拒绝使用火；在有些地方，有些人或许会选择在做饭的时候不用刀——确实，一些以儿童食品为主的烹饪书就主张以剪刀代替刀具。我自己则与波利尼西亚人相反，视锅为厨房用具中最为关键的部分，一个不装腔作势、最脚踏实地的厨房器皿之神。当我将一口锅放在炉盘上的时候，想到晚餐马上就会在沸腾翻滚的节奏中出锅，满屋都将飘散着食物的香味，一天中，没有什么时候比此时更令我感到愉悦。不可想象，如果没有锅，日子得怎么过？

锅具一旦成为科技，我们就对它产生了强烈的感情。陶器是个性化的，即便在今天，我们仍然把陶制品描绘成是富于人性的：陶器有口、有唇、有脖颈和肩膀、有肚腹和臀部。非洲喀麦隆的多瓦尤（Do-wayo）人让不同的人使用不同的陶器（一个小孩子用的碗看上去与寡妇用的是不一样的），使用别人的专属食具也是禁忌。

我们中的很多人对于某些特别的器皿具有很强的依赖性，迷恋于这个茶杯或者那个盘子。我不介意用哪个叉子吃饭，或者有谁在我之前用过它（只要它还算干净），陶制品就不一样了。我之前有一个大杯子，是我丈夫去华盛顿旅行时带回来的，上面印着所有美国总统的头像。我每天早上用它来喝茶，茶喝起来与别的杯子并无不同，但它是每天清晨进行曲的一部分。慢慢地，杯子上面总统们的脸变得越来越模糊，很难分清谁是切斯特·阿瑟，谁是格列佛·克利夫兰，然而我一如既往地喜欢它，如果看到其他人用它来喝水，我私下感觉好像是在践踏我的坟墓一样。最终，这个杯子在洗碗机中破碎了，某种程度上来说，这未尝不是一种解脱，之后我并没有用另一个杯子来取代它的地位。

陶器的碎片或者碎屑常常是一个文明所留下的最为久远的遗存，为我们了解使用它们的人们提供了一个窗口；因此，考古学家喜欢以陶器的名称来命名那些曾经使用过它们的人们。公元前 3000 年的宽口陶器人（Beaker Folk），他们横穿欧洲，从西班牙半岛，经过德国中部，在公元前 2000 年，于漏斗颈陶器人（Funnel Beaker Culture）和绳纹器人（Corded Ware）之后，抵达不列颠。无论走到哪里，宽口陶器人一路留下了红褐色的大肚土陶饮器的遗存。他们也被称为燧石匕首人（Flint Dagger）或者石斧人（Stone Hammer People，因为他们也使用这些东西），但是，陶器好像更能够代表其整个文化。我们知道宽口陶器人喜欢死后被埋葬时，在自己的脚边放置一个大口杯子，大概考虑到在另一个世界里，可以用它来吃饭喝水。我们的文化创造了太多的东西，陶器失去了它原本具有的重要性，然而仍然是几乎所有人都拥有的几种物品之一。或许，几百上千年之后，某个天灾人祸埋葬了我们的文化，考古学家们开始挖掘和搜寻我们的遗迹，并将我们命名为水杯公社人（Mug Community），简称为"杯社"：这一族群喜欢鲜亮的陶瓷器皿，并把它做得足够大，以便容纳更多的咖啡因饮料，当然，最重要的是，它要能够经受洗碗机的洗涤。

在人类文化发展史上，陶器的存在标志着一个极其重要的阶段。陶匠们用松散的陶土，加上水，搅拌成泥，用模具使之成型，然后用火烧，使之持久成型。这与凿岩石、木材或者骨头的程序不同，陶器上面留有人的手迹。制作陶器的过程有一种魔力，事实上，早期的制陶匠常常兼任群落的巫师。考古学家凯思琳·凯尼恩（Kathleen Kenyon）在巴勒斯坦的杰利科挖掘出大量的陶器碎片，这些碎片可以追溯至公元前7000年，她将陶器的发明描述成一次工业革命：

> 人类，不再将自然材料直接制成手工艺品，他们发现可以改变这些原材料。通过将黏土、砂砾和稻草混合搅拌，再加以高温烧制，人类实际上不但改变了这些原料的先天属性，而且赋予了它新的特性。

制作一个有用的陶器，并非像捏泥团那么简单，将一堆陶土塑成相应的形状就行了。陶土需要精心挑选（太多的砂砾不易成型，而砂砾不够的话，就无法经受火烧）。公元前7000年，制陶师傅们（这个角色常常由女人来扮演）就已经知道如何利用足够的水让陶土变得光滑，但是又不能多得令潮湿的陶土在她们的手中散落，或者在火中崩裂。火本身必须十分灼热，温度要在900到1000摄氏度左右，这种温度只能在特制的炉窑中才能达到。对于制造烹调用的锅具来说，难度就更大了，因为它们需要滴水不漏，还要足够强韧以便可以承受热气流的冲击；一个做得蹩脚的锅，因为材质不均，不同的地方在热力作用之下膨胀的程度就不同，这样产生的压力会导致它碎裂。

大多数厨师都经历过猛火的突袭：在热烘烘的烤炉中，意大利千层面意想不到地碎裂了，打乱了你的晚餐计划；原本应该"禁得起火烧"的土陶砂锅却在炉灶上四分五裂，里面的东西散落得到处都是。奈杰尔·斯莱特（Nigel Slater）是一位活跃在食品领域的作家，他注意到：人们宁愿一个锅"变成碎片，而不愿意让它带着裂纹，有裂纹的锅也许仍然是最喜欢的那个，但是它可能引发的风险却令人无法承受……打开炉门时的那种不祥之感，担心里面的器皿会裂成两半，奶酪通心粉在炉盘上嗞嗞作响"。

我们永远无法知道第一只陶锅是如何制造出来的。与其他几个伟大的科技进步一样，陶器几乎差不多同时出现在全世界各个广袤的大地上。锅在公元前 1 万年左右，或者再稍早一些，在南美洲、北非以及日本的绳纹文化时期（日本新石器文化时期）突然普及起来。"绳纹"（Jomon）这个词来自日文，意思是"以绳做标记"。绳纹文化时期的陶器说明艺术在很早以前就融入了陶器的制作，只是把陶器做好是不够的，还要把它做得美。在陶器成型时，绳纹陶匠们会用绳子或者打结的绳子，以及竹棍和贝壳来装饰湿的陶土。大多数早期的绳纹陶器大概是用作烹饪的：留存至今的碎片表明当时的陶器是深口、圈底、花钵形状的，非常适合用来煮东西。

奇怪的是，并非世界各个地方的人们都跟日本绳纹人一样，使用陶器来烹调食物。过去我们认为，古人发明陶器就是为了用它做饭，但是现在却出现了一些疑问：我们如何知道古人有没有用陶器做饭？那就需要在烹调用的陶器碎片上面发现火烤之后留下的焦痕和斑点，甚或食物残渣；而且烧制时使用的是经过精心搅拌或者研磨的陶土，再加以低温烘烤，以便日后应对高温的考验。

在伯罗奔尼撒半岛，有一个山洞，名字叫弗兰凯提（Franchti），人们在那里发现了上百万的陶器碎片，时间在公元前 6000 年到公元前 3000 年。这里是古希腊最早的农耕遗址，人们种植扁豆、杏仁、开心果、燕麦和大麦，也吃鱼。也就是说，这里的人们应该可以用陶器来烹调。我们会想当然地认为那些陶器碎片属于烹调用具或者储物罐，但是考古学家们仔细地检查了弗兰凯提这些古老的碎片，发现上面没有任何火烤的痕迹，没有乌黑的印记或者烧焦的痕迹；与之相反的是，它们鲜亮细腻，有棱有角，不适合放在火上；这些迹象表明，这些陶器不是用来烹调食物的，而是为某种宗教仪式准备的。这是一个谜，这些希腊定居者们拥有制作烹调用具的技术，却选择用这种技术来表达某种象征的意义，为什么？或许是因为此前没有人将陶器用在烹饪方面，所以当时的弗兰凯提人也没有想到。

将陶器用于烹饪是一次巨大的变革，弗兰凯提人经过了几百年的时间才将用于装饰或者表达象征意义的陶器用在烹饪方面。只有稍晚的一些碎片，大约公元前 3000 年左右的，才显示出当时陶制的烹调器皿很普遍：弗兰凯提的陶器开始变圆，材质变得粗糙；而且根据用途，形状各异，有大小不同的炖锅、奶酪锅、陶筛以及形状更大的，类似于炉灶的陶器。这里的人们终于发现了用陶制锅具烹饪的乐趣。

希腊人是有名的制陶匠。那些黑底红色图案或者红底黑色图案的仪式用陶器自然最引人注目，上面描绘了战争的场面以及神话故事、骑手、舞者和宴会。但是从平常的烹饪器皿上面，我们可以得到同样多的信息，这些信息也许不那么富有戏剧性，但是也很有趣。古希腊人的厨房器皿告诉我们他们吃什么以及怎么吃，他们所珍视的食物以及他们用这些食物来做什么。古希腊人遗留下来大量的储物罐：用来储藏奶酪、橄榄、葡萄酒、油，不过最重要的是谷类，比较可能的是大麦。这类储藏器皿是构造坚固的红陶容器，有盖子防止虫子进入。古希腊制陶匠用粗糙的、掺杂了砂石的陶土制作平底煎锅、炖锅和汤锅，其最基本的形状是类似双耳瓶的圆壶状。他们还制作一种小小的、有着三只脚的陶器；以及一种汤锅与火盆结合的两用陶器，容器与加热器匹配成套，十分便利。这里的人们在烹饪方面并非只有一种方式。

陶器在很大程度上改变了烹饪的性质。不同于篮子、葫芦以及椰子壳——或者任何其他此前曾经被用来盛装食物的容器——陶土可以做成人们想要的任何大小和形状。陶器的使用大大地扩充了人们的食物范围，比如"粥"的出现；并且与新的农业科技（也大约出现于一万年以前）相辅相成，两者一道永久地改变了我们的食物结构。使用陶制锅具，厨师们可以煮小粒的谷物，像麦子、玉米和大米等，这类以淀粉为主的食物很快成为世界各地人们的主要食物。我们从之前以肉食、干果和种子为主要食物的采猎者变成了农民，以糊状的谷物为主食，再搭配其他的食物。直至今天，我们仍然与这一革命性的成果共存。我们会使用最大的那口锅，煮上一大盘顺滑的意大利面；或者漫不经心地打开电饭煲，或者将黄油、干酪放入一盘令人赏心悦目的玉米大麦粥中进行搅拌，我们其实与那些远古的农夫们是息息相通的；是他们学会了如何将田地里精心培育出来的东西在锅中煮熟，再用这些软软的淀粉质食物来填饱我们的肚子。

很多情况下，陶制锅具让我们可以食用更多原本有毒的植物，如木薯（也叫树薯或者木番薯），一种淀粉质的块茎植物，原产于南美洲，目前是世界第三大可食用的碳水化合物来源。在它的自然形态里，木薯含有少量的氯化物，如果生食或者吃的时候不够熟的话，就会导致神经麻痹和休克。一旦我们开始用锅来煮它，它就从一种无用而有毒的植物一变而成为有价值的主食，甜甜的、富有弹性，还是钙、磷以及维生素 C 的来源（只是不含蛋白质）。在尼日利亚、塞拉利昂和加纳以及其他一些国家，煮熟的木薯是主要的能量来源。人们通常将煮熟的根茎捣成易食的糊状，或许再掺和一些香料，就可以食用了。这是一种经典的烹煮食品，温暖着人们的肚腹，宽慰着他们的心灵。

砂锅菜吃起来可口主要因为它的软滑多汁，这要归功于香料、葡萄酒以及肉汁的绝妙搭配。有了陶质锅具，厨师们才可以保留食物的汁，不然的话，早就被火烤干了。陶锅对于热衷于吃贝类食物的人们来说尤为重要，因为在烹饪时它可以保留蛤类鲜美的汁。陶器所带来的另一个重大突破在于，与直接在火上烧烤相比，使用陶器不容易把食物烧焦（虽然也不是不可能的，就像我们很多人曾经尝试过的那样），只要锅里面的水还没有烧干，食物就不会焦。

最早有文字记录的食谱来自于美索不达米亚（位于今天伊拉克、伊朗以及叙利亚），以楔形文字写在三块石板上，约有 4000 年之久，令我们得以窥探古代美索不达米亚人的烹调方式。大部分的食谱是关于肉汤和什锦菜的，"把所有的原材料都放在锅里"是经常出现的一条建议。锅具使烹饪这件事首次变得美妙而雅致，而且用锅来炖煮比直接用火烤更容易：把羊肉放在水里煮开，再放入葱、蒜以及绿颜色的香草，然后就任由它们在锅里咕嘟着，直到出锅，几乎不费吹灰之力。美索不达米亚食谱的最基本模式就是：把水准备好，加入油和盐来调味，再放入肉、葱和蒜，然后开始煮，或许再放一些新鲜的香菜或者薄荷，就可以吃了。

陶器的发明，促生了很多技艺，"煮东西"是其中最重要的一项。

除此之外，它让使用陶煎锅做玉米饼、木薯饼和圆面饼变成可能；我们还可以用大锅来酿造和蒸馏酒精饮料；用有盖儿的锅烘烤谷粒，这方面最著名的例子就是黄澄澄的中美洲爆玉米花。

人们热爱陶制锅具的另外一个原因在于它赋予食物的那种风味。今天，我们或多或少已经不再注意锅具表面与它所盛装的食物之间的交融，我们更希望这两者之间不会发生任何反应，这是不锈钢材质的众多优点之一。除了几个富有戏剧性的特例——1970 年代的烤鸡锅以及泰式陶火锅——我们不认为厨具的表面有可能为食物平添风味。但是，传统上，人们欣赏有气孔的土陶赋予给食物的味道，那种味道来自于土陶中渗出的可溶盐。在喜马拉雅山脉的加德满都山谷，泡菜坛必须是用土陶制成的，可以为芒果、柠檬和黄瓜腌制品增添一种特别的风味。

土陶的特性说明了为什么很多厨师对于陶制锅具向金属锅具的过渡表示抗拒。金属锅具是青铜时代（约始于公元前 3000 年）所结下的硕果，这是一个科技飞速变革的时期，大致相当于纸莎草纸、管道系统、玻璃制造、车轮以及象形文字与楔形文字书写系统形成的早期。至少从公元前 2000 年开始，希腊人、美索不达米亚人以及中国人最先开

始了使用金属锅，其制造成本意味着它只能用于特殊的宴会场合、宗教仪式，以及烹调供人们死后在另一个世界享用的陪葬食品。

金属相对于陶有很多优点：一只金属锅可以用沙子和灰擦洗干净，而对于未上釉彩的陶锅来说，上一顿的食物残渣往往会残留在它们的气孔里面；金属

的导热性能也好于陶，加热起来也更有效率；最重要的是，一只金属锅可以直接放在火上而不用担心它会在热力的作用之下崩碎或者崩裂，甚至掉在地上也没关系。考古学家往往只能期望发现陶器的碎片，可是他们偶尔却会发现完整的金属锅，就像大英博物馆收藏的巴特西（Battersea）金属锅，是公元前 800 年到公元前 700 年之间的铁器时代的完美标本。这只锅于 19 世纪出土于泰晤士河流域，这是一只精美的、南瓜状的器皿，由七块铜如同盾牌一样铆焊起来，完美无缺地度过了漫长的岁月；是一件可以令人肃然起敬的物品，看着它，你就会明白为什么铁锅会出现在遗嘱中，一代一代地传下去。这是机械制作领域的一项重大成就。

随着金属器皿的涌现，各种主要的锅具亦相继问世。罗马人的"盘锅"（Patella），是一种专门用来煎鱼的浅口锅，类似于我们今天所用的煎锅；西班牙的海鲜饭炒锅（Paella）和意大利的煎锅（Padella）都因它而得名。将食物放在油中烹调——就是煎炸——为厨房生活开拓了新的空间。烧热之后，油脂的温度高于水，因此食物也熟得更快，并将食物的表层和边缘变得焦黄酥脆；这是美拉德（Maillard）反应的结果，就是蛋白质和糖在高温之下发生的反应，也因此诞生了对我们最具诱惑的味道——金黄的法式炸薯条，以及汤勺中焦黑滚烫的枫蜜糖浆。拥有一只煎锅真好啊！

罗马人还有制作精美的金属滤器以及镀铜的盘碟，稍稍浅平的圣餐盘，体积庞大的黄铜或者青铜巨镬，各式各样精致的点心模子，煮鱼锅，以及煎锅，这种煎锅还带有出水口以便倒出多余的液体，还有一个可折叠的把手。这些厨具大部分看起来都出人意料地具有现代感。1853年，古罗马的金属厨具仍然令大厨亚历克斯·索亚尔（Alexis Soyer）赞叹不已。尤其令索亚尔感到不可思议的是一个工艺精湛的双层器皿，称作"奥泰普莎"（authepsa，意思是"自动烹煮"）：它很像一个现代的蒸锅，上下两层，由科林斯（Corinthian）铜制成；上面的蒸格可以用来制作只需轻微加热的甜点。这种器皿往往价格不菲，西塞罗（Cicero）曾经描述过：在一个有关奥泰普莎的拍卖会上，旁观者竟然以为是有人正在出售一处农场。

从科技的角度来说，直到 20 世纪晚期，多层金属锅具出现以前，罗马的金属器皿制作工艺一直罕有匹敌。他们甚至注意到了烹饪过程中容易出现的热点不均的问题，同样的问题曾经令平底锅的设计者们感到无比棘手。一具罗马不列颠时期[*]的金属锅底部有着同心的环状纹路，其目的就是要让热量的产生更加匀速和稳定。实验表明，与表面平滑的锅具比较起来，如果锅底带有纹路，就会降低热能压力（那些纹路使锅具在热量的作用之下更不易变形，从而使其更坚固），从而使烹调变得更容易掌控：因为锅具上面的纹路令热量的传导更加缓慢，因此就不会经常遭遇到那令人烦心的烧焦食物的后果。1985 年创立的美国知名品牌"赛克龙"（Circulon）不粘厨具有与古罗马厨具相似的锅底纹路，其"特有的高低"凹槽被认为可以减少表面的磨损机会，增强并延长厨具的不粘品质。这一科技，与水渠、公路、拱桥和书籍一样，都起源于古罗马。

虽然古罗马人心灵手巧，而且极具创造性，不过，从青铜时代开始直到 18 世纪，大部分的家庭烹饪其实是用一个大家伙完成的，即"大鼎锅"（还常常被称作"大壶"或者"大家伙"），它是迄今为止，在北欧厨房中所能见到的最大器皿，也是烹饪活动的中心。罗马帝国一

---

* 指 1 世纪到 5 世纪初英国大不列颠岛被罗马统治时期。——译者注

经沦陷，其厨具制造工艺也随之萎靡并退回到原点，好像只剩下了"一口大鼎锅"，做什么都用它。"锅"限定了烹调的方式，不外乎煮、炖或者焖（当然，如果有盖子的话，锅也可以用来做面包，在盖子下面烘焙或者蒸）。大锅所能烹调的食材也不外乎那么几种，就像一首古老的歌谣所唱的那样："豌豆粥热，豌豆粥冷，豌豆粥在锅中，九天匆匆过。"一个普通而典型的中世纪厨房里会有一把刀、一个长柄勺、一个陶瓷盘以及一口大鼎锅，或许还有某种烤肉钳。刀子用来把原材料切好，跟水一起扔进大锅中，几个小时以后，再用长柄勺把煮好的汤或者"菜"盛出来。除此之外，作为辅助的厨具，大概还会有几个廉价的陶瓷锅、一口煎锅或者是一个小锅，它的锅柄长长的，可以用来热牛奶和奶酪。

作为大鼎锅的辅助工具，还有几样其他的厨房用具：铁锅夹或者铁锅钳，被用来在电光石火的刹那，调整吊挂在火炉上方的铁锅的位置，以便控制烹调的温度，其中有些带有美丽的纹饰。那些买不起这一类比较精致的厨房工具的人，就用一个铁架或者两个小巧的三脚架把锅支在火上。此外，大鼎锅的其他辅助用具还有肉钩和肉叉，用来把肉悬挂在沸水之上，或者把东西从锅底叉出。

大鼎锅的形状和大小各有不同。在大不列颠，大鼎锅的锅底往往有些"凸起"（与大肚锅形成鲜明对照），以铜或铁为材料，因此它们可以耐高温。如果它们有三条腿，就表明可以把它直接放在火上烹煮食物。铁锅会稍微小一些，圆底，镶有把手；可以悬在火上，把手用铁棍和钳子来操控，因为它们会变得非常热。什么食物都用一只锅来做，各种食材混杂在一起，会产生奇妙的交融。在没有自来水和洗涤剂的年代，不清楚这种锅一般多长时间清洗一次；上一顿食物的残渣很可能就留在锅底，成为下一顿美食的调味料。

在欧洲民间神话中，一只空空如也的大鼎锅会令人产生如见幽灵一般的恐惧，是一台空空如也的电冰箱的古代原型，也是极度饥饿的象征。在凯尔特神话中，大鼎锅可以用来召唤永久的富足和绝对的真理。令人百感交集的是：有锅，却没有食物放在里面烹煮。《石头汤》的故事（这个故事有很多版本）说道：几位旅行者，带着一口空空的大锅，来到了一个村庄，讨要食物，被村民们拒绝了。这几位旅行者就拿出了一块石头，在锅里放了一些水，声称他们要煮"石头汤"。村民们为此感到兴奋莫名，每人都往锅里加了一点儿东西——几棵青菜、一些调料什么的，最后"石头汤"成了一锅营养丰盛的什锦砂锅，喂饱了所有人。

想拥有一只大鼎锅吗？那意味着一笔相当大的花费。1412年，伦敦人约翰·科尔（John Cole）与妻子朱莉安娜（Juliana）所拥有的财产当中就包括一口重16磅的大鼎锅，价值4先令（当时一个陶罐的价格大约是1便士，1先令相当于12便士）。一旦倾囊买下了一只金属锅，就意味着要不停地对它修修补补，以便延长其使用寿命；出现了缝隙，就得付钱请补锅匠来焊接。1857年，在唐宁郡的一处泥塘地，出土了一口铜制大鼎锅，上面有6处修补的痕迹，小一点的缝隙用铆钉焊上了，大一点的则用经过熔化的铜填补上了。

大鼎锅并不适合用来烹煮所有的菜肴，可是一经使用，就决定了一顿饭的模式（如果可能，还可以用一两个小的陶制器皿来辅助）。每个民族都有富于自身民族风味的各式各样的大锅菜，用来烹调它们的锅也各式各样，如法式炖锅菜、爱尔兰乱炖、葡萄牙炖菜、西班牙炖菜等。大锅烹调缘于资源短缺、燃料短缺、器皿短缺和原料短缺，因此哪方面也不能浪费。汤成为可以应对贫困和饥饿的美食并非巧合。如果没有足够的食材做新鲜的菜肴，人们总可以再加一些水，把残羹放在锅中，再一次咕嘟熟。

烹调时只能使用一口锅，难免会有些局限，可是厨师们也因此掌握了一些技巧：将蔬菜、土豆和血肠分装在不同的棉布包中放在水中煮。在一口锅中，同时做一样以上的食物是可行的——虽然血肠尝起来会带有一点大头菜的味道，大头菜的味道也更接近血肠，可是至少不是"乱炖"了。在《从雀起乡到烛光镇》（*Lark Rise to Candleford*）一书中，弗洛拉·汤普森（Flora Thompson）描述了一位主妇如何给从田地里劳动回来的男人沏"茶"：

> 所有食材都用一个器皿来加工；培根丁，那分量大概只够每个人尝到一点它的味道吧；大头菜或者其他青菜被放在一个网中，土豆放在另一个网中，血肠用一块布紧紧裹着。在使用燃气和电子炊具的今天，这些难免显得有些随便，可是在当时却十分管用；通过精确地掌握火候，把每样食物按照合理的顺序放入其中，一顿令人垂涎的美味就出炉了。

1930 年代，因为"大锅饭"象征着节俭，纳粹利用它为其自身的意识形态服务。1933 年，希特勒政府宣布，从当年 10 月到来年 3 月，德国人应该拿出来一个星期日只吃大锅菜；目的就是通过这种方式，节省出足够的钱，捐给穷人。相关食谱书被紧赶慢赶地重新改写，以便与这项新政策相呼应。一份食谱大全罗列了不下 69 种大锅菜，其中包括通心粉、土豆炖牛肉、爱尔兰炖菜、塞尔维亚大米汤，还有各式各样的炖包菜以及传统的德国土豆汤。

纳粹对大锅菜的提倡是一种精明的宣传策略。很多德国人将大锅菜视为最节俭的菜肴，象征着牺牲和苦难。据说，德国在1871年之所以能够打败法国，部分原因就在于军人们用一种大锅菜就填饱了肚皮，那就是豌豆炖牛油，是一种豌豆布丁。大锅菜引发了一种怀旧的情怀。

纳粹对大锅菜的歌颂恰好说明当时在德国，跟其他地方一样，大多数厨房中已经不再仅仅使用一口锅来做饭了。与其他纳粹符号一样，它也是复古的。在一个大多数人都使用多种锅具来烹调的社会里，大锅菜只是一种省钱的方式。通过复活传说中农夫的理想——一口高高悬挂着的大鼎锅，纳粹却在不经意间宣告了大鼎锅时代的结束。即使是在1930年代的德国那样艰苦的时代环境里，大多数做饭的人们，也就是家庭主妇们，仍然渴望拥有一整套的锅具，而不只是一口锅。

位于苏塞克斯（Sussex）的佩特沃斯（Petworth）庄园是英格兰最宏伟的住宅之一，从1150年开始，一直由尊贵的艾格蒙特（Egremonts）家族拥有。今天我们看到的建筑建于17世纪。这座金碧辉煌的大厦，建于700英亩的鹿苑之中，目前由英国国民托管组织（National Trust）来管理。来此参观游览的人们对于厨房中展示的整套金光闪闪的铜制炊具无不感到震撼：在几个巨大的碗柜中，一排排的汤锅、炖锅以及与它们相匹配的锅盖整齐地排列着，从大到小，从左至右，不下一千只。佩特沃斯的厨房让人们知道，正如比顿（Beeton）夫人所说：什么叫作"各就各位以及各司其职"，佩特沃斯的厨师们为每道菜肴都专门准备了一口锅。

这其中有一只汤锅，在它的下面安装着龙头，可以让热汤从锅中流出（类似于茶水壶）；还有各种炖锅、炒锅以及你可以想象得到的大小不一的煎蛋锅；有一个大炖锅，盖子上面有凹槽，把热炭放在里面，就可以得到上下同时加热的效果。用来烹调鱼类的锅具是自成一体的，在那些古老的日子里，苏塞克斯海岸盛产鲜美绝伦的鱼产品，而佩特沃斯的大厨们则最擅长烹制它们。庄园的厨房里不仅有鱼锅（里面镶嵌着一个带网眼的蒸格，这样可以把鱼从沸水中整个拿出，而不至于散碎）和炸鱼锅（一种搭配有大漏勺的圆形开口锅），还有专门用来做比目鱼的锅（为了模仿鱼的形状，做成了菱形）以及几个尺寸稍小、专门用来做鲭鱼的锅具。

佩特沃斯的厨房并非从一开始就如此装备齐全。食物历史学家彼得·布莱尔思（Peter Brears）研究了厨房的用具清单，罗列了厨师们所使用过的"每一种可以移动的物品"，每一只锅，每一个盘子。第一份用具清单是 1632 年的，第二份是 1764 年，然后是 1869 年。这些文件令我们能够以管窥豹，了解在这三个世纪里，大不列颠首富的厨房所拥有的设备。最显著的细节是：在 1632 年，斯图亚特王朝时期，尽管富甲一方，佩特沃斯却连一个炖锅和长柄汤锅也没有，煮和炖都用一口固定在那里的、巨大的铜锅（就是一个巨大的桶，不仅用来烹调食物，也用来为整座庄园提供热水）；有九只鼎锅，一个铁制海鲜煎锅，以及一个鱼锅；还有五个小小的黄铜长柄平底煎锅，下面镶着三条腿，可以放在火上。在这样的厨房中，你是做不出荷兰或者西班牙风味的佳肴的，你可以炖、煨或者煮，但是不可能精工细作。这时候厨房的重点是烧烤而不是炖煮；厨房有21个扦子，6个接油盘，3个长柄涂油勺，以及5副烤架。

到1764年，这里有了彻底的改变，大部分的扦子没有了（只剩9个了），增加了24只大炖锅，12只小炖锅，以及9只双层蒸锅和长柄汤锅。锅具数量以及种类的增加，反映了烹饪风格的变化。那种传统的多油脂以及辛辣的中世纪口味过时了，代之而起的是更多黄油、也更新鲜的食物风味。一位1764年的贵族所熟知的食物，在1632年是无人知晓的：泡沫丰富的巧克力和酥脆的饼干，以及属于法式新派料理的酸柠檬汁调味料和松露蔬菜炖肉。新式菜肴需要新式的烹饪设备。汉娜·格拉斯（Hannah Glasse）是18世纪最著名的烹饪作家之一，她认为用合适的锅来融化黄油（浓稠的黄油是烹调肉类与鱼类的常用调料）非常重要，她建议最好用银制的锅。

到了1869年，佩特沃斯的厨房增加了更多的锅具。彼得·布莱尔思认为维多利亚时代*的厨师们发现1764年的厨房里种类丰富的厨具"完全不够用"了。厨房的重点不再是烧烤食物，很多事都在蒸汽炉上的铜锅之中进行，甚至三层蒸笼也出现了，因为有些食物需要使用比烹煮更轻柔一些的烹饪方式。炖锅和汤锅的数量从45只增加到了96只，蔚为壮观；它们连同各种口味的调味汤料、奶黄酱以及配菜，构成了维

---

* 指1837—1901年，英国维多利亚女王（Alexandrina Victoria）统治时期。——译者注

多利亚时代菜肴的风貌。

顺便提一下，炖锅与汤锅的区别是什么？并没有绝对正确的答案。在18世纪，汤锅相对来说更小一些，更适合用来搅动蛋液和煎东西，不一定非得有一个盖子，因为它们往往用来加热调味汤汁和肉汁，这些是早已经在炖锅中做好了的，而且还用筛子过滤了。炖锅更大一些，有盖子，可以容纳多块山鹑肉或者一大份牛腮肉、红酒以及胡萝卜；或者做原汁鸡肉块所需的食材，也可能是牵连不断的山羊内脏和芦笋。是炖锅把晚餐送上了餐桌。随着岁月的流逝，炖锅的地位在不断增强。1844年，《家庭经济百科全书》（*An Encyclopaedia of Domestic Economy*）的作者托马斯·韦伯斯特（Thomas Webster）写道：汤锅是"煮东西用的圆形器皿，略小，一般有一只手柄"；炖锅则有两只手柄，一只在锅盖上，一只在锅上。他又补充道：炖锅所用的金属材料更厚，底部偏向圆形，少棱角，便于清洁。我们现在已经不再用"炖锅"这个词，而以词义更加概括的"汤锅"来指代日常所使用的锅具，不管是有盖子的还是没有盖子的，或者仅仅是用来加热罐头黄豆的。

很多厨房中所拥有的"全套厨具"可能仅仅指的是一副摆放在锅垫上的"三件套"搪瓷珐琅锅，也可能是一排由小到大整齐排列着的法国酷彩（Le Creuset）厨具。"全套厨具"（batterie de cuisine）是倡导"启蒙与革命"的18世纪时期所出现的众多新概念之一。"全套"背后隐含的意义与单一的"大锅饭"相反。这种理念，即每种菜肴都应该拥有其专属的烹饪器皿，在高级烹饪从业者中仍然不乏坚定不移的信奉者。你不能使用侧面倾斜的油炸锅来煎东西，也不能使用侧面垂直的油煎锅来炸东西；你不能不用比目鱼锅来做比目鱼。"工欲善其事，必先利其器"，从某种程度上来说，这反映了18世纪烹饪界的专业精神以及法国的影响。

在巴黎最古老的厨房用品商店"德伊林"（E. Dehillerin），你仍然可以面对琳琅满目的铜制烹饪用品赞叹不已，绿色门面的店内，到处都是你从未想过可能会用到的器皿：蜗牛盘是用来做蒜泥蜗牛的，千姿百态的法式点心所用的各种模子，小小的汤锅，大概只能用来做调味汤料；一种专门用来制作烤鸭的压榨机，可以把屠宰好的鸭体内的汁液全部压榨出来；大汤锅，对了，还有一个铜制的鱼锅，与佩特沃斯的那个非常相似。这个地方充满了茱莉亚·查尔德（Julia Child，美国名厨，以制作顶级法国料理而闻名）所提倡的烹饪精神，在其《精通法式料理艺术》（*Mastering the Art of French Cooking*, 1961）一书中，她提出了一个十分严肃的忠告：不要试图节省锅具，"那样简直是自找麻烦。所有你需要的锅、碗以及各种设备应该应有尽有"。

威廉·威尔沃（William Verrall）是一位18世纪的厨师，拥有位于苏塞克斯郡刘易斯（Lewes）的白鹿酒店（White Hart Inn）。1759年，他出版了一部烹饪著作。威尔沃认为在这样一种厨房中工作是在浪费时间，这种厨房里只有"一只可怜的炖锅"以及一只"跟我的帽子一样黑"的煎锅。对他来说显而易见，"要想做出一顿色、香、味俱全的美味晚餐离不开得力的厨具，比如说各种尺寸、整齐洁净的炖锅"以及煎蛋锅和汤锅。威尔沃甚至认为："有一半神圣的晚餐"仅仅因为"用错了一口锅"而被毁于一旦。

18世纪以来，英国制铜工业的兴起激发了人们在锅具方面大做文章的热情。在此之前，铜原料需要从瑞典进口。1689年，瑞典的垄断结束了，英国开始生产铜原料，大部分是在布里斯托尔（Bristol）生产，产量更大，价格也更为低廉，厨房的橱柜中也因此摆满了各种铜制的锅具。来自法语的"厨房用具"（batterie de cuisine）一词，从 19 世纪早期开始普遍用来指代烹饪用品，其词义则起源于铜制用具，因为法语"用具"（batterie）一词指的就是铜原料被敲打锻造而成型。

在锅具制作的漫长历史时期里，维多利亚时代的铜器锻造技术处于高峰时期。金属原料本身的质量结合制作工艺，使烹饪设备得以符合烹饪的需求。配备着专业厨师团队的富人厨房，拥有各式各样的器皿，只有 20 世纪为法式高级料理所配备的厨房规模，才能与之匹敌。有趣的是，虽然厨房设备在规模和种类方面登峰造极，人们却普遍认为维多利亚时代践踏了英式烹饪，因为那时候好像把什么都做成了一碗黑乎乎的温莎（Windsor）汤水。一些历史学家认为这一看法有失公允，不过，就蔬菜的做法来说则难以为其开脱。维多利亚与摄政王时期的菜谱常常不厌其烦地告诉我们蔬菜要煮很长时间：西蓝花煮 20 分钟，芦笋煮 15到 18 分钟，胡萝卜要煮 45 分钟到一个小时（这尤其不像话）。如果连煮蔬菜的基本方法也不知道，锅具再先进精美又有什么用呢？

其实，维多利亚时代的人们对蔬菜的糟蹋或许并不像我们想象的那样糟糕。一般认为，他们对蔬菜的过度烹调是太草率了，但是实际上可能与此正相反，大概是考虑得过多造成的。19 世纪的烹调专家们对于食物的质地——与我们相同，他们所孜孜以求的也是蔬菜的"鲜嫩"口感——以及烹制的火候都高度敏感。事实上，之前的几个世纪里，人们总是将蔬菜做得半生不熟，因此所带来的难以消化的问题引起了恐慌。自从古希腊的体液医学被发明以来，人们就开始相信生的蔬菜对人体是有害的。但是，在意识到可以尽情地烹煮蔬菜之后，人们就不再担心了。《厨神之谕》（The Cook's Oracle）的作者威廉姆·凯奇纳（William Kitchiner）注意到：煮芦笋的时候，"一定要注意火候，在煮熟变嫩的一刹那就出锅，这样就会保持它新鲜的原味和色泽，哪怕是多煮一两分钟，也会造成破坏"。这些话不像是喜欢制作蔬菜泥的人说出来的。凯奇纳推荐人们煮芦笋的时候要煮 20 到 30 分钟，不过，他是把芦笋捆成一把放到锅里煮的，那样的话，确实要比单个煮花更长的时间。

长时间的烹煮并非是随心所欲的结果。我们有时候会想当然地忽视人们为了把饭做好，会动多少脑筋。19 世纪的食谱作家们大多热衷于提供基于"科学""理性"的烹调建议。就他们所知，关于水煮最重要的一个事实就是：被煮的水能达到的最高温度是 212 华氏度（对我们来说，就是 100 摄氏度），在那之后，水就变成了蒸汽，永远不可能更热。科学家们，如朗福德伯爵（Count Rumford）忧心于大火烹煮食物的时候，燃料得不到高效的利用：这是在干什么呢？如果水温不能提高，不就是在白白地浪费能源吗？ 1815 年，能源经济专家罗伯逊·布坎南（Robertson Buchanan）注意到：一旦水开始沸腾，不管你再怎么煮，水温都保持在那个温度上，不会改变。烹调专家们经常引用布坎南的这一发现。威廉姆·凯奇纳说，他曾经做过一个实验，将一个温度计放置于水中，"在小火慢炖的状态中，水温是 212 华氏度，与大火沸腾时的温度一样"。这里面的逻辑就是，想煮东西的话，慢慢炖就好了。

1868 年，纽约烹饪专科学校的教授皮埃尔·布劳特（Pierre Blot）抨击一些家庭主妇，包括一些专业厨师：因为她们"以快代慢"，因而"践踏"了烹煮食物的艺术，"用大火来煮东西，是要尽可能地快，可是实际上，只是制造了相当多的水蒸气，食物并不会因此熟得更快，因为水的温度，与慢慢煮的时候是一样的。"烹调肉类的时候，相对于快速煮熟来说，小火慢炖更为适宜（"煮得越慢"，凯奇纳说，"肉就会越清爽、鲜嫩和香润"）；但是，说到蔬菜，除了马铃薯以外，小火慢炖的方法就没那么好了；它所导致的结果就是大大地延长了烹调时间，更变本加厉的是，那时候，拥有全套精美厨具的厨师们倾向于使用最小的锅来煮东西。凯奇纳说：

> 煮锅的尺寸应该适应它要装的东西：汤锅越大，需要加的水越多，就要用更多的火来煮。
>
> 小一点儿的锅，很快就热了。

没错儿，可是用小锅里的那一点儿水来慢慢地煮胡萝卜，所需要的时间，远远多于用大一点儿的锅和沸腾着的水。与拥有各种型号大小的锅具相比，只有一两个大锅的好处是：你没有机会把各种不同分量的食材放入不同的锅中，因此食材往往会有较大的烹煮空间。最糟糕的是：某些厨房倒是有几个锅，但是都那么小，如果你把要煮的东西放进去，就要用更长的时间才能使其沸腾起来。

尽管煮的时间很长，要是考虑到蔬菜本身的不同，19 世纪的人们或许并不像我们所想象的那样把蔬菜煮得很熟。现代蔬菜种子的多样性以及种植方式，使得培育出来的蔬菜更鲜嫩。维多利亚时代的芦笋秆子更多，同理，绿色蔬菜和胡萝卜的纤维也更粗。即便用维多利亚时代的方式来煮我们今天这种鲜嫩的蔬菜，也不一定就会使蔬菜变得烂糊。我曾经试着把切成条的胡萝卜塞在一个小锅里，然后用小火炖了 45 分钟，令人吃惊的是，胡萝卜还是有咬头的，尽管嚼劲不如我们用大的不锈钢锅，用大火煮 5 分钟的效果。或者，效果更好的是，用蒸锅来蒸。

当然，维多利亚时代的人们对于烹煮技艺的了解并不全面。在正常压力之下，水温确实永远不会超过华氏 212 度／摄氏 100 度（在压力更高的情况下，水会达到更高的温度，这就是为什么用压力锅做饭会更快），但是，这不是决定食物能否很快被煮熟的唯一要素，同样重要的是水沸腾的程度。从根本上来说，烹饪时热量的传输取决于食物与热源之间温度的差异。因此，在理论上，维多利亚时代的逻辑看起来是这样：一旦水温达到了华氏212度/摄氏100度，那么水是在激烈地沸腾，还是在轻轻地咕嘟，对烹调来说不会有什么差别。但是，我们的眼睛和味蕾告诉我们，差别是存在的，原因是激烈沸腾着的水将热量传递给食物的速度比咕嘟着的水快几倍。还有，锅里的水相对于食物占更大比例的时候，热量传输也更快。一个装满水的大锅里面，如果不放太多蔬菜的话，煮起来要比一个塞满蔬菜的小铜锅快得多。这也解释了为什么在维多利亚时代，很多人主张蔬菜应该"快煮"，例如比顿夫人，但是实际上煮的时间仍然很长。

作为吃意大利面长大的一代，我们凭借本能就能理解这一点。我们大概做不出像浇肉汁或者俄式奶油蛋糕这类的食物，如果你给我们一个鱼形锅，我们也不知道拿它做什么，当然这无所谓，并不耽误我们吃鱼肉，因为今天我们可以用一个普通的锅就把鱼片炖熟。可是我们确实知道如何比维多利亚时代的人们煮得更好更快：拿出一包意大利螺旋面，再用上我们最大的那口锅，添够水的话，最快10分钟，咬劲十足的面就新鲜出炉了，然后就可以配黄油或者甜香的番茄酱一起吃了。煮面用的锅一定要大，掌握了这一诀窍，我们可以理所当然地将它运用到煮蔬菜上面，西蓝花只要4分钟，青豆6分钟，然后撒上海盐，浇上柠檬汁就可以吃了。维多利亚时代的厨师们拥有很多令人敬畏的手艺：雕成城堡形状的果冻，各式各样的馅饼，但是我们单凭煮蔬菜的简单技艺就超越了他们。

维多利亚时代的烹调还有一个缺点，那就是锅的问题。铜是非常好的热导体，只有银的导热性能可以超过它。但是，铜与食物接触的话，特别是那些酸性的食物，很容易产生毒素，因此铜锅需要薄薄地镀上一层锡；可是时间长了，表面的锡会磨损，就会露出里面的铜。"要经常为你的锅镀锡"，18 和 19 世纪的烹调书上常常会这样提醒人们。如果那时候的人们跟今天一样的话，厨师们可能会常常拖延镀锡，毒害那些他们为之烹调并服务的人们。有些厨师为了追求食物上色的效果，竟然无视铜的副作用，使用未经镀锡的铜锅腌制绿核桃仁和翠绿的小黄瓜。简言之，铜锅除了会损害食物的味道和毒害人们的身体之外，倒也没什么别的不好，可是突然之间，维多利亚时代那些琳琅满目的盛宴大餐看起来就不那么诱人了，对吗？要找到一个理想的烹调用具并非易事，总有不尽如人意的地方。美国伟大的饮食作家詹姆斯·比尔德（James Beard）曾经说过："即使在今天这个充满无限可能的世界上，也不存在一种完美的金属可以用来做炊具。"

我们期望有一只锅能够具备各种优点，可是没有一种材质可以把这些优点集中起来。首先和最重要的一点，它应该具备很好的导热性能，这样它可以将食物很快加热，并使锅底受热均匀（不要有热点！）；然后，拿在手中的时候，它的稳定性应该很好，很轻巧，因此在炉盘上操控起来比较容易；有一个手柄，你可以在拿起它的时候不会烧到自己；与此同时，我们也希望它厚实坚固，足以承受高热，而不至于变形和出现裂纹。理想的锅具表面应该是稳定的，不粘，不易被腐蚀，易于清洁而又经久耐用；它应该有一个漂亮的外形，可以稳稳当当地搁在炉盘之上；尤其重要的是，一只真正好的锅具应该具备某种品质，这很难被量化，就是说它不只是在发挥它的功能，更要令人感觉亲切，当你拿起它的时候，会忍不住想跟它打一声招呼：嗨！老朋友！

传统上，烹饪书籍开始的部分都要罗列出所需要的烹调用具，当作者们谈到锅具的材质问题时，通常会有一种模棱两可的语调："是的，但是……"例如：陶瓷材质的锅很好，但是会出现裂纹；而玻璃材质的烤箱器皿放在烤箱里面还可以，放在火上就会容易碎裂；铝锅用来煎蛋很好，但是不适宜用来烹调酸性的食物；银的据说很完美，只是价格高昂（丢失或者被盗之后的痛楚很难忽略不计）；其实用银的器皿烹调出来的食物味同嚼蜡，除非锅具始终被保持得光洁如新；沉重的铸铁锅是很多厨师的最爱，人们使用铸铁器皿的历史有几百年，至今，法国的焦糖苹果挞与美国的玉米糕这样的家常食品仍然用它来做。"放好平底煎锅，放上盖子，妈妈要做小酥饼啦！"保罗·罗宾逊（Paul Robeson）唱道。如果使用得当，一口铸铁的平底煎锅可以有非常好的不粘特性，而且因为分量够重，所以耐高温，能够达到使食物表面焦黄的效果。不好的方面是如果每次用完之后没有擦干和抹油的话，锅就会锈得一塌糊涂，还会有少量的铁渗入食物之中（当然对于贫血的人们来说这未尝不是一个优点）。

解决的办法就是在铸铁表面涂以瓷釉，成为铸铁搪瓷，最著名的铸铁搪瓷器皿是法国的"酷彩"。上釉的技术是非常古老的，古埃及和古罗马都使用这种方法来制作珠宝：将玻璃粉通过高温（750—850℃）与陶珠熔炼在一起。大约在1850年，釉彩技术开始应用于钢铁。1925年，在法国北部工作的两位比利时工业家试图将之应用于铸铁厨房器皿，因此契机，每位法国祖母的厨房之中都多了一种传家之宝。阿曼德·德萨艾格（Armand Desaegher）是一位铸铁金属方面的专家，欧克塔维·奥贝克（Octave Aubecq）精通釉彩技术，两人合作，生产出了 20 世纪具有划时代意义的系列烹调器皿，从一个圆形烧锅开始（我们称之为砂锅），之后陆续出现了小烤盘和烘焙器皿，法式烤炉和塔吉锅，烘烤炉和炒锅，馅饼盘和烘烤用平底锅。酷彩的特色之一是它的色彩，标志了厨房时尚的变化：1930 年代是亮橙色，1950 年代是金黄色，1960 年代是蓝色（这是伊丽莎白·戴维德［Elizabeth David］因一盒高卢［Gauloises］香烟的启发而提出的建议），以及今天的青绿色、樱桃色和花岗岩色。我有一对杏仁色（如果是冰淇淋的话该多么美味！）的锅，用来做小火慢炖的砂锅再好不过了。因为铸铁受热均匀，而且不易散热，表层的釉彩又使你避免品尝到金属的味道。最主要的是，它们非常赏心悦目，如果炉灶之上有那么一个，会令人顿时心花怒放。

我的婆婆是我所认识的最好的厨师之一，无论做什么食材，她都使用她那套蓝色的酷彩餐具。结婚前她曾在法国蓝带厨艺学校（Cordon Bleu）受过烹调训练，她所做的大餐有着英国诺尔曼时代（Anglo-French）的气势。用她那保养得当的锅具，她像变魔术一样变出令人垂涎的调味酱、黄油豌豆以及色泽艳丽、口感爽滑的罗宋汤。锅具与她的烹饪风格相得益彰。用冰冷的盘子或者不搭调的餐具来盛装食物对她来说永远是不可想象的。那套上了釉彩的铸铁厨具在她用起来是得心应手，只有在我们这些缺乏规范意识的冒失鬼闯进厨房之后，裂纹就开始出现了。这些锅很重，使我总是担心我的手腕会脱臼，以至于把它们中的一员摔落在地上。还有一点，它们之中没有一个的尺寸大到可以用来煮意面。不过，真正的麻烦还在于它们的表层，如果你已经习惯于使用很大的不锈钢锅具，你就会惊讶于酷彩锅在高温的作用之下怎么会那么容易糊底。有几次，就是因为我把婆婆的锅在炉盘之上多放了那么一会儿，几乎就导致了它们的灭顶之灾（每当此时，我婆婆都及时地冲过来，麻利地使用漂白剂使它们再次光洁如新）。

当不粘锅刚刚出现时——它们是 1956 年由特福（Tefal）公司首次在法国推出的——就好像一个奇迹："特福锅，真正不粘的锅！"这是最初的广告语。食物粘锅的原因是蛋白质与一些金属离子发生了反应，要想使食物不粘锅，就要设法阻止蛋白质分子与锅具表面产生反应——要么时刻不停地翻炒搅动，要么在食物和锅之间涂上一层保护层。传统上，这一保护层是通过"开锅"获取的。使用一口未上釉彩的铁锅——不管是中式炒锅还是美式铸铁长柄煎锅——开锅是一个关键的步骤，忽略它，你会在烹调时吃尽苦头（锅也会生锈）。首先，要用热肥皂水把锅搓洗干净然后晾干，再将油或者猪油涂在表面，慢慢地加热几个小时，一些脂肪分子"聚合起来"，锅的表面就变得光滑闪亮了；之后，你所烹制的每餐饭都为它增加了一层聚合脂肪；随着时间的流逝这只锅就变得像百丽发乳（Brylcreem）一般光滑。在一口油黑锃亮的炒锅中，食物永远在跳跃和滑落。用一口精心养护的长柄煎锅，你可以煎出一大张玉米饼，做好的时候，你可以让它自然地滑落，就像一粒药片从药盒中掉落。但是，要把锅保养得好需要一些规范：你永远都不能用力擦洗它，一些酸的东西，如西红柿或者醋，也会损伤锅的表层。如果铸铁锅的保护油层逐渐消退，你就必须要重新来过。

1954 年，一位法国的工程师马克·格雷戈勒（Marc Gregoire）发明了另外一种方法。特氟龙（PTFE），即聚四氟乙烯，化学家们在1938 年的时候就知道这种材料的存在。这种光滑的物质曾经被用于工业阀门的表层，以及钓鱼设备。据说，是马克·格雷戈勒的妻子建议他用钓鱼设备上使用的特氟龙来解决她在烹调时遭遇到的粘锅问题，他因此发明了将特氟龙与铝锅相结合的方法。

这是怎么回事呢？粘锅的发生源于食物与锅的表层发生反应，但是特氟龙分子不会与任何其他原子发生反应。在微观层面，特氟龙分子由四个氟原子和两个碳原子组成，如此不断重复，组成更大的分子。氟一旦与碳结合，就不再与任何其他物质结合，不管是"惯犯"炒鸡蛋还是牛排。在显微镜下，科学家罗伯特·沃克（Robert L. Wolke）说：一个特氟龙分子看起来就像一只易怒的毛毛虫，毛毛虫的盔甲阻止了碳与食物分子的结合，因此，当你将一滴油倒入一口新买的不粘锅中时，戏剧性的一幕出现了，它似乎受到了锅的排斥。

世界都为特氟龙而疯狂。1961年，杜邦出品了美国第一个不粘烹调器皿，名之曰"欢喜锅"（The Happy Pan）。一年之内，美国的销售速度是每个月一百万只。就像是找到了解决秃顶问题的方法，一只不与食物粘连的锅正是全世界都在寻求的宝贝。到了2006年，在美国出售的大约70%的烹调器皿都有不粘涂层，俨然成为一种标准，而不是特例。

不过，随着时间的流逝，有些事实变得显而易见，不粘并非无懈可击。我永远不会用不粘锅炖菜或者煎东西，因为不粘的功能，使我们无法得到那些粘于锅底、让人百吃不厌的小锅巴。你会时不时地遇到这样的问题：神奇的不粘产品并不能持久，时间久了，无论你如何小心翼翼地爱护它——远离金属锅铲、避免用过高的温度加热——那不粘的特氟龙涂层还是会逐渐褪去，留给你的只有金属的底层，与你购买的初衷适得其反。经历了太多短命的不粘锅之后，我终于认定，它太不值了，远不如买一口传统的金属锅，不管是铝、铁还是铸铁的，然后用油脂来滋养它，这样，你的锅会越用越好。每次你在它里面倒入油脂，都会为它增添一层光泽，相反，不粘锅的话，你每使用一次，就会减少一些涂层的光华。

不再购买不粘锅还有其他原因：特氟龙是无毒的，但是如果加热温度很高（超过250℃），就会散发出一些有害气体（碳氟化合物），可以导致人们出现一种类似于流感的症状（烟尘热）。当人们开始质疑不粘锅是否安全的时候，生产商的回答是锅具在正常使用的情况下，永远不会达到这么高的温度；事实是如果锅在无油的情况下预热，非常有可能达到或者超过这个温度。无独有偶，2005年美国环境保护署开始调查"全氟辛酸"——一种用于生产特氟龙的物质——是否致癌。美国主要生产厂家杜邦公司指出，留于成品锅具之中的全氟辛酸微不足道，甚至无法检测出来。但是，无论如何，很多人开始对不粘的奇迹感到不安了。

重重风险之下，如何选择一口最合适的锅？1988年，查克·莱枚（Chuck Lemme）决定系统地探讨这个问题；他是一位美国工程师，也是一位拥有27项专利的发明家，其专利所涉范围从液压转换器到催化转换器，十分广泛。他审视了每种可用的材料，然后按照下面的9项标准来给它们评分：

　　1. 热度同一性（我的理解是：热点分布是否均匀？）

　　2. 反应度与毒性（会不会毒害我？）

　　3. 硬度（会产生凹痕吗？）

　　4. 简单应力（怕摔吗？）

　　5. 低粘锅率（我的晚饭会不会粘在锅上？）

　　6. 保养难度（能随便洗吗？）

7. 热效率（锅底导热性能是否良好？）

8. 重量（我能把它掂起来吗？）

9. 单位花费（我买得起吗？）

每个类别，莱枚按照十分制来打分，然后转换成"材料理想性评分"，满分是 1000 分。

莱枚的发现证实了一点，就是要制造一种完美的烹饪器皿可以说是难上加难。纯铝的材料在热度均衡性上得分很高（10 分的 8.9 分）——适宜煎鸡蛋饼——但是在硬度这一项得分很低（10 分的 2 分），很多铝锅最终都会变形。铜锅导热性能优良（满分 10 分），但是难于保养（只得到了 1 分）。总之，莱枚发现没有"单一材质的锅具"可以在这方面达到一半的分数，就是 500 分以上。最好的是纯铸铁材料（544.4 分），我们这些还在使用铸铁锅的人们是有些道理的，但是 544.4 分依然是很低的分数。

唯一可以达到或者接近 1000 分的途径是合成不同的金属。在莱枚研究期间，顶级的厨具专家们已经达成了一致意见：唯有厚实的铜制锅具才值得拥有，而不是仅有那一层薄薄的铜夹层就够了。但是莱枚发现，即使在锅底，作为装饰而薄薄地镀上一层铜，也会大大地提高锅的导热性能。一口 1.4 毫米厚的不锈钢锅，如果带有 0.1 毫米的铜涂层会让锅的热点均衡性能（热度同一性）提高到 160%。用你自己的锅，有一种很简单的方法可以检验热点：在锅的表面撒上一层面粉，放到中火上，随着面粉被加热，你会看到一幅棕色的图案慢慢形成了；如果图案均匀地分布在锅的表面，你就知道这只锅具有很好的热点均衡性能；更有可能的是，锅的中心点呈现出明显的棕色，那就是热点所在。你可以想象一下，如果你现在正在用这只锅煎一盘土豆，那么，除非你不停地翻动它们，要不然，位于中心热点位置的土豆很快就会被烧焦，而边上的还发白呢。好锅确实会让你的盘中餐变得有所不同。

根据莱枚的建议，"接近理想"的锅应该使用复合材料制成：内核用不锈钢与镍的合金，里面是更为耐久的不粘表层，比如火焰喷涂的镍；锅的外层应该以纯铝压叠而成，锅底部分4毫米，向外变薄，外缘是2毫米。莱枚写下这些的时候，这种锅并不存在，它是属于科幻王国的东西。莱枚从未制造和推广他的理想锅，它只存在于他的大脑之中，大脑孕育了它之后，莱枚就转而去研究其他工程领域了。不过，即便是莱枚想象的接近理想的锅，在他的评分表上最后也只拿到了734分。

结果显示，我们对于锅的很多期望互相并不兼容。例如，薄底的锅效率更高，对炉盘传递过来的热能反应更快，适合做调料汁，或者烙饼，煤气费会便宜一点儿。但是，锅底厚一点儿的话，有助于摆脱热点的麻烦。锅底的厚度保证了温度分布的均衡以及热量的保持。厚的铸铁锅加热的话需要较长的时间，因为它的密度大，但是一旦热了起来，热度就会保持；没什么比用铸铁锅烧出来的焦黄的排骨更美味的了，就是因为冷肉入锅时，锅的热量大部分得到了保留。因此，薄锅与厚锅各有千秋，你不可能在遵从物理定律的前提之下，两者兼具。莱枚的研究表明：无论如何平衡各因素之间的关系，都难免顾此失彼，能够在莱枚评分表上接近满分的锅，恐怕永远不会出现。

然而，在过去的这二十年时间里，厨房器皿领域的科技水平有了很大提高。正如莱枚预言的那样，方法就在于多种材料的组合。美国顶级的烹饪器皿品牌奥克莱德（All-Clad）申请了一个锅具材料的专利配方，就是由五层不同的材料组合而成的：高导热材料与低导热材料相间，以便"促进热量的侧向流动，并排除热点"；内核是不锈钢的，以便提升其稳定性，公司网站上是这样说的。这些锅具是专门设计用来搭配"最新科技感应式炉盘"使用的。我相信奥克莱德锅在莱枚的各项评分上都能拿到高分，除了一项——花费，因为它的价格高达几百美元一只。

内森·梅尔沃德（Nathan Myhrvold）博士认为，为这种顶级高端的锅具花费这么多并不值得。投身于食品领域之前，梅尔沃德曾经是微软首席技术官员，是《现代派烹饪》（2011）一书的主要作者（合作者有克里斯·杨［Chris Young］和马克西姆·毕莱特［Maxime Bilet］），这是一部六卷本、2438页的专著，致力于"重塑烹饪"。梅尔沃德的公司"高智发明"（Intellectual Ventures，从事与发明和专利相关的业务）位于西雅图附近，公司里有一间高端烹饪实验室，他跟他的研究团队在这里重新审视了众多"想当然"的烹饪方式背后的理念。如果梅尔沃德想要了解食物在高压锅和炒锅里面做得怎么样，他会在烹饪中途将其一剖两半，然后拍下来。在梅尔沃德众多令人惊奇而实用的发现中，其中就包括：在冷冻莓果和生菜之前，把它们放在温水中浸泡一下的话，保持新鲜的时间会更长久；还有做油封鸭的时候，不必遵循传统使用鸭子自身的油脂来烹调，用真空烹饪锅煮出来的效果一样好。梅尔沃德也致力于探讨理想锅具的问题。

经过多方面的实验之后，《现代派烹饪》的作者发现："可以均匀加热的锅是不存在的。"他注意到：很多（富裕）人家将昂贵的铜锅"像战利品一样挂在厨房之中"，但是，即使是导热性能最好的锅也无法保证烹饪时热度的均匀分布。对各种锅具的迷恋，导致人们忘记了烹饪过程中另一项基本要素——热源。梅尔沃德的实验结果告诉他，无论锅有多么精致华美，典型的小型家用煤气炉盘直径只有6厘米，都不足以将热量均匀地"传到锅的最边缘"。他的建议是什么呢？"别太在意锅怎么样，把更多的心思花在炉盘上吧。"梅尔沃德发现：如果炉盘的大小合适，最理想的是与锅一样宽，一只价钱适中的铝与不锈钢的合金锅用起来"跟铜锅的效果几乎一样"。这个发现还是不错的，当然，如果你的厨房很平常，设备不全，使用的炉盘也只是标准尺寸的话，其实也没什么帮助。

还有一个技巧的问题。我决定在我那个明显有些差劲的炉盘上试试梅尔沃德的理论（这个炉盘的开关至少大多数时候还好用，比我们老房子的那个好）。我拿起家里最小的长柄煎锅，把它放在最大的炉盘上，煎一些切好的西葫芦。导热性能明显地更加均匀和强大，切成块儿的西葫芦有些蹦出了锅外，然后就蹿起了火苗。从那儿以后，我就一直心甘情愿地用着做大锅饭使用的特大锅和特小的炉盘。比起火烧眉毛，我更愿意忍受热点不均的折磨。

理想的锅——跟理想之家一样——并不存在。别介意，锅具从来都不完美，也不需要是完美的；它们只是用来煮、煎、炸和炖东西的器皿；它们是家的一部分。我们要了解它们的弱点和性情，将就摆弄我们的好锅和不那么好的锅，然后把晚餐端上桌，就吃吧。

电饭锅

　　1960 年代，电饭锅出现在日本和韩国人的家庭中，生活随之发生了变化。之前，整个晚餐的关键就是能否蒸出软粘的白米饭——这也是每顿饭的根本所在：大米需要浸水、淘洗，做的时候还要时刻关注它们在土陶锅中的情况，以免蒸糊了。

　　电饭锅——一个带有加热装置和恒温器的碗状容器——消除了所有这些焦虑和辛劳。今天，你要做的就是量出适量的米和水，然后按动开关。锅里的水被吸干的时候，恒温器会控制电饭锅从加热模式转到保温模式。高档一些的电饭锅可以保温很长时间，甚至带有定时装置，你可以在上班以前就把它设定好。

　　电饭锅是文化与科技之间的理想结合。其早期型号模仿了日式土陶锅的慢蒸模式。与微波炉不同，后者改变了整个家庭餐饮的结构，电饭锅则让亚洲家庭跟以前一样享用传统的饭菜，而且使之变得更加轻而易举。

2009 年，中野嘉子发表了专著《有亚洲人的地方，就有电饭锅》：忘掉电视机吧，电饭锅才是日本家庭最重要的电器。这一切都发生得非常迅速，电饭锅出现于 1950 年代"日本制造"电器风靡的时期，第一台自动电饭锅于 1956 年由东芝公司制造出品。1964 年，不到十年的时间里，日本电饭锅拥有率就达到了 88%。它从日本传到了中国香港和内地以及韩国（在韩国，设计上有所改动，增加了压力，以便蒸出来的米饭更松软，更适应韩国人的口味）。在中国农村的狭小厨房之中，电饭锅可能是唯一的炉子，各种粥和米饭都用它来做。

到目前为止，电饭锅还不适用于印度和巴基斯坦的长粒米。巴斯马提（Basmati）米蒸出来应该是蓬松的、一粒一粒的；电饭锅的慢蒸模式对长粒米来说并不合适，它们会粘起来，这也是为什么印度人并不像中国人那么推崇电饭锅的原因。

第二章　刀

诗人用他的钢笔，艺术家用他的画笔，厨师用的是他的切菜刀。

F. T. Cheng《一位中国美食家的思考》

(*Musings of a Chinese Gourmet*)，1954

　　有一天，做黄瓜三明治的时候，我把手指上的一片肉当作黄瓜切掉了。崭新的日式曼陀林切菜器（刚买来的）给我带来的过度兴奋导致了眼前这种钻心的痛楚。"弹奏曼陀林的女士"，当我走进 A&E 的时候，推销员们叫喊着，带着职业性的亢奋。很显然，我不是第一位因为这种难以捉摸的小玩意儿而挂彩的傻瓜。很多热情洋溢的厨师都有一个曼陀林，永久性地安放在碗柜中某个注意不到的角落，上面附带着点点滴滴干燥的血迹。"注意你的手指！"包装盒上说，这是给我的提示。但是，不知怎么的，看着透明的黄瓜片儿一点儿一点儿地堆积起来，我竟然有些忘乎所以，眨眼间，我身体的一小部分就出现在了刀片的另一侧，

落在了黄瓜片儿中间。在医务室等待的时候，我暗自庆幸自己把切菜器设定在最薄片的那一档，不然，结果会更糟糕。

　　厨房其实是一个充满危险的地方：人们可能被烧伤、留疤、冻伤，更可能被切伤。曼陀林事件之后，我报名参加了一个刀工培训课程，学校是刚刚设立的，位于郊区。班上大多数男人从妻子或者女朋友那里收到了刀具作为礼物，人们以为，刀具可供男人们玩耍，就像火车模型或者电钻一样。他们走向案板的时候，也往往带有一点儿耀武扬威的架势。妇女们则有些缺乏自信，我们无一例外，都是自己报名来上课的，不是作为一种自我奖赏（如瑜伽课），就是试图克服自己对刀刃的恐惧或者焦虑（好像自我防御课）。我希望这门课可以让我像武士那样把东西切成方块，像屠夫那样砍剁，像电视上面的大厨那样几下就搞定一颗洋葱。事实上，这门课的大部分内容都是有关安全常识的：例如，如何像动物的爪子那样抓住蔬菜，大拇指在下面，指关节一直抵住刀身，这样，我们就不会因为疏忽而把大拇指跟胡萝卜一起切下来；如何用一块湿布来固定案板；如何用磁条带或者塑料护套来存放刀具。我们的恐惧，似乎并非没有来由。我们的老师，一位能干的瑞典妇女让我们想象一下，如果粗心大意地把锋利的刀具留在泛满泡沫的洗碗池中，接下来会发生什么：你忘记了刀还在那里——把手伸入池中，只见池水渐渐变成了红色，就像电影《大白鲨》中的一幕。

　　厨房刀具与武器之间只有一步之遥。这些工具就是用来砍、剁和切的，只不过你所切的大概就是一根葱而已。我们人类没有狮子一般的利齿，可以把肉直接撕开，所以才发明了砍切的工具。刀是厨师宝库中最古老的一员，出现于一百万年前到两百万年前之间，甚至早于火的发明，当然，关于这一点，要看你相信哪一位人类学家的观点了。处理食物最基本的方法就是使用这种或者那种工具来分割它们。刀具用来做那些人类脆弱的牙齿做不到的事情。最早的"石切"工具要追溯到260万年以前的埃塞俄比亚，那里挖掘出了锋利的石块和带有砍削痕迹的骨头，那些痕迹显示骨头上的肉是被砍掉的，而且砍得相当熟练。生活在石器时代的人们制作出各种切削工具来满足他们的需求：有简单锋利的砍刀、刮刀（耐用而轻巧）以及石斧和用来击砸食物的石球。即便在早期阶段，人们也没有在处理食物的问题上乱来一气，而是小心抉择用什么工具和切成什么样。

不同于烹饪，工具制作并非人类特有的技能。黑猩猩和倭黑猩猩（猿类的一种）也会拿一个石块，在其他石块上面击打，制作出锋利的工具。黑猩猩会用石头砸坚果和树枝，以便吃到被坚硬的外壳包裹着的果实；猿猴也会敲制石片，但是没有证据表明它们可以像原始人那样，将制造工具的技艺传授给别的猿猴。而且，灵长类动物对生的食物也不像人类那么敏感。从一开始，原始工具制造者们就热衷于寻求最好的岩石，以便制作砍切的工具，为此不惜跋山涉水，而不是随便了事。哪一种岩石可以用来制作最锋利的工具？石器时代的工具制作者们尝试使用过花岗岩、石英、黑曜石以及燧石等。今天的刀具制造商们仍然在寻求可以使刀锋更加锐利的材料，区别就在于我们现在有了冶金工艺。从青铜时代开始，选择面就在不断扩大，从青铜到铁，再从铁到钢，从钢到碳钢再到高级碳钢和不锈钢，然后是神奇的钛合金。现在，你可以花大价钱买一把日本厨刀，材料是含有钼/钒的合金钢，由大师级的刀匠手工制作。这样的一把刀一定会让石器时代的人们惊叹不已，它可以嗖嗖地切过南瓜坚硬的外壳，就好像在切一只软梨。

在我的印象中，如果你问厨师他们最喜欢的玩意儿是什么，十个之中有九个会略带不耐烦地回答：刀！不耐烦是因为这个问题太简单，精致的刀工是美味的基础。一位厨师没有刀，就像一位理发师没有剪子。对于厨师这份职业来说，刀工比火候的掌握更为根本。不同的厨师使用不同的刀具：如带有曲线的半月弯刀，还有笔直的法式"见血"刀，是屠夫宰马的时候专用的；还有尖利的德式切片刀、切肉刀等。我遇到过一位厨师，他说他不管做什么，都使用一把大号带锯齿的面包刀，因为不需要磨刃。有些厨师喜欢小巧的削皮刀，可以把食物切得分毫不差。大多数厨师所依赖的是一种古典的厨师刀，长度在23—25厘米之间，这个尺寸可以满足大部分的需求："长"可以用来剁大块肉，"小"可以用来切片。一个好厨师每次当班都要磨好几次刀，将刀锋以20度的角度前后快速挥动，以确保它刀刀见"血"。

关于刀和食物的故事并非仅仅局限于这种切割工具如何变得越来越锋利和坚韧，还关乎我们要如何掌控这一工具的暴力属性。我们石器时代的祖先们只是将手边的材料——目前我们只能推测——尽量打磨得锋利一些。不过，随着刀具制造工艺的发展，特别是钢铁材料的使用，刀成为可以致命的工具。"当心你的手指！"刀的首要功能是切东西，紧随其后的问题就是如何把对它的使用限制在合理的范围之内。中国人只把刀放在厨房之中，使用这个大家伙做出大小适宜入口的食物。有关刀具在餐桌上的使用，欧洲人发明了详尽的礼仪——它的潜台词就是提醒邻座的人不要把刀不小心用在你的身上——"餐刀"往往又钝又脆，用来伤人的话真得费些力气。

握着手感舒适的刀具会给人带来一种快感，切洋葱的时候尤其令人感到神奇，好像你这边不用使任何力气。在刀艺课上，老师为我们展示了如何切割一只鸡：从鸡腿根部切开的时候，要找到两个小小的鼓包，切在正确的点位上，刀子就会像丝绸那样顺滑地穿过。当然，这些只有在刀子足够锋利的前提下才能做到。

厨师们总是说，最安全的刀也是最锋利的（没出事故之前，这一点是对的）。在家庭煮夫或者煮妇们之中，如何保证刀的锋利似乎更是一种个性化的激情，而非平常的手艺。维多利亚时代走街串巷的磨刀匠们，转眼之间磨好一套刀具，就为了换取一点儿施舍，几便士或者一品脱麦芽酒。这些人早已无影无踪*，取代他们的是狂热的刀迷，他们磨刀不是出于必需，更非为了工作，而是纯粹为了满足个人喜好。他们在网络刀具论坛上交流经验：到底哪种磨刀工具才能磨出最好的效果？是日本的水磨石、传统磨石、阿肯色石，还是一种合成的氧化铝磨石（我知道没有真正的刀迷会喜欢电子磨刀机，人们普遍认为它会过度打磨，因此会损毁一把好刀）？刀迷们的见解并不一致。

无论你选择了哪一个，基本的法则是一致的：你需要磨掉刀上的一些金属，从很钝到变得比较锐利，直到达到你想要的效果。另外，每次使用的时候，最好在钢棒上再把刀打磨几下，使刀刃更加平滑。后者的打磨可以使较锋利的刀刃真正锋利起来，却无法让一把钝刀变得锋利。

如何定义一把刀是否锋利？这是一个角度的问题。两个表面，被称为斜面，交会而成一个又薄又尖的 V 字角，就形成了尖锐的刀刃。

---

* 如果你在网上查找，会发现仍然有几家磨刀坊，它们可以磨很多工具，如猎刀、披萨轮刀和食物加工机的刀轮等。

如果截成一个横断面，你会发现典型的西式厨刀的角度是 20 度，就是一个圆周的 1/18。欧洲刀具通常是双面的，两边都磨好之后，一共就是 40 度角。每次使用，刀刃都会受到磨损，角度也会逐渐消失。磨刀匠通过磨掉刀刃两边的一些金属，恢复最初的角度。长期的使用和打磨，刀口会逐渐消失。

在理想状态下，刀刃的角度可以达到零——锋利的极限。然而现实中，刀刃太薄的话，固然切得更好，比如剃刀，但是很难经得起"砍"和"剁"的动作，明显不好用。西方厨刀锋利的话可以达到 20 度角，而日本的厨刀则更薄，可以达到 15 度角，这也是为什么很多厨师选择日本刀的理由之一。

在很多问题上，刀具爱好者们都无法达成一致：最好的刀是大刀吗？有一种理论认为重一点儿的刀可以做更多的事，有人说小一点儿的刀更好，还有人说比较重的刀让人肌肉酸痛；平刃的还是曲刃的刀更好？也是各有拥戴者。爱好者们对于如何测试刀刃锋利程度的方式也意见不一，用大拇指的话，可以炫耀与金属的亲密接触；或者干脆直接切开一棵蔬菜、一支圆珠笔算了。有一个笑话，说的是一个人专门用舌头来测试刀的锋利程度，因为锋利的刀尝起来是金属的味道，而真正锋利的刀尝起来则是血的味道。

刀具爱好者们都认同的一点是：拥有一把锋利的刀，并且可以熟练地掌控它，是你能在厨房中体验到的最强大的力量来源。遗憾的是，直到烹饪生涯的近期，我才终于发现为什么大多数厨师都认为刀是一个必不可少的工具，它让你不再对着葱和百吉饼发愁，你看着眼前的食物，确信自己可以把它们切成任何形状：一只洋葱，被精心地切成小丁——没有大小不一的问题——洋葱丁与米粒均匀地搅拌在一起，可以令意式调味饭更加赏心悦目；一把锋利的面包刀则可以切出精致的薄片吐司，拥有一把锋利的刀，你便拥有了整间厨房。

这不是什么新发现，但是，在今天，熟练地运用刀具却成为只有少数人热衷的技能。即使在很多烹饪爱好者的置物架上，所摆放的刀也很可能是钝的，我知道，因为我曾经就是其中的一员。在现代厨房，即使没有任何必需的用刀技能，也可以做到游刃有余。需要把什么东西切碎的时候，只要把它们放到食物处理机中就行了。我们并非生活在石器时代（并非像一些刀具爱好者们所希望的），我们的食物处理系统让我们即使在缺乏最基本的切削技能的情况下，仍然不至于饿着，面包和蔬菜买来时就都已经切好了，永远不用担心有没有自己的切削工具。然而，曾经有一段时期，能否有效率地使用一把刀却是比读写都要基本和必需的一项技能！

在中世纪和文艺复兴时期的欧洲，一个人无论走到哪里都要带着他的刀，就餐时，如果需要，就把它拿出来。几乎每个人都有一把自己的餐刀，放在刀鞘之中，然后悬挂在腰带上。一个男人腰带上挂着的刀既可以用来切食物，也可以用来自卫，抵抗敌人的攻击。你的刀是与你的服装一样必备的物品，有些类似于今天的腕表。刀既是人们普遍拥有的财物，也是最受珍视的，就好比《哈利·波特》小说中巫师的手杖，是为它的主人量身定制的。制作刀柄的材料有铜、象牙、水晶、玻璃和贝壳，以及琥珀、玛瑙、祖母珍珠，或者龟壳等，上面可能雕刻着婴儿、传道士、鲜花、农夫、羽毛或鸽子。就像你不会使用一个陌生人的牙刷一样，在那时，你也不会用别人的刀吃饭。你已经习惯带着刀——就像戴手表一样，你大概已经把它视为你自己的一部分而忘记了它的存在。一部 6 世纪的文献（《圣班尼迪克戒律》，*St. Benedict's Rule*）提醒修士们在睡前要解下腰间佩带的刀，免得夜间割到自己。

那时候的刀，非常危险，形状像匕首，十分锋利。它们需要是那样的，因为人们要用它来应付好似橡胶一般的奶酪和硬皮面包。除了服装，刀也是人人必备的一件物品。人们往往错误地认为，像其他具有潜在暴力用途的物品一样，刀也无不例外地具备男性特征，但是，实际上女人们也佩带它。16 世纪，克鲁伯（H. H. Kluber）的一幅画描绘了一家富裕的瑞典人，正在准备伙食：肉、面包和苹果。这家的女儿们头上戴着花儿，穿着红裙，佩带着银色的刀，就悬挂在腰间的裙带上。刀与身体如此接近，说明人们对它已经驾轻就熟。

锋利的刀有着固定的构造。刀尖，也是最尖锐的部分，可以用来扎穿食物。你可以用刀尖划开点心，从切开了一半的柠檬上把籽剔去，或者扎一下正煮着的土豆看看熟了没有。刀身的主体——刀刃的下半部分——被称为刀腹，或者刀弧，大部分工作都是由刀的这部分完成的，无论是将绿色菜切成碎块还是把肉切成块；用它的侧面，可以把大蒜和粗盐一起捣成蒜泥，跟捣蒜器说再见吧！刀腹的另一端，理所当然地被称为刀脊，它是钝的一端，不能用来切东西，但是可以增加重量和平衡。紧挨着刀柄的锋利部分是刀跟，可以用来切开较硬的食物，如坚果或包菜。连接刀身与刀柄的部分是柄脚，通常是一片镶嵌在刀柄中的金属。柄脚可以只是刀身的一部分延至刀柄之中，也可以是整个刀身的延展。现在，很多高端的日本刀是没有柄脚的，就是刀身与刀柄，由一片钢来锻造。刀身与刀柄结合的地方叫作刀回。刀柄的另一端就是刀柄头了——这就是一把刀的全部了。

当你爱上刀的时候，你就开始欣赏它的每一部分，从刀柄上的铆

　　　　杯盘之间：一部被湮没的"庖厨"史

钉，到刀跟的线条。现在的人们很难理解那些年代里刀在人们心中的地位，一把好刀可以成为令人感到骄傲的理由。当你从腰间把它拿出来，那熟悉的刀柄，因为长期使用而磨得十分光滑，无论切面包还是割肉，抑或削苹果，都令人感觉轻松自如。你之所以懂得一把好刀的价值，是因为如果没有它，餐桌上大部分的食物都会让你难以下咽。而且你知道，刀的锋利来自于钢材的使用，它是16世纪的刀具制造商们最推崇的金属。

　　第一把金属刀是青铜材质的，出现于青铜时代（公元前3000—前700年）。它们看起来跟现在的刀具没有什么两样，刀刃、刀柄以及柄圈——可以让刀柄镶嵌进去的部分。可是，那时的刀刃却并不锋利，因为青铜实在不适合用来制作刀具——质地太软了，难以使刀刃锋利。历史事实证明，青铜确实制作不出好的刀具，在青铜时代，人们仍然使用石刀，这就说明，在很多方面，石头仍然优越于新兴的金属材料。

　　相比之下，铁更适于用来制作刀具。铁器时代是刀具制造的第一个黄金时代，也是在这个时候，从260万年前的奥尔德沃文化（Old-owans）*时期就开始使用的石刀终于消失了。作为一种更为坚硬的金属，铁器可以被打磨得比铜器更为锋利，也更适于用来锻造更大、更重的工具。铁器时代的工匠们打造出了精良的斧头，可是对于刀具来说，铁并不是一种理想的材料，尽管比铜坚硬，但是容易生锈，从而影响食物的味道。所以，铁制刀具仍然不是最令人满意的。

　　最大的飞跃是"钢"，某种程度上来说，今天大多数刀具仍然使用

---

* 东非旧石器时代文化之一，以简单的石制工具为特征。——译者注

钢材制作，除了新兴的陶瓷刀以外，后者被尊为三个千禧年以来最具革新性的刀身材料。用陶瓷刀切鱼片或者西红柿的时候，会有一种梦幻般的游刃之感，但是，用来砍、剁的话就显得太脆弱了。如果说兼具锋利与坚硬两种特性，仍然非"钢"莫属，与其他金属相比，钢可以锻造出更为锋利的刀刃。

实际上，钢不过是铁里面添加了少部分的碳：重量上大约占 0.2%—2% 之间。但是这一小部分却至关重要。正是铁里面的这一点儿碳使之坚硬，从而令刀刃锐利，但又不至于坚硬到难以打磨；如果添加碳过多，铁就会变得松脆，从而在压力之下碎裂。就切割食物来说，添加 0.75% 的碳比较合适，这就是"纯钢"，可以用来锻造刀刃锋利、坚硬的刀具，而且不易断裂，这样的刀可以用来切任何东西。

到了 18 世纪，碳钢制造工业化，这一神奇的材料也被用来制作更多更专门的工具。餐具贸易不再局限于为某一个人制作匕首式的个人随身物品，而是要制造各种有着专门用途的刀具：用来切片的刀、用来削皮的刀以及抹刀，使用的材料都是钢材。

这些有着具体用途的刀具是欧洲饮食方式的成因，也是它的结果。人们通常认为从 18 世纪以来主宰着欧洲富裕阶层的法式大餐以酱料为主：黄油奶糊、白汁肉酱、黑汁肉酱、蛋糊酱（法国大厨玛丽-安东尼·卡莱姆［Marie-Antoine Carême］的四种基础酱料，后来改为五种，去掉了蛋糊酱，增加了蛋黄酱和番茄酱）。确实，不过与此同时，讲求刀具的专门用途及刀法同样是这一饮食的主要特点。首先使用专门刀具做专门事情的并非法国人，就像很多法式佳肴一样，其使用的各种餐刀可以追溯至 16 世纪的意大利。1570 年，教皇的意大利厨师巴特罗摩·斯加皮（Bartolomeo Scappi），拥有各种厨房"利器"：用来切割的半月形刀，刀身厚实、用来击打的刀，钝刃的意面刀、糕点刀，以及长而薄的刮刀。不过，斯加皮并没有透露使用这些"利器"的密码，只是说"用刀来击打"，或者"切成片"。他没有把各种不同的切菜技巧分门别类，是法国人，出于对笛卡尔精准主义的热爱，将刀具使用变成了一门学问、一种信仰，并形成了一系列的规则。19世纪早期，厨具公司萨巴杰（Sabatier）在法国中部城市蒂尔市（Thiers）首次生产了碳钢刀具——与此同时，通过格里莫·德·拉雷尼埃尔（Grimod de la Reyniere）和约瑟夫·贝尔畴（Joseph Berchoux）的作品以及卡列姆（Careme）的厨艺，"烹饪学"的概念出现了。刀与美食之间的关系变得密切相关。法国大厨们无论走到哪里，都随身携带着一套规格精准的模子——蔬菜丁、蔬菜丝——以及相应的刀具。

　　无论多么简单的法国食品，都讲求一丝不苟的刀工。巴黎饭店的那一盘生蚝，看上去并不涉及什么烹饪技巧，可是令人吃起来倍感愉悦的除了口感新鲜以外，还有切割的完整——有人手法娴熟地将每一只软体动物用开蚝器打开，然后用刀片向上划过，干净利落地切断蚝肉与贝壳之间连接的肌肉，不会造成任何碎裂。说起吃生蚝时使用的佐料葱与醋，也是需要有人神奇地将葱切成只有四分之一厘米大小的葱丁，只有这样，葱的味道才不至于完全掩盖生蚝的咸鲜。

　　开胃的法式牛排，无论是牛腰排、臀排还是肋排，都是那么诱人，也都是法国屠夫的成果。他们使用各种专门的器具：一把巨大的砍刀用来对付骨肉之间的连接，一把精致的屠夫刀用来切割更为隐秘细小的连

接处，或者是用肉块拍打器将肉拍打平整，以便烹调。一个经典的法式厨房包括火腿刀、芝士刀、用来把菜切成丝的刀，以及可以剥栗子的鹰嘴刀。

专门化是专业高级料理的基础。大厨艾斯可菲（Escoffier）是法式酒店烹饪的奠基人，他将厨房划分成几个相对独立的区域：调料区、肉类料理区和糕点区，每个区域有其专属的刀具。在依照艾斯可菲原则摆设的厨房里，人们可以将一个土豆削成一只小小圆圆的足球。要做到这一点，你得用一把托耐刀，这是一种小小的剥皮刀，有着鸟嘴形状的刀身，刀身的曲线注定它不能用来在案板上面切东西——但是那个弧度却正好可以剥掉手里拿着的圆形物体的皮，根据物体的轮廓，最后形成一个完美的圆球。由蔬菜做成的点缀，如果既美丽而又异想天开，一定属于法式风格，往往是某一把刀雕刻出来的成果，以某种特定的雕刻方式，遵循某种特定的食物哲学。

我们用刀来塑造食物的形状——而刀具的风格则是地方资源、技术革新以及与饮食相关的文化意向的神秘结合。法式刀具并非独领风骚，在中国，饮食与烹饪都建立在一把刀的基础上，菜刀——常常被称为中式切刀，是有史以来用途最广的刀。

切割器具被分成两类，一类是功能单一的，如格尔根朱拉（Gorgonzola）奶酪刀、箭形的蟹刀，还有菠萝切割器，将这种切割器旋插进黄色的果身中，就可以除去菠萝的硬心，同时切出甜美多汁的圆形果片。还有一类是多功能的。

不同的烹饪文化产生了不同的多功能刀具。例如因纽特人使用的乌卢刀，这是一种扇形的弯刀（类似于意大利半月刀），传统上爱斯基摩妇女用它来做很多事情，从给小孩子剪头发、修整冰块到剁鱼，几乎无所不能。日本的三德刀是另外一种多功能刀具，也是目前家庭厨房最受欢迎的万能刀，它比欧洲厨师所用的刀要轻得多，刀尖是弯的，沿着刀刃通常有一排圆形的凹点，称为凹点槽。顾名思义，三德刀有三种用途：切肉、剁菜和切鱼片，无不表现出色。

　　不过，没有什么刀比中式菜刀功能更多；对于一种饮食文化来说，也没有什么刀比中式菜刀更不可或缺。它那奇妙的刀身类似于砍刀，同样是方正的斧形，以便屠夫们用来砍肉骨头。不过，菜刀却是一种万能的厨房用刀（这里说的"万能"，可没有任何夸张的成分）。研究中国的人类学家安德森（E. N. Anderson）认为：中式菜刀完美体现了"最大化"的原则，即以最小的成本获取最大的价值。其重点在于节俭：最好的中式厨房致力于使用最少的厨房器皿，发挥最大的烹饪潜力。菜刀就是这一理念的体现。安德森写道，这种拥有较大刀身的刀，可以用于

　　　　砍柴、拾掇鱼（刮鳞什么的）、切蔬菜、切肉、碾蒜（使用刀背）、剪指甲、削铅笔、削新筷子、杀猪、刮胡子（必须足够锋利，或者给人感觉很锋利），当然也可以用来解决新仇旧恨。

　　让菜刀不负于"万能"称号的另外一个事实是——不同于因纽特人的乌卢刀——中式菜刀是获得广泛认同的世界两大菜系（另一个是法

国菜）之一的中国菜不可或缺的组成部分。从古至今，中式烹饪的首要特点就是通过无与伦比的刀工烹制出各种鲜美的味道，中式菜刀使之成为可能。在周代（公元前1045—前256），铁器传入中国，烹饪技术被称为"割烹"，顾名思义，就是"切割然后烹饪"。据说，哲学家孔子（生活于公元前551—前479）不吃没有被适当切割的肉。到公元前200年左右，当时的烹饪书籍使用了很多不同的词汇来形容切割的方式，说明当时的刀工已经达到很高的水平。

一把标准的中式菜刀刀身有18—28厘米长，这一点与欧洲厨师所用的刀类似，明显的不同在于菜刀的刀身有10厘米宽，是欧洲厨师刀最宽处的两倍，而且上、下的宽度没有变化，没有弧度、曲线和尖头。这是一把相当大的矩形钢刀，然而当你拿起它的时候，却会不可思议地感到十分轻薄，比法式切刀轻得多。使用方法也不同于欧洲厨师刀。大多数欧洲人在切东西时，顺应刀身的弧度，将刀像"火车头似的"由后向前移动。因为其直线的刀身，使用中式菜刀时则需要由上而下地砍。在中式厨房里，菜刀所发出的声音远比法式厨房响亮和富有冲击力：与当—当—当对应的是嗒—嗒—嗒。这种响声并不表示这种技艺还很粗糙，相反，中国的厨师们用这把刀可以切出远多于块儿和条儿的形状，甚至多于很多法国烹饪刀具所能切出的形状。在此仅举数例：菜刀可以切出8厘米长、很细很细的丝，甚至更细的银针丝，或者3厘米长、一面倾斜的马耳块儿，还有方块儿、条儿和片儿。

这一无与伦比的刀不是哪位发明家发明的，即使是，恐怕名字也已无从考证。中式菜刀——以及它所成就的菜系——是境况的产物。公元前500年，在中国发现了铸铁，它的制造成本低于铜，使得生产这种刀身较大、有着木制刀把的刀具成为可能。最为重要的是：中式菜刀是崇尚节俭的农业社会的产物。一把菜刀可以把食材切得足够小，从而使一盘菜里各种食材的味道相互融合，即便用的是一个可以移动的炭火盆，熟起来也很快。它是一种简单的工具，可以最大程度地利用燃料：将所有东西切小，快速烹熟，没有浪费。作为一项科技，它比看起来的样子要灵巧得多。它与中式炒锅搭配，更是相得益彰，以最少的燃料，令食材的味道发挥到极致。切好的食材在翻炒的过程中，其表层与热油充分接触，从而变得酥脆可口。

正如所有的技艺一样，有付出便有回报：为准备食材所磨炼的技艺和付出的辛劳换来的是迅如闪电的烹饪时间。整只鸡在炉子上需要一个小时才能熟，即使是鸡胸也需要 20 分钟，但是用菜刀将肉切成鸡丁之后，只要 5 分钟左右就熟了；主要是切菜费时间（也在于厨师的刀工，在 YouTube 上面，你会看到厨师马丁·严［Martin Yan］在 18 秒内，切好一只鸡）。中餐因为地域的不同，味道大相径庭，如麻辣的四川菜与以海鲜和豆豉为主的广东菜之间，口味完全不同，将远隔万里的中国厨师们联系在一起的纽带就是他们的刀工和这把菜刀。

"中式菜刀"占据着传统中餐烹饪的核心位置，现在依然是这样。一顿中餐由饭与菜搭配组成，饭——一般指米饭，也可以是其他谷物或者面条；菜——则指蔬菜和肉类。与其他元素相比，菜刀是其中一项最不可或缺的组成部分，因为是菜刀将"菜"做成各种不同的形状。关于刀工，有着一整套的谱系和术语。拿一根胡萝卜来说，你是"切"还是"片"，或者"剁"？你又想要什么形状呢？"丝"还是"丁"，或者"块儿"？不管切什么，都必须大小一致。分辨一个厨师的好坏，就在于他的刀工是否精确。有一则著名的故事，讲的是东汉时期的名士陆续在监狱里吃到了一碗炖肉，就知道他的母亲来过了，因为只有她才能把肉切成那么完美的方块儿。

菜刀看起来有点儿骇人，如果操作得当的话，它那令人恐惧的刀身就变成了精巧无比的工具，其精确度对于法国厨师们来说，得使用一系列专门厨具才能达到。在熟练者的手里，一把菜刀可以把姜切得跟羊皮纸一样薄，可以把蔬菜切得跟飞鱼籽一样细小。这一把菜刀，可以切扇贝薄片，也可以切5厘米长的豆角段儿，可以做出一桌酒席，还可以把黄瓜雕成荷花的样子。

中式菜刀不仅是一种厨房器具。在穷困的年代里，可能看不到昂贵的食材，但是刀工与风味却始终如一。菜刀不可思议地将中国社会不同阶层的饭桌连接起来，从而与英式烹饪形成对比。在英国，富人的饮食与穷人的饮食好像两个对立的区间（富人在铺着台布的桌子上吃烤牛肉，穷人吃面包和奶酪，直接用手把食物送进嘴里）。在中国，穷人不像富人那样可以用更多的食材——主要是蔬菜和肉类——来烹饪，可是无论他们做什么，做法都是一样的。厨艺，是凌驾于一切的中餐标记。中餐厨师们处理鱼和家禽、蔬菜和肉，各形各色的食材，然后把它们切成各种整齐划一、可以入口的几何形状。

中式菜刀最大的功能在于让人们用餐时不再需要使用任何刀子。在中国，使用餐刀被认为是多此一举，甚至有些令人反感，在餐桌上切食物会给人一种好像在屠宰场的感觉。经过菜刀处理过的食物，就餐者们只需要用筷子把那些大小一致的每一口食物夹起来。菜刀与筷子，可谓相得益彰：一个砍与切，一个夹与送；与经典的法式料理相比，又是一个精简节约的范例。无论使用多少刀具，费了多大劲儿切好做出来的法式大餐，最后吃的时候还是得使用餐刀。

中式菜刀和它的用法代表着与欧洲（也包括美洲）截然不同的刀具

文化。中国的大厨们只用一把刀，而他们的法国同行们则需要使用各种各样、功能不一的刀具：屠夫刀与割骨刀、水果刀与刮鱼刀。这不仅仅是一个器具的问题，菜刀所代表的是一种饮食风格，一种与欧洲宫廷餐饮格格不入的饮食风格。在干煸牛肉片与法式牛排之间存在着一道不可逾越的鸿沟，一个是以芹菜和姜、佐以辣酱和绍兴黄酒，精心调制的四川风味菜；另一个是一大块渗着血的肉，与一把锋利的餐刀以及芥末酱摆放在一起，随便食客们以自己的喜好切割并添加酱料。这两道菜代表的是两种不同的世界观。在"切"的文化与"割"的文化之间存在着一道鸿沟。

在欧洲，不是厨师，而是宫廷切肉师拥有最好的刀工技艺，他们的工作是在餐桌上将肉切开分好，以便老爷和太太们享用。在中国，菜刀用来把待烹调的新鲜食材切好，而且要切得大小均匀；中世纪的切肉师们对付的是已经熟了的食物，需要明白的是每种动物——整个烤熟的——都应该以某种特定的方式、用特定的刀具来切割，并且佐以特别的调料。

"主，求你教会我如何切割，如何使用一把刀来切割鸟儿、鱼以及各种肉。"中世纪的一本礼仪书上这样写着。1508年，文肯·德沃德（Wynkyn de Worde）出版了一本书，其中英文的"切肉师之章"这样写道：

> 剁开那只鹿
>
> 切好野猪肉
>
> 端起那只鹅
>
> 拿起那只天鹅
>
> ……肢解那只鹭

切割的法则是一个布满了象征与符号的世界：每一种动物都有它独特的需要遵守的切割逻辑。在切割刀与狩猎武器之间存在着某种关联：武器的尖端用来分割猎物，分割猎物时需要遵守严格的等级秩序，重点强调的是这片狩猎场主人的权威。切肉师的刀必须顺着每个动物的筋骨线条来切割，从而为他们的主人们服务，不可能像中式菜刀那样随意挥洒。切肉师们必须知道鸡翅要切开，而鸡腿要保持完整。做得对的话，他们会受到尊重。在宫廷，切肉被认为是如此重要，以至专门设立了一个办公室"切割部"，由专门指派的官员来领导，甚至有贵族成员参与其中。

不同于现在的切肉师，其工作就是把周日烤宴上的肉或者感恩节的火鸡肉平均分发给大家，中世纪的欧洲宫廷切肉师并不负责整桌人，而是只效忠于一个主子。他的工作不是要平均分配食物，而是把餐桌上最好的部分呈给他的主人。他会将面包片上面的各种调料样品盛在调羹上面，送进侍者的嘴巴里，确认是否无毒。这份工作一大部分是要避免主人吃到任何"渣滓"（fumosities）——换句话说，就是软骨、皮、羽毛等任何不好消化的东西。除此之外，切肉师并不需要使用他的刀做什么，主人手中有他自己的锋利餐刀，并最终由它来把食物送入口中。

令人意想不到的是，中世纪的割肉刀使用并不频繁。"切割"一词听起来有些骇人：肢解、毁损、破开、拆割。与中国厨师的一把菜刀形成鲜明对照的是，切肉师要用到很多刀：大而重的刀用来切割大块头的烤肉，如牡鹿或者公牛；小刀用来切割猎禽；宽宽的铲刀用来把肉盛到木制食盘之中；薄薄的钝刃刮刀则负责清理桌布上面的所有碎屑。不过，在烤肉上面用刀的时候并不多，"肢解一只苍鹭"，听起来令人毛骨悚然，事实上可能就是尽量把那只可怜的死去的鸟儿在木制食盘上面摆放出一种优雅的姿势，而不是将它剁成小块儿。"拿起苍鹭，将它的腿和翅膀立起，像一只鹤，然后撒上调料。"德沃德说。有时候，切肉师需要剁开大块的骨头，有时候需要切下一小块儿肉——如一个鸡翅，切碎后与葡萄酒和燕麦拌在一起。切肉师的工作更多是餐桌服务，而非切割，手中的切割刀也不必将所有的食物都切成可以入口的小块儿，老爷手中的餐刀负责干这件事。

　　与基督教、拉丁字母以及法律规则一样，随身带刀的习俗曾经也是西方文化的基本组成部分。然而，转眼之间，这一习俗就消失了。我们有关器具的很多观念都与文化有关，但是文化观念却不是一成不变的。17世纪以来，欧洲人对于刀具的看法发生了剧变。第一个变化就是刀具开始被预先摆放在餐桌上面，跟它一起的还有那个在当时还很新奇的玩意儿——叉子。刀子从前的魔力褪去了，从个人定制和专属，变成批量售卖，一套套整齐一致的刀具摆放在那里，随便谁坐下来购买。第二个变化是餐桌上的刀不再锋利，不再具有杀伤力。刀子就是用来切东西的，对文明与礼节的追求，或者说对攻击性的戒惧，令当时的人们有意识地发明了这种切起东西来并不好用的餐刀。从各个方面来看，我们今天仍然承受着这一变化的结果。

　　1637年，国王路易十三的首席顾问里切利厄（Richelieu）大主教在一次晚宴上目睹了一位客人用锋利的双刃刀尖剔自己的牙齿。这一行为令主教感到震惊，不知道是因为感到危险还是感觉很粗俗，他下令将他个人的所有餐刀都磨钝。在当时，餐刀大多是双刃的，像匕首一样。然而从那以后，在里切利厄的倡议之下，1669年，国王路易十四开始禁止法国刀匠制造尖锐的餐刀。

法国这道禁止使用双刃餐刀的命令伴随着一场餐桌礼仪与器皿的变革。欧洲正在经历杰出的社会学家诺博特·伊里亚思（Norbert Elias）所称的"文明的演化"。餐桌上的行为模式发生了明显的改变，老的那一套消失了。天主教会失去了早前的一统局面，骑士行为准则也已消逝无踪。人们突然对之前的饮食方式感到反感：用手抓肉，捧起碗喝汤，再用一把锋利的餐刀切这切那，所有这些——曾经符合皇家礼仪的餐桌行为，现在统统被认为是不文明的。欧洲人开始认同中国人在餐桌上小心用刀的习俗。不同于中国人的是，我们在就餐时仍然使用餐刀，只是它作为刀的很多功用消失了。

　　在法国，餐刀一般不放在桌子上，除了需要削皮或者切水果之类的情形以外，也只有这一类的刀还跟以前一样锋利。英式餐刀是放在桌子上的，但是刀刃是钝的。在 16 和 17 世纪，英国餐刀看起来类似于迷你版的厨房用刀。刀身可能有所不同，有的像匕首，有的像打开的折叠刀，还有的像弯刀，有的是双刃的，有的是单刃的，但是这些刀有一个共同点——都很锋利（至少在它们崭新发亮的时候是这样的）。

　　18 世纪的餐刀看起来与之前完全不同，刀刃向右偏，形成一种曲线，在前端又形成一个圆圆的头，明显钝多了，就是我们现在所用的黄油抹刀的样子。餐刀不再是切割的利器，只是用来涂抹黄油，帮助将东西放在叉子上，或者把已经熟透变软的食物再分一分。

　　新型的钝齿餐刀带来了握刀方式的改变。以前，是用整只手握住，做出好像刺杀一样的手势；现在，则以食指轻柔地沿着刀脊固定，手掌握住刀柄。到目前为止，它仍然是礼貌的握刀方式，这也是为什么我们之中很多人的刀工都那么差的原因之一。我们只会以使用餐刀的方法来使用锋利的刀具，后果往往是灾难性的。一旦你手中握着的是一把厨房用刀，你的食指无论如何不应该放在刀脊之上，这样子，与紧握刀身，拇指和食指分别放在刀身两侧比起来，切伤自己的可能性更大。良好的餐桌礼仪，令人对尖锐的事物怀有过度的敬畏，不利于训练一个人的厨艺。

到了18世纪，礼貌的西方人坐在餐桌边，小心翼翼地握着小巧的餐刀，竭力远离从前的暴力与杀气。作为一种切割工具，餐刀现在多少是多余的。到了18世纪晚期，谢菲尔德（Sheffield）餐刀，尽管材料仍然使用的是顶级钢材，但是与其说是用来切东西的，不如说更像一种摆设。在伦敦上流社会，这些漂亮的玩意儿，摆在餐桌上，标志着主人的品位和财富。可以说，现代餐刀已经没有什么实际的功用了，当锋利、有锯齿的牛排刀（最先出现在法国南部城市拉吉奥乐［Laguiole］）出现的时候，餐刀显得尤其无用。牛排刀的存在似乎是对普通餐刀的一种谴责，就是说，当人们确实需要切割什么的时候，餐刀却什么也做不了。

餐刀现在已经与武器完全不沾边儿了，人们完全没有必要随身携带它，在英国，如果你这么做的话，一定会让人感觉你可怜兮兮的。在伦敦，约瑟夫·巴瑞提（Joseph Baretti）曾经被指控在防卫的时候，使用一把小小的折叠水果刀刺伤了一个人。巴瑞提辩解说，在欧洲大陆，随身携带一把锋利的小刀很平常，用来切苹果、梨和蜜饯等。他不得不在法庭上对此做出如此详细的解释，这个事实本身说明，在1769年的时候，刀的属性在大不列颠已经发生了变化。对于餐刀来说，人们已经不认为也不希望餐刀是锋利的。

除了锋利以外，餐刀还有一个是否能够让食物更加可口的问题。从这个方面来说，在大多数人看来，餐刀真正成为餐刀，是在20世纪，因为不锈钢的出现。我曾经提到，受到谢菲尔德的刀匠们青睐的碳钢比之前的材料都更适合锻造刀身，我没有提到的是它的弱点，跟铁相似，它会使某些食物吃起来令人作呕。任何酸味食物与非不锈钢的金属餐具接触的话，都有可能产生令人不愉快的味道。"只要接触到一点点儿醋"，著名的美国礼仪专家艾米莉·波斯特（Emily Post）写道，铁制的刀身都会变得"跟墨水一样黑"。油醋酱汁和铁制刀具之间是十分糟糕的组合，直到今天，法国人仍然不肯用刀切做色拉的蔬菜叶子。

另一个问题是鱼，几个世纪以来，人们发现鱼适合与柠檬一起吃，但是直到 20 世纪 20 年代不锈钢发明以前，使用金属餐刀的话，一定会令以柠檬为佐料的鱼尝起来糟糕透顶。柠檬酸会与铁发生反应，产生一种令人难以下咽的金属味道，完全掩盖了鱼肉的鲜美。这也是为什么在 19 世纪，人们要使用银制的刀来吃鱼的原因。而今，这看起来似乎有点儿小题大做。事实上，银鱼刀是一项重要的实用发明，即使只有富人才买得起。它那扇形的刀身令其在装满刀具的抽屉之中可以一眼就被认出（也说明跟其他肉类相比，鱼肉比较嫩，不需要用力切割）。如果没有银刀的话，也可以用两个叉子来吃鱼，或者用一个叉子和一片面包，否则就得承受铁受到腐蚀之后产生的那种味道。

因此，20 世纪不锈钢的出现为人们带来了更好的餐桌体验。第二次世界大战之后，刀具一旦进入批量生产，就成为物美价廉而又时尚、闪亮的餐具，人们也不再害怕刀会令食物产生奇怪的味道，就是说，当你将柠檬汁挤在熏鱼上面的时候，再也不用担忧了，吃色拉的时候，也不再觉得一定不能用刀了。

不锈钢（也被称为依诺克斯 inox* 钢）是一种含有较多铬的金属合

---

* 意大利主要的不锈钢制品生产商。——译者注

金，一旦暴露在空气之中，铬在金属上就会形成一层看不见的铬氧化物，是它令不锈钢可以避免被侵蚀，并保持闪亮的光泽。直到20世纪早期，质地坚固而柔韧，并不易被侵蚀的不锈钢材料才出现。1908年，弗莱德里奇·克鲁伯（Friedrich Krupp）建造了一艘重达366吨的铬钢船身的游艇"杰玛尼亚"（Germania）号；与此同时，大不列颠与德国之间的全面战争爆发在即，为了争取军事上的优势，在谢菲尔德，在托马斯·弗思父子企业（Thomas Firth and Sons）工作的哈利·布莱利（Harry Brearley）正在寻找一种抗侵蚀的金属来制造枪筒，他发现了不锈钢合金，就这样，不生锈的刀具作为令人惊喜的副产品出现了。一开始，这些新型金属只能用来锻造最简单的刀具，是二战时期的工业发明使其可以做成人们想要的形状，而且廉价，用起来也更有效率。不锈钢材料的使用增强了刀具的家常日用品性，也使之更为廉价、更易买到，与我们的祖先当年随身携带的刀相比，危险性更低。

现在，在西方，人们普遍认为餐刀是无害的（不过在"9·11"之后，人们感到它们仍然是一个威胁，因此被禁止携带上飞机）。然而，我们在过去的200年里，对于这些器具的改变，产生了当年无法预见的结果。刀，不仅在我们的食物上面，也在我们的身体上留下了痕迹。每位大厨都有伤疤，还常常得意扬扬地展示，为你讲述每个伤疤背后的故事：大拇指上的那个是削蔬菜的时候留下的，手指上缺失了一块儿是因为与大比目鱼的一次不幸遭遇。我的手指在曼陀林切过的地方，仍然有一块儿敏感的突起。水泡和茧子，厨师们的家常便饭，则与事故和粗心大意无关，仅仅是厨艺高超的证明。水泡也好，伤口也好，是厨房刀具留给我们的，其实，刀对我们身体的影响要深远得多。在餐桌上切食物的这一基本技能的演变影响并塑造了我们身体最关键的一项机能和器官，即我们的口腔和牙齿。

现代口腔矫正学大部分都致力于——通过松紧带、线和箍——形成"覆盖式咬合"的牙齿结构。覆咬合指的是"上齿"笼罩住"下齿"，就像盒子的盖子，这是理想的口腔闭合。与之相反的是上、下齿"平齐"，如灵长类动物黑猩猩一般，上齿与下齿相对，好像断头台上的铡刀。

矫正学家们没有告诉我们的是，覆咬合是人体最近才出现的生理特征，而且可能与我们使用餐刀的方式有关。遗留下来的人类头骨显示，在西方世界，这种口腔构造在最近的 200—250 年间才开始变得"普遍"。之前，大部分人是平齐式的咬合，与猿相似。覆盖式咬合并非进化的产物——变化产生的时间段太短了，更像是在呼应我们在餐桌上切割盘中食物的方式。解决这一谜团的是查尔斯·劳瑞·布雷斯（Charles Loring Brace）教授（1930 年出生），一位了不起的美国人类学家，专注于尼安德特人（Neanderthal）的研究。几十年来，布雷斯建立起世界上最大的原始人类牙齿进化的资料库，在 20 世纪，他手上拿过的古代人类下腭恐怕比任何人都多。

早在 1960 年代，布雷斯就意识到覆盖式咬合值得注意。一开始，他以为这种口腔构造是从几千年前"农业生产"出现时就形成了。根据直觉，覆盖式咬合符合谷物饮食的需要，因为我们在吃谷物的时候，不需要像咀嚼带着纹理的肉类、纤维含量丰富的块茎或者早期的植物根茎那样用力。但是，随着资料库信息的增加，布雷斯发现，平齐式咬合存在的时间比任何人所设想的都要长得多。在西欧，布雷斯发现，向覆盖式咬合的改变发生于 18 世纪晚期，而且是从"上层社会的个体"开始的。

为什么？当时上层社会在饮食营养结构上并没有明显的改变。富人们吃的东西仍然是高蛋白的鱼肉、各种点心和少量的牛奶，穷人则以适量的蔬菜和同样适量的面包为主。应该承认的是，19世纪富人在肉食方面的口味与16世纪有所不同：无核葡萄干、香料与糖用得更少，黄油、香草与柠檬则用得更多。然而，有关味道的改变，更新鲜、清淡的食物风尚早在1651年的文艺复兴时期就风靡整个欧洲，法国人拉瓦雷讷（La Varenne）的著作《法国美食》（Le Cuisinier français）就揭示了这个潮流。还有人认为应该更早，1460年，意大利大厨马蒂诺（Maestro Martino）的食谱中就有香草煎蛋、鹿肉馅饼、干酪奶油蛋糕，以及用橙汁和欧芹煎鳎目鱼等菜式，这些美食在此后的300年里，一直出现在富人的餐桌上。值得注意的是，当贵族们的牙齿开始发生变化的时候，上层社会的饮食在几百年的时间之内并没有根本性的改变。

　　发生根本性改变的不是吃什么，而是怎么吃。当中产阶级以及上层社会习惯于使用餐刀和叉子，将食物切成更小的体积再送入口中的时候，口腔的变化随之开始。看起来，这更像是一种习俗的改变而不是科技的更新，某种程度上来说，也确实如此。刀具制造的原理很难再有什么新意，近一千年来，人们发明了无数人工切割工具，以便令食物更易于咀嚼。我们砍、锯、割、切、击打、切块、切丝，石器时代对切割工具的掌握似乎是导致我们的下腭变小的因素之一，也让我们拥有了与我们的原始人类祖先不同的现代人的牙齿。但是，直到200至250年之前，随着餐刀和叉子的使用，才出现了"覆盖式咬合"。

　　布雷斯认为，进入现代社会以前，人们吃东西的主要方式就是"塞与咬"，顾名思义，这不是最优雅的饮食方式，就像这样：先用一只手抓起食物，塞进嘴里，然后用力撕咬下来一大片；或者如果有一把刀的话，就切一下，这时候，要小心别切到自己的嘴唇。这就是我们的先人，在只有石刀，后来有了刀的情况下，咀嚼食物——特别是肉食的方式。这种"塞与咬"的饮食方式持续了很长的时间，刀具在变化：从铁变成了钢，从木制刀柄变成了陶瓷刀柄，这种吃东西的方式却保持了下来。

在西方，刀叉的普遍，标志着"塞与咬"的终止。在第六章，我们会专门谈到叉子（以及筷子和调羹）。现在，我们需要思考的是这样一个过程：叉子从一个奇怪的、荒唐做作的玩意儿，成为今天文明餐饮不可或缺的组成部分；不再"塞与咬"，今天的人们是用叉子把食物叉到盘中，再用餐刀锯成小块儿，放到嘴里，常常都不需要咀嚼。因为刀子变得很钝，需要送入口中的食物也就更加松软，从而进一步降低了咀嚼的需求。

布雷斯的资料表明，这一餐桌礼仪的革命对我们的牙齿产生了立竿见影的影响。他认为，我们的门牙"incisors"一词来自于拉丁语的"incidere"，意思是"切"，其实有些偏颇，因为门牙的真正作用不是切，而是将食物咬紧——就是"塞与咬"的方式；"我猜测，"他写道，"如果门牙从一长出来，就每天几次地这样使用，通常就会形成平齐咬合。"一旦人们开始用刀叉把食物切得很小，然后一口一口地吃，不再需要门牙来"咬"食物的话，门牙完全长出来之后，上、下之间就不会平齐，从而形成"覆盖式咬合"。

我们通常觉得我们的身体基本上不会改变，餐桌礼仪这类事情都是表面现象，我们可以随时改变行为方式，但是行为方式却不能改变我们。布雷斯转变了这种看法：我们习以为常，认为最自然不过的"覆盖式咬合"——似乎是现代人最基本的口腔构造——实际上是我们就餐方式改变的产物。

我们能相信布雷斯的观点吗？真的是餐具带来了牙齿的变化？不，布雷斯的发现在解决问题的同时也带来了同样多的疑问。就餐方式本身远比他所说的理论复杂，在欧洲，"塞与咬"并非工业革命前唯一的饮食方式，也并非所有的食物都需要用门牙来咬，人们也喝汤，吃松脆的馅饼，喝麦片或者玉米粥，为什么这么软软的食物没有早早地改变我们的口腔咬合？布雷斯对尼安德特人的偏爱大概也在一定程度上误导了他，令他对"狼吞虎咽"产生了偏见。希腊历史学家波西杜尼斯（Posidonius，公元前135年出生）曾经抱怨凯尔特人太粗鲁："抓起一大块肉就咬"，意思是礼貌的希腊人不这样做。还有，仅仅因为"覆盖式咬合"出现的时间与刀叉的开始使用相一致，并非就意味着"此"造成了"彼"，有关联不等于就是因果。

然而，就现有的材料来看，布雷斯的假设似乎是合理的。1977年他开始研究"覆盖式咬合"的时候，被迫承认他当时所有的证据"零碎而不成系统"，他将在接下来的几十年里，寻找更多的样本来证明自己的观点。几年来，一个想法一直在他的脑海中萦回，如果他的理论是正确的，那么美国人的"平齐式咬合"应该比欧洲人保持的时间长，因为在美国，刀叉的使用应该比欧洲晚几十年。几年的口腔样本寻觅无果之后，布雷斯试图去挖掘位于纽约州罗契斯特市的一座没有标记的19世纪公墓，那里埋葬着精神病院、教养所和监狱送来的死尸。令布雷斯惊喜不已的是，15具尸体中，有10个是"平齐式咬合"——占了三分之二！

那中国呢？"塞与咬"与中国人的饮食方式相差甚远：菜刀切过之后，用筷子来吃饭。经过菜刀的高度加工做熟之后，再用筷子将食物送入口中，这种饮食方式在欧洲人使用刀叉之前的一千年左右就在中国开始变得普遍了。大概是在宋代（960—1279），从贵族阶层逐渐普及到了民众。如果布雷斯是对的，那么菜刀与筷子在中国人的口腔里留下的痕迹就应该早于欧洲人的餐刀。

有力的证据并没有马上出现。在漫长的寻觅过程中，布雷斯来到了上海自然历史博物馆。在那里，他看到了一具浸泡在液体中的宋代太学生的遗骸，也正是人们不再直接从盘子里把食物送入口中，筷子开始普及的时候。

这个小伙子是一位年轻的贵族，一位官员，根据标牌上的说明，正处于应该参加朝廷科举考试的年纪。现在，他在那里，漂在一个盛满液体的大桶之中，嘴巴大张，看起来着实有点儿骇人；但是，就在那里，现在中国人也具有的"覆盖式咬合"，确凿无误地就在那里。

接下来的岁月里，布雷斯分析了很多中国人的牙齿并发现：除了农民，直到 20 世纪，还通常保持着"平齐式咬合"，"覆盖式咬合"在中国的出现时间比欧洲早了 800 到 1000 年。东西方对刀具的不同态度确实在我们下颚的排列组合方面产生了鲜明的影响。

因此，使用刀具的方式与刀具是否锋利同样重要。一千年前，用来为那位中国贵族切菜的菜刀并不会比欧洲贵族用来割肉的刀更锋利。最大的区别在于用它来干什么：是把生的食物切小，还是把熟的食物切成大块儿。导致这一区别的原因在于文化，在于餐桌上面使用什么餐具的不同习俗。其影响，则确定无疑地体现在我们的身体上，中式菜刀在那位中国太学生的牙齿上面留下的痕迹，对布雷斯来说，是一目了然的。

半月刀

　　看着它短短的圆柱形把手，以及拱形的刀身，让人不由自主地想：这家伙大概几个世纪以前就被淘汰了吧。类似的弯形切刀，最早出现于文艺复兴时期的意大利。半月刀出现以前，意大利厨师们使用过很多单柄的弯刀。也有双柄刀，不过只是用来把桌子刮干净的，不是用来切东西的。最后，一定是某位爱动脑筋的宫廷铁匠想到可以把锋利的弯形刀身与双柄结合起来，就有了这种完美的切削工具。半月刀不但留存至今，很多高端饭店还以其美丽的意大利语名字——"半月"命名。

　　半月刀的生命力提醒人们不要低估厨房里的浪漫。这是一种用起来有些危险的物品，如同在一些古老的意大利城市，在秋千一般荡漾的小船中划着双桨，保持着一上一下的节奏；同时你低着头，呼吸着欧芹、柠檬丝以及大蒜相混合的令人迷醉的香气，那是要淋撒在意式烩小牛肉上的调味料啊！

当然，你完全可以用一个搅拌器在一分钟之内就把它搞定，或者用一把普通的厨刀来剁——但是，半月刀更适合用来做这个调料。除了浪漫情调，也有效率。例如：剁坚果的时候，搅拌器很容易搅过头——如果你压按钮的时间过长，杏仁就成了粉；如果长了一分钟，就成了果仁奶油；用厨刀的话，果仁会四处飞溅。半月刀则可以碾压住每个果仁，很快就把它们压成碎块。

单层半月刀是最好的，因为双层的更重，你还要花费很多时间将双层刀身之间的碎屑清理出来。半月刀可以轻易地切碎杏干，普通的刀却会搞得一团糟。左右滚动半月刀也是切新鲜香草的最好方式，可以把它切得细小而不至于碎得一塌糊涂。

半月刀还有另外一个好处，就像尼洁拉·劳森（Nigella Lawson）所指出的：使用半月刀，"我的双手都占用着，这样也就不可能切到我自己了"。

第三章　火

除了语言之外，火或许是人类最伟大的发现了。

——查尔斯·达尔文（Charles Darwin）《关于烹饪》，

《人类的起源》（*The Descent of Man*），1871

哦，天父，看那猪，那猪，求求你来尝一尝，那烤熟的猪吃起来
是多么的美味。

——查尔斯·兰博（Charles Lamb）《论猪的烧烤》

（*A Dissertation upon Roast Pig*）

"想象一下，在没有照明设备的厨房里，做这些事儿，该多么的危
险！"一个男人，穿着黑色的 T 恤衫，系着白色的厨师围裙站在熊熊
燃烧的火边上，将塞满鼠尾草的小牛肉穿在酷似虐人刑具的东西上面，
它由五个足以致命的铁矛组成，每个都有几英尺长，不牢靠地绑在一
起，这种器皿看起来就像一个有着五个尖头的标枪，它实际上是一种罕

见的烤肉叉子，名字叫作"多头烤肉叉"（spiedo doppio），是意大利人从 16 世纪开始使用的一种烤肉工具。现在，手里拿着它的人叫作伊安·戴（Ivan Day），他大概是目前世界上唯一还在使用它的人。

戴，一位 60 岁出头的大男孩，大不列颠首席食品历史学家。他住在一座位于湖区的 17 世纪的农场房屋之中，房子已经有些摇摇欲坠，堆满了不同时期的厨房用具和古董烹饪书籍，好似一座生机勃勃的博物馆，他在那里讲授有关传统烹饪的课程。戴的教学对象有一组组的业余厨师，也有很多大厨、学者和图书馆馆员。在伊安·戴的课堂上，你可以学习如何烤制文艺复兴时期的木梨骨髓派，以及一种掺了玫瑰水的 17 世纪华夫饼，还有维多利亚式果冻或者地中海式的姜味饼干，所有这些都以那个年代的器皿制作而成。最令戴激情难耐的就是烤叉式烤肉，他相信这是有史以来在肉类烹饪方面最为精巧的技术。"人们告诉我，我做的烤牛肉是他们吃过最棒的。"他在课上强调。因为有烤炉和这些烤叉，他可以烧烤大块的肉，有时候一次就有 17 磅之多。

站在戴的凹凸不平的厨房石块地板上，我惊奇地发现：在今天，如果整座房子以一个开放式的灶台为中心会显得不同寻常，但是曾经，每个人都是这样生活的，因为这团火需要温暖整座房子，包括烧洗漱用的热水以及做晚餐。上千年来，烹调不过是各式各样的烧烤。今天，在发展中地区，仍然使用开放式的炉灶，这是穷苦民众的烹饪方式。

然而，在我们这里，火已经被封闭起来了。我们只

杯盘之间：一部被湮没的"庖厨"史

有在吃烧烤和围坐在营火边上一边烤着棉花糖一边暖手的时候，才有机会直接接触到烹调用的火。我们中的很多人都声称喜欢吃烤牛肉，伊安·戴的烤牛肉也是我所吃过的最好吃的，但是，我们既没有财力更不愿意让我们的家以一个开放式的厨灶为中心。有太多的事情需要我们去做，厨事得配合我们的生活，而不是相反。戴为了他的厨房，花费了大量的精力。好多年前，封闭式的炉灶取代了开放式的灶台，人们开始陆续舍弃那些烤叉以及其他老式的烧烤用具，为了搜寻它们，戴"扫荡"了整个欧洲的古董市场。

不仅仅是火的问题，使用开放式的灶台烹饪，需要一套相应的工具：柴架或者烙铁，用来阻止木材滚出；炉钩，一种很大的金属钩，放在火前，用来加强火势，或者保护正在烹饪的人不被烫着；各种烤叉，从只有一个尖头的小号烤叉到有着五个尖头的大号烤叉；烤叉转轮，用来转动烤叉上的肉；火钳与风箱用来控制火势，锅钳用来把锅悬在火上，油盘则被放在火下，用来承接烤肉时流出的油脂；铁三脚架以及三脚炉架则用来支撑烹饪用的锅具，肉叉用来把锅里的肉块取出来。所有这些用具都是用很重的金属材料（通常是铁）制成，有着长长的手柄，以便保护厨师不被大火烧伤。它们之中，没有一件可以在今天的厨房器皿商店里看到，它们随着开放式灶台一起消失了。

在戴的厨房里，如果我使用短柄的不锈钢铁钳和不粘锅专用的硅树脂刮刀，我恐怕什么也做不了。这些用具会被烧化，我也会被烤焦，孩子们会嚎成一片，晚饭会自燃起来。围绕着开放式灶台所建立起来的那种生活方式被淘汰了。厨房科技并非仅限于一种用具本身功能的好坏，以及是否能够做出美味可口的食物，而是包括与之相关的一切：厨房的设计，我们的风险意识，污染情况，妇女与仆人的生活，我们对红肉的看法——实际上是对肉类的普遍看法，社会与家庭的结构，冶金业的现状等。火上烤肉的方式，随着它所依附的整个文化消失了，这也是为什么，走进伊安·戴的厨房时，我会感觉困惑和不知所措，他是大不列颠最后一个以开放式的灶台为中心建构其生活的人。

烧烤是最古老的烹饪方式。最基本的方式不外乎就是把生的食材直接放入火中。在非洲，以狩猎采集为生的昆申人（Kung San）*仍然以这种方式烹制食物，他们会把青豆直接放入热灰之中。我们永远不会知晓是哪一位幸运的人，也不知道是偶然还是出于有意，首先发现了食物在火的作用之下可以发生改变，变得更加容易消化，也更加美味。在《论猪的烧烤》一文中，查尔斯·兰博想象烧烤起源于中国：波波（Bo-bo），一个懒散成性的养猪人的儿子，把自家的房子烧着了，杀死了——或者说烧焦了一窝猪崽儿，在兰博的寓言中，波波从热乎乎的烤乳猪身上撕下一块皮肉，"他有生以来第一次（也是世界首次，因为在他之前，没有人尝试过这种方式）吃到了——脆香的猪皮肉"。

---

* 昆申人生活在非洲南部沙漠地区。——译者注

这是一则动人的故事，只是烧烤不可能是这样发明的，原因很简单，烤肉的出现远远早于房屋和牲畜的饲养。烧烤技术的历史长于房屋建造，甚至长于农业种植。比用来烹煮的锅具和用来烘焙的烤炉早出现了近两百万年。我们今天所知最古老的房屋出现于大约 50 万年以前，即直立人时代的晚期，也是首批以狩猎—采集为生的人类。需要再经过几十万年之后，这些居住在房屋之中的原始人才开始成为农夫。农业种植首次出现于公元前 9000 年，当时正值现代人或者说智人时代。牲畜饲养就更晚一些了，在中国，猪的家庭饲养最早出现于公元前 8000 年，那时候，我们的祖先乐享烤肉的美味已达几十万年之久。

也许正是很久以前，直接在火上烧烤的实践令人类成为真正的人类。如果人类学家理查德·让汉姆（Richard Wrangham）所说正确，那么，这种最初的烹饪实践或者说烧烤——发生在 180 万—190 万年以前——是人类历史的决定性瞬间，就是说，正是这一时刻，让我们从直立行走的猿变成更加成熟的人类。烹饪令食物更容易消化，同时释放了更多的营养物质。食物烹饪的发生发展为大脑的成长提供了充足的能量。让汉姆写道："烹调之所以是一项伟大的发明，不仅因为它为我们提供了更美味的食物，也不仅因为它让我们在体质方面成为人，更因为它促使我们的大脑容量发育得异乎寻常的大，为人类并不灵活有力的躯体配备了聪明无比的头脑。"

掌握了这一热与光的有效能源之后，人们开始在位于它附近的地方构建房屋，之后更把它作为中心。那提供了每一餐的炉灶永远是房屋的焦点所在，真的，拉丁语的"焦点"（focus）一词，字面翻译过来的意思就是"火所在的地方"。用火——生火，使它保持合适的温度，白天为它提供足够的燃料，晚上将它浇灭以免房屋被烧毁——这些就是

150 年前——煤气炉出现以前，我们最主要的家务劳动。英语"宵禁"（curfew）一词现在的意思是指某人，通常指青少年要在某个特定的时间赶回家；它最开始指的是厨房中使用的一种工具，一种很大的金属盖儿，用来放在热灰之上，以便在人们熟睡的时候把火苗保存在里面。就烹饪本身来说，这是一种掌控火势的技艺。

在现代厨房里，火并没有被完全掌控。它确实被封闭起来了，你可能会忘记它的存在。在冰凉的操作台上，各种开关之间，这些开关让我们对热量招之即来，挥之即去。不过，火苗仍然会不时蹿出，提醒我们，即使在现代世界，厨房仍然是会被烧伤的地方。希腊做过一项调查，发现到目前为止，厨房仍然是房屋中最危险的地方，239 个儿童烧伤案例中，65% 发生在这里，其中以一岁大的宝宝最多，因为这么大的宝宝可以到处走动，却不懂得炉灶是热的。

早些时候，你走进厨房，自然就会看到火，现在，明火的出现却成为恐慌的预警。在今天的英国，大部分的家庭火灾仍然是由烹调引起的，特别是把锅连同锅里的食物放在火上，然后忘记了，而且忘记的大多是正在炸薯条的锅。炸薯条的锅——一种很深的开口锅，人们将土豆条放在篮子里，再把篮子放进这种锅中油炸，它为说明人们是如何依赖于厨房新品提供了一个有趣的案例，尽管人们早已熟知这种产品如何致命和低效。每年在英国，有 12000 例火灾是由这种炸薯条锅引起的，导致 4600 人受伤，50 人死亡。防火部门时不时就出面恳求公众不要使用这种锅来炸薯条，使用另外一种更为合适的油炸锅或者干脆改吃别的，别的什么都行，特别是在喝醉的时候。但是，因为这种炸薯条锅而引起的火灾仍然不减。

发生在大不列颠的炸薯条锅火灾诠释了人们在本质上是多么地善

忘，至于说深夜时分，在一个封闭的空间，酒精与热油的结合则只是表象。其实，从炸着薯条的锅中蹿起的火苗是无辜的，因为那些应该为此负责的人忘记了烹调与火之间的关系，这一点，在使用明火烹调的时代人们是不容易忘记的。

布里亚-萨瓦兰（Brillat-Savarin），伟大的法国餐饮哲学家，在1852年写道："一位厨师或许需要学习，但是一位懂得烧烤的人却是天生的。"第一次读到这句话的时候，我刚刚开始学习烹调，当时感到有些困惑。烧烤对我来说显得不是那么难，尤其与制作黏糊糊的蛋黄酱和不会散开的千层饼相比，不外乎就是在三磅重的鸡身上面涂满黄油、盐和柠檬，然后把它放在烤盘中，放进热好的电烤箱中，等上一个小时零十分钟，然后取出。直到我买到了一种口味极佳的散养"大鸟"之后，我做的"烤鸡"每次都很成功。烧烤远比炖牛骨和煎猪排容易得多，做这些东西，你必须时刻关注，不然肉就会变老。

对于这些基本的程序，布里亚-萨瓦兰并不完全知晓。直到19世纪，在西方烹饪界，使用明火的烧烤，与在密封炉中进行的烘焙之间，在概念上存在着非常严格的界限。在布里亚-萨瓦兰看来，我所做的那些与烧烤没有什么关系。在20世纪以前的很多厨师看来，我们所做的"烧烤晚餐"根本谈不上是烧烤，只是一种奇怪的肉类烘焙，一半是烤，一半是炖，用肉类自身的油脂来炖。烧烤最初的含义首先要包括一个开放的灶台，其次要在烤叉上转动（"烧烤"［roast］与"转动"［rotate］两个词的词根是一样的）。

最初，人们直接将食物放在熊熊燃烧的火上烧烤，这种粗糙和快速的方法，导致烤好的肉发硬和油腻。肌肉蛋白如果烧过了火候，就会变得难以咀嚼，而组织连接处的胶原蛋白又没有时间得以软化。与之形成鲜明对照的是，真正的烧烤要精细得多：厨师与火源之间保持着必要的距离，不停地转动烤叉。转动是让热量不要在一处聚集太久，不要将食物烤焦。这种缓慢渐进的步骤可以令烤叉上的食物保持柔嫩的口感。不过，厨师们必须时刻保持警惕，注意火势过旺的征兆，或者是否需要将烤叉向火焰移近一些。这就是为什么说真正的烧烤师是天生的，不是教出来的，你需要对烤叉上的食物有着第六感，或者说一种直觉，警示你什么时候要烧焦了，什么时候炉火需要捅旺一点儿。

每当人们说，人们常常这样说，在开放的炉灶上使用烤叉烤肉——在欧洲使用了好几百年的最有价值的烹饪方式——肮脏而原始，伊安·戴就不禁火冒万丈："正相反，它需要高度自控，步骤周全，技术先进，拥有自己的一套烹饪法则。"有时候，人们讥讽烤叉烤肉跟尼安德特人一样原始。针对这一点，戴有一天在上课之前提到："我宁愿吃尼安德特式的烤牛肉"，而绝不会吃用"微波炉"做出来的牛肉。

我吃过几次伊安·戴用他那17世纪的火炉和全套装备所做的传统烤叉烤肉，口味和肉质都卓尔不凡。我永远无法确定，在何种程度上，这应该归功于明火烹饪的技术，或者仅仅由于戴无与伦比的烹饪技巧。他的烹调标准远远高于普通的厨师：他自己熬制柑橘皮糖浆，自己蒸馏调味汁，琢磨每一味佐料，从他的厨房中诞生的每一餐都好像一幅静物写生。

戴用烤叉做出的烤肉有一个共同点就是鲜嫩多汁，这是使用烤炉做出来的烤肉时常欠缺的，在瓶式转轮的帮助下烤出来的羊腿辛辣美味，意大利文艺复兴时期的小牛肉口感柔嫩，散发着香草的气息。其中维多利亚时期的牛里脊肉是最棒的，我在伊安的一堂课上学会了怎么做。根据维多利亚女王的大厨弗兰卡泰利（Francatelli）的菜谱：首先，我们给牛里脊肉涂上猪油；这一步骤包括将一条条的猪油用"灌注肉馅的针管"涂抹在肉上，其作用在于涂油之后再烧烤，美味可以渗入肉里；接下来，我们将它浸在用橄榄油、青葱、柠檬和香草做成的卤汁中，这是非常清淡的意大利风味；最后，我们将肉穿在大号的烤叉之上，再用一种叫作"紧箍"的金属夹把它固定在火前。牛肉做好以后，以维多利亚时代上层社会的风格装盘，装饰以奢侈的松露和对虾串。牛肉外面有一层焦糖色的脆皮，由于伊安辛勤不懈地涂浸，牛肉的里层在刀叉上开始消融，好像黄油。参与课程的我们在餐桌上互相交换了一下眼神。所以，这就是为什么英格兰烤肉会令人们大惊小怪，这些令人艳羡的成果来自于一系列惊人费力的准备工作，还有那些已经被抛弃了几个世纪的古老装备。

首先，就火本身来说，我们不知道第一把火是如何生起来的，是有意地以铁矿石摩擦燧石引起的，还是因为不经意地在山火蔓延时点着了一根小树枝。不过，有一点是明确的，早期家庭用火是一项恼人的劳动：点火、生火、保持火势，每一个步骤都可能产生麻烦。旧石器时代（20万—4万年以前）的炉灶是几块石头，围成一个圈，火生在里面。在南非的克莱西斯河流域的山洞中，发现了12.5万年前的穴居人遗存，他们以羚羊、贝类、海豹和企鹅为食，在一个精心搭起的石头炉灶上面烧烤食物。

一旦火生起来，就需要燃料。在一个木材稀少的地区，燃料五花八门，从草棍儿、泥煤到动物粪便和骨骼等都可能用上。一些以狩猎—采集为生的部落随身携带火种，因为火一旦熄灭，无法保证会再生起来。为了供奉炉灶女神赫斯提（Hestia/Vesta），古希腊和古罗马建起了永燃不熄的公共炉灶。即使在家中，炉灶里的火也不会被轻易熄灭。

当我们听到"永恒之火"这个词的时候，脑海中浮现的是一团清爽的熊熊燃烧的橙色火焰，就像奥林匹克的火把，从一只手传递到另一只手中。不过，在一个普通的传统小屋——无论是在罗马、爱尔兰、美索不达米亚还是盎格鲁-撒克逊——永恒之火意味着你要整天身处于烟雾和灰尘之中。现代专业厨房的热气就够人受的，我曾经去过一些位于伦敦的饭店厨房间，只要在那里待上几分钟，就会变得大汗淋漓。助理厨师是真正值得同情的，因为他要在那种情况下连续工作 10 个小时，这些可是光洁闪亮的现代厨房啊！这里拥有全套的"安全健康"所需的通风和除烟设备。那么，在古代，根本没有通风设备的厨房会有多糟糕呢？很难想象！

20 世纪中期，古典学者路易莎·雷纳（Louisa Rayner）在位于南斯拉夫的一个村舍小屋里住过一段时间，那间小屋有着抹灰的外墙和泥土地面，就是通风设备、电灯和现代排水系统出现以前人们所生活的地方。雷纳认为这种小屋与荷马时代的古希腊房屋没什么不同。主要房间没有窗户和烟囱，只在屋顶有一个窟窿，以便烟雾散出去。墙壁被火熏黑了，房间里的木料也被浸染得全是烟火的颜色。

今天，很多人觉得烹调是一种愉快的体验，但是在这样一个狭小封闭的空间里做饭却很难令人愉悦。每次试图把火拨旺，或者戳一下正在烹调的肉看看情况，都会制造更多的烟尘。你不得不放弃在烹调的时候保持火势的稳定，不得不打开一扇门。难怪很多古代希腊厨师似乎更倾向于使用可移动的火盆：一种黏土制成的圆柱，可以移动到任意一个房间，也更容易掌控。

中世纪英格兰富人的厨房情况稍好一些，起码地面是石砖而不是踩实了的泥土，而高敞的屋顶也会清除一些烟雾。即便如此，在如此高大宽敞的住宅之中，要想烤好主人期待的美味，还是经常会被烟尘呛到几乎窒息。如果除了烧烤之外，厨师们还需要做别的，就要在厨房的地面生起更多的火炉：有炖东西的，有煮东西的，还有烤东西的，所有的火苗都会溅起火花和烟灰。就是在这样的房间里，厨师们常常要一次烧烤足够 50 位客人吃的肉。一个事实告诉了我们这些开放式炉灶的危险以及不可预估的特点：厨房间往往是一个单独的建筑，以一条走廊与大厅相连，目的就是如果厨房烧毁了，可以再建一个，而不会损害到主建筑。

生活中不可能没有炉灶，如果没有，冬天就无法取暖，也不能烤肉。对于一位真正的英格兰人来说，没有哪个画面比看到一大块鹿臀肉或者牛里脊肉在火上缓慢转动烧烤的情景更美妙的了。在伊丽莎白一世统治的时代，有些人注意到，"与其他国家的厨师相比，英格兰厨师所做的烤肉更受人称赞。"英格兰人为他们"嗜血"的口味感到自豪，"牛肉与自由！"是 18 世纪的口号。"如果有一天英格兰人不再喜爱烤牛肉，我们大概可以据此得出结论，其民族性格和男人气概将发生变化。"约克郡的亨特医生在 1806 年写道，可以这么对法国人说，我们现在还在"烤肉"！

不过英格兰人对烤牛肉的偏爱（其实在很大程度上局限于富人圈）不是口味的问题，而是资源的问题。与其他国家和地区相比，英格兰的厨师们选择消耗大量火的热能来烧烤大型畜类，部分原因在于我们拥有更多的可供燃烧的林业资源。从中世纪起直到 19 世纪，在燃料方面，伦敦远比巴黎富足，从而导致英格兰的食物供应更为充足。法国人或许也很喜欢"烤牛肉"吧？面包、啤酒和烤肉都要消耗大量的可燃木材，曾经有人计算过，在 1300 年，仅在维持伦敦人对面包和啤酒的需求方面就会消耗大约 30 万吨木材，这个不成问题，因为周边地区覆盖着大片可再生的森林。当然，家庭取暖和烤肉需要更多的燃料。在黑死病[*]流行过后，在大不列颠，对木材的消耗大量增加，后来又很快被更为廉价的煤所取代，使烧烤的火焰得以继续熊熊燃烧。

中国的情况与此相反。中国人有他们自己的烤肉传统，唐人街上每家饭店的橱窗都挂满了油亮油亮的整只烤鸭，架子上摆着一排一排的烤猪排。但是锅炒才是中国菜烹饪的基本方式，一种因为燃料缺乏而诞生的方式。每一餐都要基于这样的一种计算：如何使用最少的燃料来获取最好的口味。"烤肉"就不允许有这种担心，英格兰的烤牛肉映射了我们茂密的森林景观以及可用于放牧的无边无际的草场。在熊熊燃烧的烈火边，烹饪整只野兽，需要用多少木料就用多少，直至肉的味道使我们满意。所以能够这么做，是因为我们承受得起。就短时期来看，如果伊安·戴的追求值得肯定的话，这是一种美味而奢侈的饮食方式；就长远来看，几乎可以确定它限制了整个民族烹饪技术的发展。需求是发明之母，木材燃料的缺乏或许会迫使我们形成更具创造性、更多样的饮食风格。

木材燃料的充足并不意味着传统英格兰烤肉是一种随意无章法的行为。为了烤得好，你需要知道什么肉用温火，什么肉火力全开，就像天鹅肉一样。从遗留至今的一些手抄本可以判断，烤叉烤肉作为一项技能可以追溯至盎格鲁-撒克逊时代，厨师们需要懂得如何在肉上涂抹黄

---

[*] 即鼠疫，14 世纪开始在英国流行，持续 300 多年，据统计，英国近 1/3 的人口因此死亡。——译者注

油或者其他油脂，如何在上面撒面粉或者面包屑，为了烤肉的外层松脆，还要使用一种带细孔的调味瓶，一种小小的金属搅动器，类似于今天咖啡店使用的肉豆蔻与巧克力的搅拌器。18世纪，一位瑞典人来到英格兰，他注意到："与其他国家的人相比，英格兰人更加懂得烤肉的艺术。"不过，这项技艺一旦被取代，英格兰的厨师们所拥有的技能就很难用在其他烹饪方式上面。

英格兰厨师的主要技能是：掌控火势，根据情况，让火势增强或者减弱。一个好厨师，最了解火的脾性，能够读懂火焰的模式。控制了火势，你就控制了热流：让火接触更多的空气，热流就会更强。戴要增强火势的时候，就会用炉钩不停地拨动："马上就要更加猛烈啦！"他喊着，毫无意外地，十分钟之后，炉灶周围会热得烫人，好像几秒钟之内就能把你的两颊烧熔。

煤气的火温和多了，做晚餐的时候，你可以靠近它，以便搅拌和翻动。有时候，我甚至把鼻子伸到锅边，就是为了享受调料中大蒜和百里香的香味。烧烤的时候，厨师们必须与火保持一定的距离，不是迫不得已，不会去动火上烧烤的食物：除非是需要涂油脂、撒调料或者调整食物在火上的位置。明火烹饪的用具一般有很长的手柄，如细长的涂油勺、夹肉叉、刮油器和木勺，所有这些都可以使厨师与火焰保持适当的距离。其中还有一个叫作萨拉玛德（salamander）的长柄烤箱，是根据传说中一条龙的名字命名的，据说这条龙可以承受极端高温。烤箱包括一个长长的铁制手柄，手柄的头儿类似船桨，烤箱的尾部放在火上，直到铁皮烧红，然后用它来烘烤食物——主要是糕点、甜奶油或者那些包裹着一层奶酪的菜肴。在19世纪，人们用这玩意儿就能让法式焦糖奶酪的外壳变得焦黄（不需要用喷灯）。伊安·戴用他的萨拉玛德把西红柿裹面包屑这道菜的外壳烤得十分酥脆。他拿着它，靠近西红柿的上面烤，几乎同时，食物就开始冒泡并变得焦黄。用炉盘的话，你是做不到的。

明火烧烤的另一个关键点是食物的位置要放得正确。很多人认为，烤叉烧烤意味着在火上进行的烧烤，但是实际上是在距离火苗有一定距离的边上进行，只有在快结束的时候，才将肉移动到火苗之上，以便烤出一层焦皮。这一点与现代的阿根廷烤肉相似，阿根廷烤肉是把整只的动物以一个合适的角度，放在距离户外炭火坑几英尺的地方，慢慢烘烤，直到肉变得焦黄多汁。一个技术娴熟的烧烤厨师明白，如果要让食物表层均匀受热，关键在于适当的距离。现代科学证实了这一点，最近的实验表明，烧烤所使用的火，与食物之间的距离越近，热量的强度就会更高，两者之间成平方反比，就是说，你把一块牛肉每移近火源一英寸，热度不是仅仅增加一点儿，而是增加很多。对于大型烧烤来说，"甜美的所在"——或者说不用担心食物烧焦的最好位置是在距离火源三英尺的地方。

除了火的复杂脾性，烤叉烤肉面临的另外一个问题是如何将肉牢牢地固定在烤叉上。如果转动烤叉，穿在烤叉上的肉应该静止不动。这方面的策略很多：一种方法是在大叉子上做一些钎孔，大块肉的某些地方就可以穿在扁平的铁钎上，固定住；另外一种方法是使用"固钩"，一种可以夹住肉的钩子。一旦食物固定在了某个地方，厨师们就开始面临另一项挑战，也是到目前为止最棘手的：如何让这么大一块肉，在烧烤所需的几个钟头里不停地转动。

在中世纪大不列颠富人的厨房中，所有吃力而不讨好的活计当中，包括洗碗、洗衣以及其他苦役，没有什么比"转叉工"更糟糕的了，转动烤叉的工作通常由男孩担任。"古时候，"传记作家约翰·奥布里（John Aubrey）写道，"贫穷人家的孩子转动烤叉，然后将滴油盘舔净。"

在亨利八世统治时期，王室拥有一个军营的转叉工，为了满足王室对烤鸡、烤鸭、烤鹿肉以及烤牛肉的胃口，他们个个扬着焦黑的脸膛，挥动着手臂，挤在火炉旁边狭小幽暗的空间里。这些孩子们，在转动烤肉的时候，也几乎烧烤了他们自己。直到 1530 年，汉普顿宫（Hampton Court）*厨房的工作人员在工作的时候不是赤身露体，就是衣不蔽体，还很脏。亨利八世了解到这种情况，没有减轻他们的劳动强度，而是给了大厨们一笔服装津贴，以便让他们的下属们穿得体面一些，也因此使他们不得不在更热的条件下工作。阶层较低的人家也雇佣转叉工。1666 年，伦敦中殿律师公会的律师们就雇用了一位转叉工，还有一个主厨和一个副厨。在 18 世纪，雇佣一个孩子做转叉工没有什么不合适。约翰·麦克唐纳（John MacDonald，1741—1796），一位来自苏格兰高地的著名男仆，写过一本回忆录，记录了他服务的经历。作为一名孤儿，他在丢掉了摇婴儿摇篮的工作之后，又在一位绅士的家里找到了当转叉工的工作，那时候，他只有 5 岁。

就这一点来说，让男孩来做转叉工是一种倒退，因为在整个 16 和 17 世纪的大不列颠，这项工作大部分都是由动物来做的。1576 年的一本英文犬类词典，把"转叉工"定义为"一种厨房工作犬"，这种犬短

---

* 这座宫殿位于英国伦敦西南，是英国王室的宫殿，由亨利八世的宠臣托马斯·沃尔西建于 16 世纪初。——译者注

腿，身子长，拴在一个直径大约 2 英尺半的轮子上，轮子固定在火炉边儿的墙上，这些狗被迫在轮子上不停地踩动，有一个滑轮将踩轮与火炉相连。

有一些厨师更倾向于使用鹅。1690 年，有人认为鹅比狗更胜任这项工作，因为鹅在踩轮上的工作时间更长，有时候可以长达 12 小时。有迹象表明，狗太狡猾了。童年时期，托马斯·萨默维尔（Thomas Somerville）在 18 世纪的苏格兰曾经见过狗踩轮，他回忆道：那些狗狗"如果注意到人们晚餐又要吃烧烤了，就会藏起来或者跑得远远的"。

后来，人们不再使用犬类来做转叉工的工作，是因为狗的主人们良心发现吗？想得美！历史的真相并非如此。进入 19 世纪，美国餐馆的厨房中还在使用狗踩轮。亨利·柏格（Henry Bergh），一位早期的动物保护主义者，发起了反对使用犬类转叉工（包括其他虐待动物的行为，如逗熊游戏）的运动。这场运动的声势令这种行为多少显得有些可耻，但是结果却出人意料。柏格后来造访了几家饭店的厨房，检查是否还在使用狗踩轮，他发现，在火边上，狗的位置被黑人的孩子们取代了。

最终把狗狗们从这种劳动中解放出来的并非人类的良知，而是机械化。从 16 世纪以来，发明家们就在发明各种各样的机械装置来转动烤叉，以便取代男童、狗或者鹅。1748 年，一位瑞典人，自然主义者皮特·卡尔姆（Peter Kalm）盛赞一种风力驱动的铁制"转叉器"是一种"非常实用的发明，让一个那么爱吃肉的群体减轻了很多劳动"。旅途所见，卡尔姆宣称，在英格兰，家家户户都在使用"制作简单"的重力装置"转叉器"，这个未免有些夸张。不过，从当时死者所留下的遗嘱清单来看，确实有一半的家庭，不局限于富人之家，拥有这种器械，比例还是很惊人的。

在我们今天看来，这种厨房设备尽管很古老，实际上的使用效果却十分令人满意。转叉器确实是一种非常精巧的装置，取代了大部分转叉工的工作。其机械原理是这样的，一只连着线的铁砣围绕着一个立柱旋转，重力的作用使得铁砣缓慢下降（这种设备的另外一个名字叫"重力转工"）。在这个过程中，重量通过一系列的齿轮与滑轮传递到一个或者几个烤叉上。通过铁砣下落所产生的动力，烤叉转动起来。一些转叉器在烤叉停止转动的时候还会响铃。

重力驱动的转叉器并非唯一的自动化烤叉。17世纪还出现了一种烟雾转叉器，利用火产生的热能驱动一个风扇，像一个风向标。喜欢烟雾转叉器的人们觉得它不需要上发条，而且便宜。只有在不考虑燃料的前提下，烟雾转叉器才显得经济，因为要保持风扇转动，必须使用大量的木材和煤炭使火炉里的火焰熊熊燃烧。在1800年，人们估计，如果用蒸汽发动机的话，只需千分之一的燃料就可以令烟雾转叉器转起来。

因为烤叉烤肉在英式菜系中所占的中心地位，人们挥洒智慧，不断发明和创新可以令烤叉转动的方式和方法。水、蒸汽和钟表装置都曾被用来试验，只为了让烤肉时刻不停地保持转动的状态。机械化的烤叉是那个时代最为闪亮的机器精华所在，也是厨房之中，唯一一件拥有较为复杂的工程机械技术的产品。在17世纪的农家厨房里，汤勺和锅具可以追溯至古罗马时代，烤叉与萨拉玛德源于中世纪，肉与火跟时间一样古老——使用重力转叉器让烤叉转动却是高科技。伊安·戴收藏着大量机械化的烤叉转动装置，如果你问他最喜欢的厨房小物件是什么，他会毫不犹豫地说出那个17世纪的重力驱动的转动装置，重力的来源竟然是一个小小的炮弹。他惊异于它的高效。"四百年前，在微波炉及其吱吱声出现的四百年前，我的机械小玩意儿就能用铃声告诉我（东西做好了），"他在BBC电台4频道的食物节目中说，"我永远不会用其他玩意儿，它跟三百年前一样好用。"

某种程度上来说，这只机械转叉器确实是一个奇迹。它解除了男童与狗狗们的劳作之苦。以它均衡、不间断、稳定的节奏，至少在一位有才华的厨师手中，它可以做出无比美味的烤肉。观赏一件重力转叉器的工作是一种享受，在这一点上，没有什么厨房用具，无论是古代的还是现代的，能够与之相比：飞速旋转的飞轮，彼此咬合的齿轮，烤叉稳定而有节奏地转动。就其自身来说，确实堪称完美。但是科技的发展不以任何人的意志为转移，到19世纪中期，机械化的转动装置过时了，不是因为它们本身有什么毛病，而是因为整个明火烹调的文化消亡了，现在火需要被封闭起来，厨房的模式也随之发生了改变。

"如果烹调得当，在炉灶上烧一壶茶水所用的燃料可以给50个男人做一顿晚餐了。"说这话的人是拉姆福德伯爵本杰明·汤普森（Ben-jamin Thompson），在烹饪研究方面最才华出众的科学家之一。在众多的实验中，他研究了为什么苹果派的馅料会那么烫。*拉姆福德也是一位勇敢的社会活动家，相信自己解决了世界饥饿的问题，他发明了一种汤，使得穷人可以花最少的钱获得最多的营养。另外一个令他最为担心

---

* 他的答案是："与水相比，苹果对热量的传导更难、更慢。"因为正在炖的苹果传导热量的速度更慢，与热水相比，它冷却得也更慢——因此就有了吃苹果派的时候会烫嘴的问题。

的问题是火的浪费。18 世纪末，拉姆福德对英国厨师使用明火的方式感到震惊："这些厨房对热量和燃料的挥霍和浪费令人难以置信。"拉姆福德对烧烤食物不以为然，为了集中精力烧烤，英国的厨师们忽视了烹调"有营养的汤和肉汁"的艺术。

拉姆福德对英式炉灶的意见可以简单归结为一点："它们没有被封起来"，这是最基本的问题，"其他麻烦"都是因之而起。无论是谁，只要"遇到一位厨师大汗淋漓地出来"，就知道厨房不是一个舒适的所在：热气过多，冷空气顺着烟囱进入，最糟糕的是，燃烧的煤炭产生了有害气体，导致厨房里总是烟雾缭绕。过多的烟雾并非事故，而是1800 年人们对英式厨房重新设计的结果。为了每个锅具都能在炉火上有一个位置，灶台被建得很长，相应地，必须再建一个"巨型的"高高的烟囱，这样就造成了更多的燃料消耗，导致更多的烟雾产生。拉姆福德的办法是定做一个封闭的炉台，可以大大减少燃料的消耗。他在慕尼黑的工业之家（贫民讲习所）安装了一个，并证明了这一点。

拉姆福德的炉台不再使用一团大火，而是一个个封闭的小炉灶，以便减少烟雾以及燃料的浪费。每一个煮锅、茶壶和炖锅都有一个"独立的炉灶"，用红砖砌成，最后以一个小门封闭起来，有一个独立的烟道"将烟雾送进烟囱"。厨房因此变得无烟而且高效，拉姆福德声称这样做出来的食物也更加有滋有味。他召集了一些朋友品尝用拉姆福德式烤箱烧烤的羊腿，与烤叉烧烤相比较，他们都说更喜欢用封闭式烤箱烤出来的那个，尽情品尝着它的"甜美肥嫩"，还配着醋栗果冻。

说服他的朋友和熟人与说服民众不是一回事。拉姆福德的想法是超前的，他辛勤设计的炉灶从未赢得大众的青睐（到后来，各路销售商们都在推销和售卖"拉姆福德炉"，但是跟原来的那个大相径庭）。拉姆福德的失败在于：他的发明主要使用砖，很少用到铁。这就意味着，铁器制造商——当时厨房用品的主要制造商——没有任何兴趣去生产拉姆福德设计的产品。

还有一个不能被忽略的事实就是：尽管明火会制造烟雾和浪费燃料，厨师们仍然乐此不疲，简单地将其视为烤肉的唯一方式。今天，在发展中国家，无烟炉的推广者们面临着同样的阻碍。在第三世界，普通的明火烹调——以煤、动物粪便以及木材为燃料——所产生的二氧化碳等同于一辆汽车。大约 30 亿人——全世界一半的人口——使用明火烹调，从碳排放和人们身体健康方面来看，结果是很糟糕的：这样用火可以导致支气管炎、心脏病和癌症。世界卫生组织统计，室内烟尘，主要来自于明火烹调，每年杀死 150 万人。但是，当援助者们走进非洲或者南美的村庄，推广清洁、无污染的烹调用炉，他们常常遇到抵制，人们固执地不肯放弃冒着浓烟的火，因为他们祖祖辈辈都这样做饭。

1838 年，拉姆福德有关开放式炉灶的风险警示过去了半个世纪之后，玛丽·兰多夫（Mary Randolph）仍然在坚持："除了使用烤叉和转叉器，加之明亮稳定的火焰，没有其他方法能把肉烤好，其他方法无异于烘焙。"

有关转叉器的设计和完善仍然在继续，持续时间之长远远超出人们的意料。1845 年，诺顿（Norton）先生拿到了一项专利，他用两块磁铁，发明了以电力驱动的转叉器，堪称新旧科技的奇异碰撞。维多利亚时代，大不列颠进入了汽灯照明、高速铁路、冲水马桶，以及电话的时代，但是，很多人仍然选择用熊熊燃烧的火来烹调肉类。直到 1907 年，在伦敦，皮革商们还在他们的会馆厨房里安装了一个 11 英尺长的烧烤炉灶。

针对封闭式炉灶的偏见主要基于一点：它们看起来更像面包炉。人们确信，只有使用明火，那才叫烧烤，炉子是用来烘焙的。在欧式厨房中，这两种烹调方式一直各行其是。

在东方，区别就没有这么分明。阿拉伯语中，"面包"叫作"克霍孜"（khubz），由其衍生了动词"克哈巴扎"（khabaza），意思是"烘焙"，或者"做面包"，不过"克哈巴扎"还有"烧烤"或者"烘烤"的意思。一个动词，涵盖了英语中的三种烹饪方式，而且这三种方式都使用"炭炉"或者土炉。

最早的土炉出现于公元3000年前的印度河谷和美索不达米亚，也就是今天的巴基斯坦、伊拉克、叙利亚和伊朗境内。这些面包炉传统的圆柱形炉身，在今天非洲大部分郊野地区仍然随处可见。火在炉子的底部点燃，和好的面团从炉顶的口中放进去，贴在炉壁上拍打，几分钟之后，烤好的面饼就可以出炉了。这些土炉好像倒置的花盆，在伊拉克，人们称之为"缇纳炉"（tinaru），我们称之为"炭子炉"或者"炭炉"，今天这种炉子仍然广泛应用于中东、中亚以及亚洲东南部。

在过去的五千年中，人们一直在对炭炉进行改进，可是其功能却始终如一：提供集中、强烈的烘烤热能。炭炉令家家户户，即使最卑微的家庭，也可以自己做面包。古埃及阿玛那村庄的一处劳动者之家的遗址被挖掘了出来，时间是公元前1350年的，有一半的房屋，有些很小，残留着圆柱形土炉的痕迹。在欧洲，人们一直相信，面包是由专业面包师烤出来的。在中世纪的伊拉克，人们更青睐于家烤的炭炉面包，在巴格达，一位市场检察官注意到，"大多数人不愿意吃市场卖的烤面包"。

炭炉为家庭提供了多种烹调方式。除了廉价和方便移动以外，这些土炉还有调控热量的功能：在炉底有一个"炉眼儿"，可以打开或者关闭，以此提高或者降低温度。有些面包——圆形的伊拉克"软面包"，外层涂着芝麻油——用的就是比较温和的烘烤温度。需要的话，土炉可以与火炉一样热。因为木材或者煤炭在炉底持续不断地燃烧，现代炭炉所能达到的最高温度是惊人的，有480℃（大部分家用电子炉所能达到的最高温度是220℃）！正因为可以达到这么高的温度，炭炉成为强大而用途多样的设备。

炭炉的用途远远不限于烘焙，这也说明了为什么在中东和东方的烹调术语中，烘焙与烘烤并没有区别。除了烘焙面包、饼干和点心之外，炭炉还可以用来炖、煮砂锅和烤肉。今天，炭炉因制作"炭炉烤鸡"（tandoori chicken）而闻名于世。做这种烤鸡要先用酸奶、红色香料把鸡腌制一下。在10世纪的巴格达，炭炉被用来烘烤"整只肥羊腿或者小山羊——大多肚子里塞了东西……大块的肉、肥大的家禽和鱼"。先把它们放在扁平的瓦上，然后置于火上，或者稳妥地穿在烤叉上，再放入炉中，直到肉烤得鲜美多汁。在这里，很明显没有人认为用炉子烤肉有什么不妥。但是，炭火炉的热量作用于食物的方式与西式面包炉不同。

有三种不同的烹调热能。所有烹调都遵循热力学第二定律：热量从热物体传递到冷物体之上。但是这种能量传递不只有一种方式：第一种方式是热辐射，想象一下意大利菜肉蛋饼被放在烤炉之中，然后膨胀焦黄的情景，饼与烤炉之间没有接触——然而东西也做熟了。这就是热量辐射，像太阳辐射一样。与无线电波相同，辐射不需要实际连接：加热物体与被加热物体之间不需要接触。一团红彤彤的火焰，无论火苗还是灰烬都能提供大量的辐射热能。在伊安·戴的厨房之中，每当他拨动火苗，房间的热度从可以忍受变得难以忍受，意味着突然之间，大量的辐射热能被释放了出来，足以嗞嗞作响地在牛腿肉上形成一层焦硬的外壳。

第二种传输方式是导热。不同于辐射，它需要从一种材料，通过接触，传递给另外一种材料。一些材料，如金属，导热性能良好；其他材料，如土、砖和木材的导热性则比较差。当物体加热时，其原子开始剧烈地震动。导热的原理就是将这种震动从一种材料转移到另外一种：就像从金属煎锅转移到一片牛排，从金属锅柄转移到一只娇嫩的手。

第三种方式是传递。通常在液体——水、汤、油——或者空气中热量彼此散播。热的液体或者气体比冷的浓度低，想一下蒸汽与水的相遇，慢慢地，能量从热的液体传递到冷的液体，直到彼此一样热，你可以想象一下锅中沸腾冒泡的粥或者正在预热的烤箱中的空气。

任何一种烹饪方式，都包含不止一种传热方式，但是往往有一种占据主导。炭炉之所以超乎寻常，因为它集三种传热方式于一身。炉底的火，提供了大量的辐射热能，陶土的炉壁提供的更多，贴在炉壁上的面包与穿在烤叉上的肉以导热的方式，从陶土或者金属烤叉上获得热量。最终，炉内循环往复的热空气提供了传递的热能。这样密集而有效的热量可以用来烹调任何食物。

西式烹调的炉子通常是一个砖砌的箱体，这种炉子的典型传热方式 80% 为传递，只有 20% 是辐射。在炭炉中，持续的高热过后，热量开始慢慢地减弱。火焰熄灭的时候，食物才会被放进去。几个世纪以来，食物烹调的方式不断演进，以便更大程度地利用热量变化的每一个阶段。现在食物烹调的过程是这样的：炉子最热的时候，先把面包放进去；接下来，炖东西，或者做油酥点心和布丁；最后，当炉子变得只是温热的时候，把香草放进去，经过一个晚上，就干燥了。

西方有自己的"炭炉"，即古罗马人发明的"蜂窝炉"，但是它们从未像东方的土炉那样贯穿着整个食物文化的历史。在古代和中世纪的欧洲，面包房是重要的公共场所，为整个社区提供面包。庄园或者修道院厨房所用的烘焙设备都很庞大：搅和面团用的木勺跟船桨一样大，桌子用巨大的支架支撑着。社区烤炉往往外带一个火箱。首先把燃料——一捆捆的木材或者木炭送进炉子的尾部点着，直到炉子热起来，把灰烬扫进火箱，然后用长长的、形如船桨的面板把面团放进去。跟转叉工一样，面包师工作的时候也几乎是全裸的，因为太热了。

从这里我们就看出不同了，西式烘焙和烘烤是两种完全不同的烹饪方式，使用不同的设备、方法和菜谱。直到18世纪，烘焙的全套用具包括木制和面槽、点心凿子、做果肉馅饼和派用的各种圈、环、面板、面饼盘、饼夹和陶碟。面包师不需要转叉器、烤叉、烤架和柴架。乔治三世时期，圣詹姆斯宫的皇家厨房有一段铭文，描述了三种不同的烹调用火方式：一个开放式的炉子用于烘烤，一种封闭式的炉子用于烘焙，还有一种砖砌起来的炉子用于炖菜和煲汤。

这就难怪拉姆福德封闭式的炉灶一出现就遭遇了冷落和嘲笑，因为它威胁将两种烹饪方式——烘焙和烘烤，这两种完全不能兼容的事——如果不是每个西方人，至少每个英国人是这样认为的——合二为一，就好像说你可以用一个油炸锅来蒸东西，或者用吐司炉来煮鸡蛋一样。

很多疑虑在于：封闭起来的炉火，是否能够取代明火给一家人带来的那种温暖和愉悦？看不到火苗的炉子能像壁炉那样成为焦点吗？火焰带给我们的不都是理性的，除了危险和烟雾以外，它们还标示着家的所在。据说，在1830年，封闭炉首次出现在美国的时候，还引起了仇视：这种炉子用在公共场所、酒吧或者法院还行，就是不适合放在家里。

随着时间的推移，大多数人克服了他们的反感。工业时代到来了，"标准烹饪炉台"成为消费者身份的象征，家庭有了新的焦点。典型的维多利亚式烹饪炉台是一种铁制的"怪物"，有一个热水槽，用来煮东西，一个可以放置锅具的热灶，在它的铁门里面，有一个煤火炉，连接这一切的是"结构复杂的烟道，还有仪表和气流调节器用来控制温度"。到了19世纪中期，"封闭式炉台"或者"铁炉灶"成为英美中产阶层厨房的必要装备。厨师们意识到，厨房的中心与其说是一团火焰，更应该是一套设备，就像今天富裕人家的厨房，占据核心位置的往往是色彩鲜艳的"厨宝"牌炊具和闪亮的"维京"煤气灶。

在 1851 年的大英工业博览会（Great Exhibition）上，大不列颠向全世界炫耀了她的工业成就，很多"铁制炉灶"参加了展示。"利明顿高级炉灶"获得了第一名的奖励，这是一款做工精致的产品，深受比顿夫人 *的喜爱。利明顿炉灶用一团火将烘烤与烘焙的功能结合了起来：里面是一个铁制的烤炉，带接油盘，只要把后面的阀门关上，这个烤炉就可以转换成密不透风的热烤箱；利明顿还能烧几加仑的热水，一个炉灶不能只用来做饭，还要为整个家庭提供热水，加热电熨斗和暖手。"利明顿"成为大不列颠第一个家喻户晓的设备名称，不久就成为封闭式炉灶的代名词。同类具有竞争性的产品不少，很多拥有专利，也有着迷人的品牌名称（太平洋海岸、普兰特莱丝），以及各种精美的装饰，这些都是烹调设备的时尚宣言。

　　封闭式炉灶的突然流行并非仅仅因为时尚，更是受到了工业革命的驱动，这一点体现在两种材料——煤和铁的使用方面。铁炉灶的兴起，不是因为人们开始理解拉姆福德了，转而讨厌使用明火烹调，而是因为市场瞬间充斥着廉价的铁材料。拥有专利的封闭式炉灶成为钢铁贩子们的美梦：终于有机会倾销大批量的钢铁，还有各种附属的铁制品。新图景的快速浮现实在激动人心：几年过后，炉灶或许过时了，可是会出现更新型的产品，意味着更多的利润。

　　18 世纪中期，煤取代木炭成为燃料，大大提高了钢铁生产的水平，"钢铁狂人"约翰·威尔金森（John Wilkinson, 1728—1808）是这方面的先锋，他还发明了蒸汽发动汽缸，大大地提高了生产效率。经过一代

---

* 　比顿夫人（Mrs Beeton, 1836—1865）是一位维多利亚时代的作家，其著作《家庭管理手册》（*Book of Household Management*）是最著名的烹饪书籍之一。——译者注

人之后，钢铁变得到处都是：维多利亚时代，人们把房子建在铁门的后面，行驶在钢铁大桥上，围坐在铁制壁炉旁边，竖起高高的钢铁大楼，用铁制的炉灶烹调。管家们和他们的女主人们，对着史密斯·威尔斯图德（Smith Wellstood）的目录出神，琢磨着应该购买哪种型号的炉灶，满心欢喜地以为买的都是自己喜欢的东西，然而，无论他们选择了哪一款，实际上，都是在为钢铁工业贡献着利润，同时在支持着煤炭业，因为这些新型的现代炉灶所使用的燃料几乎都是煤，而不是木材、草或者泥炭。

煤，对于大不列颠的厨房来说，并非新事物。第一次煤炭革命发生在 16 世纪，当时木材的短缺威胁到了厨房的使用。伊丽莎白时代见证了工业的快速发展和扩张，铁、玻璃以及铅等制造业都要消耗大量的木材。当时英国还与西班牙之间发生了战争，木材也是造船业所需的原材料，这样，家中厨房炉灶所能使用的木材就更少了。结果就是很多家庭的厨房，特别是城市里的，不得不使用"洋煤"，之所以使用这个名字，是因为很多煤都是从海外运来的。

从木材到煤的转变带来了其他方面的变革。中世纪时期，木材烧火，其实就是室内的一团篝火，最多会有一些柴架（或者烙铁），以便防止木头滚到地板上来。这样烹调是充满风险的。7 世纪，撒克逊大主教西奥多（Theodore）宣布："如果一个女人把她的婴儿放在炉灶旁边，而男人在锅中放了水，水沸腾出来，将孩子烧伤并致死的话，这个女人必须因为她的疏忽而悔罪，男人则可以免除责难。"抛开这其中不公平的成分，它让我们看到了当时的环境，对于 2 到 3 岁之间正在蹒跚学步的儿童来说，是多么危险，因为他们太容易踩进热火或者正在沸腾的锅中。妇女所面临的风险同样很大，原因就在于她们长长的、拖拽的裙摆。中世纪的验尸官报告罗列了意外死亡的原因，表明妇女更有可能是在家中，而非别处遭遇意外伤亡。小女孩更容易死于开放的炉灶边，因为她们乐意模仿妈妈，摆弄锅盘。

木结构的房屋，加上开放式的炉灶，使厨房火灾的发生概率很高。大不列颠历史上最著名的厨房火灾发生于 1666 年 9 月 2 日，伦敦布丁巷（Pudding Lane）的王室面包房，就是那场著名的伦敦大火（The Great Fire of London）。城市重建之后，房屋都改成了砖结构，而且新房屋都安装了烧煤时使用的炉排。

从木材到煤的转变，结果之一就是至少在某种程度上，火被封闭起来了。煤的燃烧需要一个空间，通常以金属炉栅围起来，称为"炉间"或者"炉膛"。这一转变催生了一整套全新的设备。烧煤需要使用铁制的炉板保护墙面，更为复杂的锅钳，以便可以将锅在火上移来移去。另一个根本性的改变则是烟囱。在伊丽莎白一世统治的时期，因为煤的大量使用，需要使用更宽的烟道来疏散有害的烟雾，大量烟囱竖立了起来。事实上，正如拉姆福德所预见的，宽大的烟囱和熊熊燃烧的火焰是致命的。18 世纪，当皮特·卡尔姆从瑞典来到伦敦的时候，他发现烧饭产生的"煤烟"非常"令人讨厌"，猜想这是不是英格兰肺病高发的原因。他很快就开始了剧烈的咳嗽，在他离开这个城市之后才开始好转。

不是每个人都喜欢使用煤。在乡村或者北部乡镇，烧木材的炉灶仍然是标准配置。与此同时，城市和乡村最为贫困的家庭则能弄到什么就烧什么，如一把干草，灌木丛中拾到的树枝，或者牛粪什么的。闪亮的新式烹调炉灶不属于他们。

很难说买不起一个烧煤用的厨灶有多么糟糕。与明火相比，当时的那种封闭式的灶台实际上是弊大于利。不同于拉姆福德的砖砌封闭式灶台，很多早期的灶台十分粗糙，很容易泄漏煤烟。一封寄给《诠释者》（The Expositor）的信称它们是"有毒机器"，同时提醒人们注意，最近发生了三例因为吸入了灶台所泄漏的气体而死亡的事故。即便没有致人死亡，很多厨灶的使用效率也不高。美式厨灶的促销者们声称，与开放式炉灶相比，它们可以节省50%—90%的燃料，但是那些被浪费的热量并没有计算在内。一个好的炉子，不但要传导热量，更应该积蓄热量。使用传导效率高的钢铁存在一个根本性的问题，它吸取了大量的热能，并将其迅速地发散到厨房之中，不只是食物上，还将可怜的厨师置于闷热、烟雾与灰尘之中。

铁制厨灶属于那种可以引人瞩目的科技，在没有提供任何实质性改善的前提下就成为消费者们追逐的目标。它并没有节省人力，在很多方面恰恰相反：生火并不比之前容易，对于一个佣人或者一个妻子来说，整理和清洁实际上成为一项全职的工作。1912 年，一位警官的妻子列举了她每天与厨灶有关的家务：

1. 取下围栏与炉钩。

2. 清理所有的灰烬与煤渣，首先放入一些湿茶叶，以免尘土扬起。

3. 筛煤渣。

4. 清洁烟道。

5. 用报纸清除油脂。

6. 用砂砖和石蜡把钢磨光。

7. 给铁打上石墨，然后磨光。

8. 清洗炉石，然后磨光。

这么多的工作并不包括准备碗碟，煎培根，连一个土豆都还没煮。不幸的女人——哪怕她再晚出生几年，就可以从这一切之中解脱出来，她就可能用上煤气炉了。

我们的居家生活是由日复一日、众多重复的小事组成的，这种事情没有什么地方比厨房更多。真正革命性的器械并非就是让我们做出一些新奇玩意儿，如风干草莓或者真空煮鹿肉什么的，而是使我们常做的那些事做起来更轻松，更愉悦，效果更好，例如：使家庭早餐做起来更快、更省力，也更便宜。煤气炉灶就是一次罕有的突破，一次真正的厨房进化。

与煤灶相比，煤气更干净、更廉价，使用起来也更令人愉快。据估算，一个中产阶级家庭使用一天煤气所产生的费用大约是 2.5 便士，同样情况下，使用煤的话，需要 7 便士到 1 先令。煤气真正令人兴奋的地方在于它所节省的人力。早期使用煤气做饭的厨师们因为生活变得如此轻松而狂喜不已。一项简单的工作，如准备早餐，比之前"省时省力"多了。杨（H. M. Young）夫人所写的烹饪书中，首次谈到了煤气，她注意到："拿一个中等规模的家庭来说，早餐的咖啡、羊排、牛排或者培根、鸡蛋和吐司，做起来只要 15 分钟就足够了。"

跟往常一样，这一次的变革开始也遭遇了怀疑和抵制。从煤气出现到大众普遍接受它之间存在着一个世纪的间隔。那些在闷热污浊的煤灶旁忙碌的厨师担心，煤气是一种危险的烹饪方式，会使做出来的食物难吃难闻。尽管越来越喜欢使用煤气来为家庭照明——1841 年，伦敦成为第一座使用煤气灯照明的城市，人们仍然担心使用煤气做饭会中毒，或者会最终因为煤气爆炸而死亡。佣人们据说也被煤气炉吓得动弹不得。

　　或许有些偏见是有道理的，因为早期的煤气炉通风不畅，煤气的释放不均匀，确实导致有些烧好的食物带有煤气的味道。但是，即使煤气的使用变得安全可靠之后，偏见却依然长期存在着。艾伦·尤尔（Ellen Youl）是北安普敦蓝领阶层的一位家庭主妇，18 世纪末，她买了一个煤气炉。艾伦的丈夫却对它充满了恐惧：

　　　　他觉得煤气有毒，拒绝吃用它烧的食物。可是艾伦不想放弃这一节省人力的新发明，于是，她每天先用煤气炉把晚餐做好，在他下班回家的几分钟以前，再把烧好的晚餐放在明火之上。

　　最初的煤气烹调试验带有一些戏剧的因素，似乎要突出它的神奇。1824 年，大不列颠出售的首批煤气烹调器皿是由安泰铁器公司（Aetna Ironworks）出品的。它看起来像一个壁球拍，青铜色显得十分时尚，布满洞眼，火苗从中喷射而出，没有炉盘，你只要把它放在要烹调的食物下面就行了。尽管有维多利亚时代的名厨亚历克斯·索亚尔（Alexis Soyer）的极力推荐，煤气的使用仍然要等到半个世纪之后才开始普及。亚历克斯·索亚尔推荐的是一款非常华贵的煤气炉，被称为菲豆玛格瑞荣（Phidomageireion），并承诺爆炸是永远不可能"发生的事情"。然而这一切都不能令人信服。很多人都曾经认同托马斯·韦伯斯特（Thomas Webster，《家庭经济百科全书》的作者）在 1844 年表达的观点：煤气炉只是"一个精致的烹调玩具"，是"通常意义上的烹调"的辅助，而不是替代品。

到了 1880 年代，制造商们——尤其是威廉·萨格（William Sugg），其家族已经垄断煤气灶行业有一段时间了——终于制造出足以使得立场坚定的煤灶拥护者们改弦更张的设备。萨格的煤气炉灶看上去很像煤灶，名称也一样炫目，如威斯敏斯特（Westminster）、蓝色绶带（the Cordon Bleu）、巴黎丽人（the Parisienne）。为了迎合人们对传统英格兰烤肉的热爱，烤箱中还安装了一个滴油盘，勾起人们对明火的回忆。为彻底消除顾客对煤气爆炸的恐惧，萨格公司给出了一个很好的解决方案，为每个炉盘安装了点火器，转动一个按钮就可以点火，避免使用火柴。

1880 年代同样见证了煤气表的普及，这样，在有煤气供应的地区，几乎所有人，除了那些最贫困的，都负担得起煤气的使用。煤气表的安装是免费的，煤气公司出租的煤气炉也只是按季度收取一点合理的费用。煤气炉的使用率迅速提升，1884 年，泰恩河畔的纽卡斯尔与盖茨黑德（Newcastle-upon-Tyne and Gateshead）煤气公司出租了 95 个煤气炉，到 1920 年，这个数字达到了 16110 个。1901 年，有 1/3 的大不列颠家庭拥有了煤气炉，到 1939 年，第二次世界大战前夕，有 3/4 的家庭使用煤气做饭。换句话说，大部分人从曾经的人生主要劳作之一——生火和保持火势之中解放了出来。

至此，煤气又遭遇到电气的挑战。1879 年，托马斯·爱迪生（Thomas Edison）成功发明了第一盏电灯泡。但是电气在烹调领域的应用起步却比较晚，主要受阻于电子炉具的昂贵，以及电力供应的有限。伦敦的科学博物馆收藏了现存最早的电炉：一个饼干罐连接着一个大大的电灯泡，还有几团电线什么的，看起来实在不怎么样。1890 年，通用电气公司开始出售电子烹饪产品，声称可以在 12 分钟以内烧开一品脱的水，买回家后你会发现，它的主要功用就在于让人们体会到：如果需要做很多食物的话，是多么慢啊！就好像回到了烧煤的时代。

在欧洲和美国，电力应用于烹调领域只有到了 20 世纪 20 年代末才开始有所起色，那时候，电子炉具价格下降，效率却大大提升。早期的电子炉具预热时间很长——1914 年的时候需要 35 分钟——发热部件容易被烧坏，而购买与使用的成本也十分昂贵。一个普通的家庭大概会买一个电水壶或者吐司炉，但是很少有兴趣把煤气炉升级成电子炉。电冰箱所发挥的功能是前所未有的，但是电子炉具就不那么具有革命性了（在内置保险装置以便及时切断电流之前，电子炉具唯一的优势就是不会让人被煤气毒死）。它的一个优点——随时按照意愿开关热源——神奇的煤气炉具已经捷足先登了。到 1948 年，86% 的大不列颠家庭在使用着各种电器，但是只有 19% 拥有一个电子炊具。

现在，跟许多人一样，在厨房里忙活的时候，我是煤气与电双管齐下。我使用对流式电烤箱（用一个小电扇使空气流通），上面还带有一个分离式的烤炉。它很好用，我把搅拌好的蛋糕糊放进去，出来的时候就发起来成为蛋糕了；它也能把土豆烤得足够均匀，我还可以通过玻璃门确定东西不会烤焦。但是，这与我使用炉灶烹调时所能感受到的欢乐是没法比的，它带来了火的欢愉，却没有任何弊端。我只有不多的几次使用电磁炉的经历，每次都令我感到绝望：平滑的表面，太容易烧到手指上的肉，一分钟之前还像石头一样冰冷，突然之间，似乎没有任何预警，它就变得又红又热（必须承认，我没有使用过最新一代的电磁炉，现在它正在作为热能效率方面的最新成果而被宣传）。煤气满足了我的所有期望，当我听到它在嗞嗞作响的时候，就知道火苗要蹿起来了，美好的事情即将发生。2008 年，中餐作家黄瀞亿（Ching-HeHuang）

谈到使用中式炒锅的时候，给那些没有煤气炊具的人提了一个十分中肯的建议："去买一个吧！"

除了烹饪历史上那些最初最根本的发明以外，煤气的使用可以说是厨房科技史上最伟大的进步。它令数以百万的人从环境污染以及恼人费时的看护火炉的劳作之中解放了出来。微波炉的发明则将我们与开放式炉灶之间的距离拉得更远了一些，虽然这一次的进步，无论在烹饪还是社会领域，都不那么明显。今天，随着中国新兴市场的开放，每年全球微波炉销量保持在 5000 万台。在全世界很多小城市的厨房中，一台微波炉是给食物加热的主要方式。厨师们肯定经常使用微波炉，但是，作为一种仍然存在很多争议的工具，它从未像火焰那样激发出我们内心的激情和热爱。

尽管很多方面做得很好，但是微波炉并不总是令我们信服。用它来做鱼，鱼可以保持多汁；用它来做老式的蒸布丁，只需要几分钟；用这个俏丽可爱的玩意儿来做焦糖的话，不会弄得到处乱糟糟的；用它来熔化黑巧克力，也不会熰成一团；用它还可以毫不费力地把印度香米做成松软美味的米饭。芭芭拉·卡夫卡（Barbara Kafka）在她 1987 年的大著《微波炉美食》中提到：微波炉对脂肪原子的吸引力使它成为给鸭子和排骨进行烤前脱脂的最佳方式。迄今为止，这一事例最能说服人们相信：微波炉是一种可以给人带来快乐的工具。

但是，带来快乐的同时，微波炉也给人们带来了同样多的惊恐，1950 年代，它被标榜为"无坚不摧的炉"，在售卖之初，就令人困惑，直到今天，仍然令很多厨师感到棘手和惊恐。1945 年，雷声公司（Raytheon）的工程师珀斯·斯宾塞（Percy Spencer）发明了微波炉。当时他正在为军方研发一个雷达系统，提升磁控管的功能，这是一种可以产生微波的真空管。有关微波炉诞生的瞬间，我们可以听到很多传奇故事，一个版本是，当时他正靠着一个打开的微波控箱——一种供微波在其中传递的容器——突然发现衣服口袋中的巧克力棒熔化了。另外一些版本说，是一个鸡蛋在他面前炸开，然后熟了，令他目瞪口呆；或者他把午餐三明治放在磁控管前，回来的时候发现三明治熟了。斯宾塞所属的团队成员后来说，事实并没有那么戏剧化，微波炉的发现是科学观察的结果，由几个人完成的，而不是一个人的惊天发现。

斯宾塞和他的团队没有把电微波——这个巨大的金属柱中的玩意儿——用于战场而是用在了厨房，不管怎么说，这都是人类想象力的一次巨大飞跃。早期用于微波炉的 QK707 磁控管重 26.5 磅，今天，一个标准微波炉的磁控管仅重 1.5 磅。斯宾塞还进一步发挥了他的想象力，马上意识到了微波炉最受欢迎的用途之一：做爆米花。在斯宾塞的第二项微波炉专利说明中，记述了如何将一个去皮玉米，佐以黄油和盐，放在一个蜡纸袋里，只要"20 到 45 秒"的时间，就成了爆米花！这在当时是不可思议的。事实上，直到 20 多年之后，家用微波炉才成为主流厨具之一（1967 年开始销售，当时制造商们成功地将每台微波炉的售价降到了 500 美元以下）。

很多消费者仍然不喜欢用微波炉来做饭，它只是看起来离火更远了一点儿，并没有什么用处。有很长一段时间，人们甚至担心它会对健康造成伤害。现在微波炉的辐射标准严格控制在每平方厘米 1 毫瓦的强度，与此相比，老式微波炉所泄漏的微波有时要比这多 10 毫瓦每平方厘米。但是，如果你站在离火炉两英尺的地方，你要承受的辐射是 50

毫瓦每平方厘米，相比之下，是不是小巫见大巫？所有证据表明，微波炉对健康无害，除了烹饪时偶尔会有小东西发生炸裂，但这些状况通过阅读操作手册就可以避免。

潜伏在健康隐忧背后的是一个更本质性的忧虑：这个东西应该用来做饭吗？1998年，明特尔（Mintel）公司在英国进行了一场有关微波炉的市场调查，发现10%的消费者固执地坚持"永远不会买一台微波炉"。直到最近，我也成为其中的一员。36岁的时候，我才购买了我的第一台微波炉，成长经历让我觉得"由里往外"熟，实在有些奇怪。我们家人都觉得原子弹不比微波炉邪恶多少，"击毁"食物怎么可能让它们吃起来更美味？

跟其他烹饪方式相比，微波炉让人觉得有些难以言说。其实这并不公平，微波炉并非人们常说的那样"由里而外"把食物变"熟"，没有任何诡异之处：微波炉遵从与烤肉相同的物理原理。微波运行得很快，但是它们只能穿透食物4—5厘米处（这也是为什么小块食物用微波炉来做更好）。脂肪、糖和水分子会吸引微波，使它们更活跃。这种振荡在食物中产生热能，过了4—5厘米深的地方，热能通过传导输送到食物的其他部分，这跟煎锅是一样的，只是煎锅会煎出一层酥黄的脆皮，而微波炉没有（作为补偿，有些型号的微波炉增加了"褐化"功能）。

你不能用微波炉来烧烤，或者做面包。但是，无论制造商们怎么说，没有一种炊具可以什么都做。抱怨微波炉不能"烧烤"就像抱怨面包炉的温度太高，不能用来做奶油蛋羹一样。微波炉真正的弱点不在于机器本身，而是使用的方式。很不幸，微波炉是在二战之后方便食品盛行的时代出现在市场上的，"加热"而不是烹调成为微波炉的主要用途。根据英国1989年的市场调查：有84%的家庭用微波炉加热半成品食物，

34%的家庭用它做任何食物。"我不用它做饭,"一位参加座谈的嘉宾说,"就用它把东西加热。"在多数的厨房中,微波炉不是一种烹调方式,而是一种逃避烹调的方式:将速冻食品扔进去,然后漫不经心地等待那"哔"的一声。微波炉让人们吃上热乎乎的食物,却不必与家人一起围坐在饭桌边。很多微波炉都不太大,一次很难做超出一人的饭量。

难道这是我们所熟知的社交生活的终结吗?历史学家菲利普·费尔南德兹-阿尔梅斯托(Felipe Fernandez-Armesto)谴责微波炉"具有一种破坏社会的邪恶力量,使我们倒退至'前社会'的进化阶段",就好像我们从未发明过"火"一样。有史以来,我们社会生活的焦点之一就是管理和控制火:我们用岩石炉灶驯化它,我们在它周围筑起高墙,我们将它堵在金属炉栅之后,我们将它封闭在铸铁炉灶里面,我们使用煤气炉,以便它完全屈服于我们的意志。最终,微波炉却让我们在做饭的时候脱离了火。

种种迹象表明,我们怀念那些与火相伴的时光,不舍它的消逝。烹饪菜鸟们通宵达旦地烧烤,他们在火上烤焦香肠的热情,却在提醒我们烹饪的重点已经转移了。没有人会深夜围坐在微波炉旁边讲故事,它那有棱有角的玻璃门既不能温暖我们的手,更无法温暖我们的心。或许一切都没有改变,烹调的过程仍然吸引着人们围坐在一起,即使烹调的方式已经改变了。那些认为微波炉不会像老式炉灶那样成为家庭中心的人,大概从未看到过这样一群小孩子,他们安静地拥在一起,期待着那袋放在微波炉中的玉米爆开花,就像从事狩猎—采集的原始人围坐在火焰周围。

吐司炉

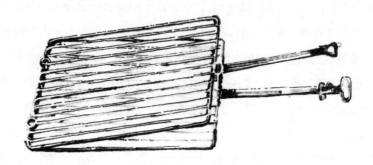

　　做吐司的过程是令人愉快的，你也许会说这是因为吐司面包很诱人——不但酥脆，还有那黄油慢慢熔化时散发出来的天堂般美妙的香味。不过，这种愉悦在本质上却是机械性的，而且很小孩子气：将面包片放入面包槽中，定时，然后等待那"呼"或者"嘭"的一声。

　　就如此常用的器皿来说，电子吐司炉未免出现得太晚了。从1890年代开始，维多利亚时代晚期的电子器械狂人们理论上已经在使用电子器皿来烧水和煎鸡蛋，但是做吐司面包的话，他们却仍然依赖吐司烤叉和开放式炉灶所使用的烤架，这些不过是火焰前的烤叉与面包（也包括那一口口的肉和奶酪）篮的变奏。吐司，仔细想想其实就是烘烤——利用干燥的辐射热能作用于某种事物，直到它的表皮变得焦黄。

　　电子吐司炉发明以前，找到一种耐得住烧烤温度的金属丝至关重要。1905 年，阿尔伯特·马什（Albert Marsh）发现了镍铬合金材料，它的导热性能很低。然后，美国市场就被电子吐司炉淹没了：有钳式（Pinchers）、摇摆式（Swingers）、铺放式（Flatbeds）、下落式（Droppers）、翻开式（Tippers）、栖夹式（Perchers）和扑落式（Floppers），每种吐司炉都以自己独特的操作方法，制作着吐司面包。

我们都知道吐司炉的发明者是查尔斯·斯特瑞特（Charles Strite），一位来自明尼苏达的机械师，他对单位食堂里常常烤焦的吐司面包实在忍无可忍。1921 年，斯特瑞特获得了一项吐司炉的专利，他的吐司炉有一个垂直的弹簧和一个变量定时器。这是一个新鲜事物：一个可以自己工作的吐司炉。"你不用看着它——吐司不会烤糊的"，"斯特瑞特吐司大师"的广告坚称，这要是真的就好了。唉！直到今天，一个自动弹出式吐司炉还是可能把面包片烤糊的！

第四章　称量

计算可以计算的，称量可以称量的，然后把不可以称量的，变成可以称量的。

————伽利略·伽利雷（Galileo Galilei），1610 年

不要让我去数那些成百上千的东西。

————奈洁拉·劳森（Nigella Lawson），1999 年

芬妮·梅里特·法尔默（Fannie Merritt Farmer）是一位厨师，她痛恨凌乱无章的厨房，从来不会说使用少许这个、放一点儿那个之类的话，她倾向于一切都能定量。她的代表作《波士顿厨艺学校烹饪教科书》（*The Boston Cooking-School Cook Book*, 1896），是 20 世纪早期在美国最畅销的食谱类书籍，截至 1915 年，已经销售了 36 万多本。这本书最大的吸引力在于其坚持——科学而方便地——在烹饪时使用正确而精准的称量器皿。"一个量杯"，法尔默写道，"满满的，与杯口平齐，

一餐勺，与勺口平齐。"法尔默，一位壮实的红头发妇女，在展示她的烹饪技艺时，反复使用相同的词汇，将量杯装满之后，要专门使用一把刀将杯口抹平，不能容许一点儿多余的面粉影响到法尔默面点的制作。她的昵称就是"水平称量之母"。

法尔默似乎相信她正在引领美国进入一个厨房精准化的新时代，摆脱之前一味依靠估计和猜测的黑暗时期。"想得到最好的结果，正确的称量标准是必要条件。"她是这样写的。称量是令混乱无章的宇宙变得有序的途径，芬妮·法尔默并不仅仅是在教导她的中产阶层读者们如何烹调，她在培养她们对于厨房领域那种绝对掌控的感觉。奇怪的是，法尔默却选择了模糊而不确定的量杯系列来称量，这很容易导致完全相反的结果。

量杯系列就是使用固定体积的量杯，如 235.59 毫升，来量化所有东西，无论湿的还是干的，松软的还是密实的。因为这种方式称量的是体积而不是重量，因此有时候被称为"体积称量"。在美国的烹饪书籍中，量杯的使用仍然十分普遍，因此，可想而知厨房的状况，尽管人们常常抱怨：用秤来称重量其实更简单和精确。从历史的某种角度来看，美国是世界上唯一一个以这种方式来称量食物的国家。澳大利亚和新西兰对于量杯式称量时用时弃，欧洲人只在称量液体时使用体积，只有在美国，一直使用这种十分具体的体积单位来称量所有的食材——动物的、蔬菜或者矿物——这在很大程度上要归功于芬妮·法尔默的影响。

让我们把视线移回到现在，一个夏天的晚上，我试图按照芬妮·法尔默那似乎精确无误的食谱做一道听起来十分简单的菜——青豆角色拉：

将两杯冷却的青豆角用法国酱料拌好，加一茶勺切碎的香葱。堆叠在色拉盘的中间，再将萝卜丝叠放在底部周围，最上面用一个切成郁金香状的萝卜花作装饰。

你是否尝试过把切碎的香葱放在茶勺之中，然后用刀沿着勺口抹出一个水平面？还是别这样做了，香葱碎末会散落得到处都是。倒是快速麻利地将其直接剪碎到盘中更为合理，多一点儿或者少一点儿，关系并不大。至于量出"两杯冷却的青豆角"，更像一个笑话，因为豆角长度不一，会从杯中凸出，一定要在杯口形成一个水平面的话，你就得切掉好多，那样的话，完整的青豆角沙拉恐怕也就做不成了。还有一些关键的地方，这个食谱并没有说明需要用多少法国酱汁，青豆角在"冷却"之前应该煮多长时间，怎么切削它们，又怎么把萝卜"切得像郁金花"，我失败了（"从底部开始，在3/4长度之处，带皮切出6个切口。"法尔默是这样指示的，有些轻描淡写）。称量远非一份食谱的全部要素，同样，也没有一份食谱可以称量出所有的变量。出于对量杯的虔诚，芬妮·法尔默认为她的食谱在这方面是清清楚楚的，事实却远非如此。

成功的烹饪就是一次精确的化学反应，离不开准确的食材分量。一份精致美味的晚餐与漫不经心之作的区别大概就在那30秒，或者是1/4茶勺盐之间。食谱其实就是复制佳肴的尝试。在科学上，复制就是一个实验的可重复性，这也正是人们对食谱的期许：我按照你的食谱在我家厨房里做出来的苹果派应该跟你的是一样的，不过，厨师们的工作环境所承受的外部变化不是科学家们所能允许的：不确定的炉温，每次都不一样的原材料，不用说还得考虑食客们的不同口味。如果你不管具体情形怎样，一味相信量杯的话，很可能会搞砸一顿饭。照本宣科，会使人忘记最好的称量标准其实来自于厨师们的个人判断。

　　同样需要我们牢记的是，厨房里的称量工具可以从几个方面来评估。首先是它的准确性：即是否符合固定的称量标准，你用来盛一升牛奶的缸子确实就是一升吗？其次是它的精确性：即细致程度，可否称量出半毫升牛奶的差别？第三是一贯性（科学家们所说的可重复性）：可以一次又一次地盛出同样的一升牛奶。第四是可转换性：即称量工具在体积或者重量方面所适用的测量对象的范围，一个用于称量牛奶的工具和单位可否用于称量其他物体。第五点是最重要的，即简易性（易于使用）：就是在称量一升牛奶的时候，不需要大张旗鼓地运用什么资源和技术。根据最后这一点，简单朴素的派莱克斯玻璃（Pyrex）量缸可谓是最好的称量工具之一：清晰明确的刻度，既有公制，也有英制，使用的材料是 1915 年获得专利的耐热玻璃，有一个流嘴，可用于冰柜和微波炉，尤为可贵的是，如果厨房的地面不是太硬的话，掉在地上以后还能够弹起来。

　　所有烹调都需要称量与测量，即使有时候只是出于直觉：你的眼睛告诉你什么时候油煎洋葱出现了透明状，你的耳朵知道什么时候爆米花爆好了，你的鼻子告诉你什么时候吐司要煳了。厨师们根据这些情况来估算和决定。体积与时间，温度与重量，是每位厨师都要学会驾驭的变量。通过使用高科技，让称量的结果更精确，这样的努力并非每次都能让人成功地做出美味。在厨房中过于拘泥于公式，可能会适得其反。没有一项科技可以替代一位好厨师的估算能力，凭借着天赋的敏锐嗅觉、明察秋毫的双眼以及一双不怕烫的双手，他们对食物的判断，较任何人造工具都更符合实际。

"把我们美国人与其他人区别开来的事物之中"，1989年，伟大的食品评论家雷伊·索科洛夫（Ray Sokolov）写道，"最不容置疑的，也最容易被忽略的是量杯。"索科洛夫注意到，除了美国以外，没有哪个国家"全国都习惯性地，而且几乎毫无例外地使用一个杯子来称量干货食材"。

　　世界其他地方都以重量（起码大部分时候）来称量面粉。

　　秤有多种形式，但是功能只有一个：测量重量 *。为了这个目的，法国厨师使用的是一个平衡杆和一个浅浅的托盘，就是其他地方用来称量新生儿体重的那种秤；在丹麦，厨房秤是钉在墙上的一个不显眼的圆圈，很像钟表，展开来就是一个托盘秤，真聪明；英国人仍然钟爱传统的女王秤——以很重的铸铁打造的经典的机械平衡秤，一边是铜盘，另一边是砝码，或许只有我还在用它。想想看，朋友们来到我的厨房，看到这只秤的时候，通常都会欢呼雀跃，好像看到了一个博物馆的展品，有时候甚至问我还在用这种古董秤吗。是的，每天都在用！事实并非如此，这个我必须承认。如果称量的结果需要十分精确的话，我当然就得使用电子秤了。第一世界的厨师们都在使用电子秤，这是现代厨房最好的工具之一，准确和精确的同时，也很廉价。如果是具有归零功能的

---

* 从技术上来说，我们提到"重量"的时候，应该说的是"质量"。重量指作用于某一物体的重力（w=mg，m=mass，g=gravity），因此，在月球上，一杯面粉的重量要比地球上轻得多。与此同时，不管环境如何，质量是一致的，100克的面粉永远都是100克，这才是我们实际上所说的"重量"。因为本书更注重实用科技，而非纯科学，因此，我将继续"不准确"地使用我们平时所理解的"重量"一词，来指代质量。

秤，你可以将不同的食材直接放入搅拌器中，把它放在秤上之后，再把秤归零，这样就省去了一些刷洗的工作，特别像糖浆与蜂蜜这类食品，就不用再把它们从秤上刮到碗里了，通常它们很难被刮干净。

不过，一些老式的称量方法仍然好用（尽管存在较大的误差）。如果你是一位传统的德国人，你或许拥有一只跷跷板式的平衡秤，一边是放食材的杯子，另一边是秤砣，重量则刻在秤杆上面。你移动秤杆直到它达到平衡，然后确认刻在秤杆上的重量，与在庞贝古城发现的公元79年的铁杆平衡秤在构造方面是一致的，也许只是更轻薄了一些。

在过去的2000多年里，称量的问题得到了很好的解决。最古老的中国秤可以追溯到公元前4世纪：是那种一根秤杆上悬挂着两个托盘的经典设计。当然，那时候不是谁都买得起这种工具。一开始，秤用来称量一些贵重物品，比如黄金。几个世纪以后，厨房之中才出现了它的身影。古罗马第一部"烹饪书"的作者阿比修斯（Apicius）生活的时代，

厨房里一定开始使用计量了，因为他不但提到了干性食材的重量（6"微量"拉维纪草），而且也有湿性食材（一磅肉汤）的，因此，可以说为食材称重的历史是相当长的。现在这方面做得更好，大多数厨房电子秤的误差在一克之内。称重的好处就是不用担心密度的问题：100克红糖就是100克，不管你是压实的，还是松散的，重量是不会改变的。就像一个古老的笑话中所

说的：一磅黄金和一磅羽毛，哪个更重呢？它们当然一样重，一磅就是一磅。

相比较之下，美国的杯式容积计量系统，起码就干性食材来说，可以造成相当大的误差。一杯什么东西不仅仅就是一杯，实验表明，一杯面粉的重量可能在4—6盎司之间，过筛、风干以及压实的程度等环节都会造成重量的不同，这个差异会影响蛋糕能否烘焙成功；或者会使得面团不是过于稀软，就是过于密实。设想一下，如果食谱作者希望你量出的一杯面粉，重量是4盎司，但是你却盛出了6盎司，是规定用量的1.5倍，严重不匹配啊！

用体积来称量固体物质有一个压缩与膨胀的问题。在正常情况下，没有冷冻也没有沸腾的前提之下，水的密度是固定的，你不能压缩它。面粉则相反，你可以在杯子里把它压得结结实实，也可以很松散地装满一杯。有些食谱试图解决这个问题，规定量面粉之前必须要过筛，有些甚至规定了过筛的程度，但是仍然无法保证精确，因为面粉本身相差很大。厨房的厨师们在筛子与勺子之间挥舞，抖动、拍压、堆起然后过筛，最终的结果也不一定有两只秤在几秒钟之内量出来的那么精确。

除了面粉，对于其他材质来说，量杯会更加令人抓狂。当然，也有例外，比如说用缸子来盛量米、蒸粉以及燕麦，就是最好的方法，因为你想得到谷物与水之间的体积比例，实际的重量是多少并不那么重要。燕麦，以及大多数品种的米与水之间的固体与液体的比例是1:1½，蒸粉则是1:1。当你将蒸粉倒入量缸之中，再倒出，然后倒水或者汤汁，刚好没过蒸粉的时候，会产生一种适宜的感觉。可是，如果你需要量出5杯茄子块儿（相当于一磅重），或者10杯生菜丁（同样是一磅）的时候，那就是另外一回事了。你怎么切呢？你是一块儿一块儿地切，然后边切边将其放入杯中，还是一次切完，冒着切太多的风险？你是把蔬菜块儿在杯中压实了，还是默认烹饪书的作者允许留有一些空间？你会不会把书直接摔在地上，因为它竟然会要求你做这样荒唐无稽的事情？

美国人对量杯的依赖确实有些奇怪（最终也确实出现了某些反叛的迹象，比如说 2011 年《纽约时报》的一篇文章，就发出了"来自厨房秤的恳求"这样的呼声）。在很多方面，美国比欧洲更理性。美国城市街道都是按照数字顺序来布局，平坦规整，不像伦敦或者罗马那样高低曲折。1792 年开始使用的美元，也是一套闻名于世的金融规范系统。在金钱这个方面，美国比欧洲更早地建立了一套实用的体系（法国除外）。20 世纪中期，在罗马，用里拉买一杯咖啡，付款时就像在做一道高等数学题；在伦敦买一杯茶也好不到哪儿去，就因为我们英国人念念不忘的那一套英镑、先令和便士的麻烦组合。与此同时，美国人却能够悠闲地拐入食品店，轻松地数出他们的美分、美角和美元。同样，美国的电话号码也是整齐排列的十位数。一位美国朋友描述英国电话号码的制定方式，或者说根本就没有什么方式，简直是杂乱无章。所以，为什么一旦进入烹饪领域，美国人就将所谓的理性抛之脑后，而坚持使用量杯呢？

美国人的量杯，只能放在重量与称量的历史情境之中才能理解。历史上，美国一直缺少统一的度量衡标准；量杯从属于一个更为宽泛的度量衡系统，放在这个系统之内，人们才会更好地理解它。我们今天的疑惑其实植根于中世纪的英格兰。

古语说："一品脱就是一磅，地球跟着晃。"在盎格鲁-撒克逊时期，出现了"温彻斯特"（Winchester）度量，温彻斯特是那时的首都。

这个度量系统建立了体积与重量之间的转换，很显然，这是在创建一套前所未有的体积单位。

想想看，如果没有一个量杯，要确定一个容器的容积会有多么费事！你怎么知道一个玻璃杯中到底装了多少水？你可以把水倒入另外一个玻璃杯中，然后比较两个玻璃杯的水平，但是，你又怎么知道另外这个玻璃杯中装了多少水？这种实践很快就会使人觉得烦恼。比较好的方法是根据某个已知重量的物体的体积来建立特定的容积单位。一"温彻斯特蒲式耳"相当于64磅小麦的体积（小麦粒的密度比较稳定，不像面粉那样变化不定）。一蒲式耳等于四配克，一配克是两加仑，一加仑是四夸脱，而一夸脱是四品脱*。最后的结论就是：一温彻斯特蒲式耳是64磅（小麦），也是64品脱（水），因此一品脱就是一磅，多么清晰明了！

如果这些温彻斯特度量单位成为唯一的体积标准，那一切就简单了。但是，在中世纪的英格兰，不同的物体使用不同的加仑容器。其中有温彻斯特加仑（也被称为玉米加仑），有葡萄酒加仑和麦芽酒加仑，每个都代表不同的容积。麦芽酒加仑大于葡萄酒加仑（对应的是4.62升与3.79升），好像反映了这样一个事实：同样喝醉的话，喝麦芽酒要比葡萄酒喝得多。在思考如何称量的时候，这样混乱的逻辑是很容易令人轻信的。就像电影《摇滚万岁》（This is Spinal Tap）中的摇滚明星尼格尔（Nigel）那样，相信如果要让音乐更响，就得有一个可以把声音扩大11倍的扩音器，而不是10倍的。

重量以及测量标准的缺乏，不但给买东西的顾客们带来了困扰（一品脱麦芽酒每个小镇的量都不一样），同样给政府带来了问题，因

---

* 原文此处有误，一夸脱应该等于二品脱。——译者注

为它影响了商品的税收。1215 年的《大宪章》试图统一标准："让我们整个王国，只有一个称量葡萄酒的标准，只有一个称量麦芽酒的标准，只有一个称量玉米的标准。"然而这个规定并没起到作用，各种称量方式仍然层出不穷。从 1066 年开始直到 17 世纪末，有不少于 12 种加仑容量，有的是用来称固体的，有的是用来称液体的。

到 18 世纪晚期，人们采取了各种措施，以便结束中世纪度量衡体系的混乱无章。1790 年，大革命之后，法国确立了米制系统。米制系统所依据的是科学家们通过探险所发现的地球经线的长度，也就是从北极点到南极点的一条假想的线，一米就是这条经线的千万分之一。不过，因为一个小小的计算误差，它比实际的长度短了一点儿。不管怎样，十进制的规则在法国得以确立。1795 年，在第十八个芽月*的法令中，法国公布了新的度量衡单位：公升、公克与公米。扫除陈规旧制，法国向世人展示了自己的现代化，展示了自己是多么理性、多么科学还有多么商业化。所有的一切，从街道系统到黄油块，都按照十进制来切分。这一次的革命甚至试验了是否能够十天一个星期——一旬。多亏了这一新的度量系统，现在我们的生活才会这么有逻辑。早餐你吃的是多少克的面包，喝的是多少毫升的咖啡；然后，你所支付的是十进位的法郎或者苏。**

美国人和大不列颠人也进行了改革，但是谁也没有法国做得那么彻底。1790 年，乔治·华盛顿总统交给国务卿托马斯·杰斐逊一项任务，制定一个改革度量衡的计划。当时美国已经采用了十进制的货币制度，将英镑、先令和便士与大不列颠王冠一起抛掉了。然而，在这件事

---

* 芽月指法国共和历的第七个月，为公历 3 月 1 日—4 月 19 日。——译者注
** 法国钱币单位，1 法郎等于 20 苏。——译者注

情上，国会却无法就杰斐逊的任何改革的提议做出决定，随后的几十年里也未能达成一致意见。

与此同时，在 1824 年，英国却采取了行动，毅然决然地仿效了法国——刚刚与之结束战争的敌对之国——采用了公米制，目的是让贸易摆脱多重标准的混乱时代。1824 年，议会投票决定无论固体还是液体，都采用统一的帝国加仑，它的定义是"十磅水在特定的温度和压力下的体积"，这相当于 277.42 立方英寸，近似于老式的麦芽酒加仑。一旦新的加仑制得以确立，随后调整品脱、夸脱与蒲式耳来适应新的度量制度就变得很容易。现在谚语是这样说的：

> 一品脱是一磅
>
> 世界也在晃
>
> 只有在大不列颠
>
> 一品脱的水是一磅
>
> 再加一夸脱

大不列颠人读到了这样的帝国规定，这些新的帝国度量衡制度随之普及到了帝国统治的每个地方。在英属殖民地加拿大，一品脱枫树蜜与英属殖民地印度的一品脱威士忌体积完全相同。

混乱是否就这样结束了？完全没有！1836 年，美国国会最后统一了标准，所走的路径与大不列颠完全相反：没有采用新的统一的帝国加仑制，而是保留了以往的两套最常用的加仑制，即适用于干性物质的温彻斯特（或者玉米）加仑，以及适用于液体的安妮女王（或者葡萄酒）加仑。美国采用与大不列颠不同的标准并不奇怪，奇怪的是，美国用以对抗大不列颠公米制的并非自己所发明的现代单位，而是古雅的大不列颠遗存。当美国将一个人送往月球的时候，那个人的脑子里想的仍然是18世纪伦敦盛行的品脱、蒲式耳什么的。即使现在，在谷歌搜索的时代，家家户户更愿意在网上搜索菜谱，而非一页页地翻阅《烹调的乐趣》，然而，电脑屏幕上面闪烁着的美国网上菜谱使用的都是传统的量杯。

　　结果就是两个国家之间在将近两百年里无法就厨事进行交流，直到 1969 年，情况更糟了，大不列颠正式加入了公米联盟（尽管很多家庭仍然乐意使用帝制的单位）。美国是目前仅有的三个没有正式使用法国公米制的国家之一，另外两个是利比亚和缅甸。对于美国人来说，以公克来称量物体的欧式行为听起来有些冷酷，甚至不人道。对于世界上其他地方的人们来说，美式的量杯则令人困惑。在澳大利亚，量杯被定义为 250 毫升，但是在英国，有时被认为是 284 毫升。加拿大的量杯是 227 毫升，对应帝制时代的 8 液体盎司。而真正的美国量杯，技术上来说，是半美国品脱，即 236.59 毫升。鉴于此，为什么"水平称量之母"芬妮·法尔默在 1896 年会认为量杯系统这么高级和精确呢？美国人对于体积称量的执着并非是不可避免的。如果你看一下早期的美国烹饪书籍，会发现秤与量杯都在使用，部分原因是很多美国烹饪书籍其实来自大不列颠——就是重印一些成功的大不列颠食谱书，如伦德尔（Run-dell）夫人的《新的家庭烹饪体系》（*A New System of Domestic Cookery*, 1807）。但是，即使在真正的美国书籍里，大部分的食谱也显示了厨房中秤的存在。阿米丽亚·西蒙斯（Amelia Simmons）1796 年所出版的《美国厨事》一书，是第一部由美国人写给美国人的烹饪书，西蒙斯使用的是磅与盎司。她的烤火鸡里面塞的是一条小麦面包、"1/4 磅黄油、1/4 磅咸猪肉，要好好儿切一切"，还有两个鸡蛋以及一些香料。她同样给出了美国厨房的保留节目——"磅饼"的第一份食谱："1 磅糖、1磅黄油、1 磅面粉、1 磅或者 10 个鸡蛋，1 吉耳*玫瑰水，香料适量。看好，在低温烤箱中烘烤 15 分钟。"

阿米丽亚·西蒙斯的磅饼食谱并不太好。烘焙时间太短了，仅 15分钟，这里一定是个笔误（根据我的经验，磅饼需要 1 个小时左右），而且西蒙斯也没有告诉我们如何搅拌面糊（我们是应该一次打一个鸡蛋，避免蛋糊聚在一起，还是一下子都打进去？）。不管怎么说，这本书告诉我们，至少在 1796 年的时候，美国人对于用秤来称量黄油和面粉还不那么反感。在量杯取得统治地位之后的很长时间，磅饼仍然是最受欢迎的。甚至芬妮·法尔默的书中也可以发现磅饼食谱，与西蒙斯的并无二致，只是她用肉豆蔻和白兰地取代了玫瑰水和香料，还有她说用深口平底锅煎的话需要 1 小时 15 分钟，这似乎更合情合理。当然，她用"杯"取代了"磅"。

到 19 世纪中叶，量杯在美国已经完全取代了磅。一开始，量杯可以是做任何一种早餐时所使用的，就在手边的杯子。从印度到波兰，很多传统厨师仍然这样来称量食材。你盛一玻璃杯这个，再加上一杯那个，然后完事大吉，因为你已经使用同样的杯子做了无数遍了。当你想要指导你的家人或者附近社区以外的人们做这道菜的

---

* 液量单位，1 吉耳相当于 1/4 品脱。——译者注

时候，问题就来了，食谱失去了转换的依据。19世纪出现的一个变化就是人们从使用一般的杯子变成使用特定的杯子——体积精确的标准量杯。

为什么美国人对他们的杯子这么执着？有些人认为这是前辈的生活特点，那些西行的人需要把厨房装在马车上，因此不想让笨重的秤影响马车行进的速度。这应该是有些道理的。在偏远的边疆定居点，一个地方的铁匠可以为你随手打造一个杯子，但是秤属于工业产品，由工厂生产，在城市出售。还有，在偏远地区，饮食往往是就地取材，十分随意，就好像约翰饼，其实就是把燕麦粉与猪油，一杯这个、一把那个地混在一起。

然而，这种偏远地区的生活风尚并不能完全解释为什么量杯得以在美国推广。烹饪书籍给出的证据显示，量杯并非作为秤的替代品得以普及，而是被认为比秤好。无论在城市里装修精美的厨房间，还是在吱嘎作响的四轮马车上，人们都在使用这种杯子。凯瑟琳·毕哲（Catharine Beecher），她的姐姐哈丽雅特·毕哲·斯托（Harriet Beecher Stowe）就是畅销书《汤姆叔叔的小屋》的作者，在1846年出版了一部烹饪书《毕哲小姐家庭账本》（*Miss Beecher's Domestic Receipt Book*）。毕哲注意到："如果账本的记载依据的是'盛量'而不是'称量'，会省去很多麻烦。"她以为她的读者们兼有秤和杯子，但是她认为杯子更便利。她的建议是，第一次使用的食材，要先称一下，然后用一个"小量杯"量出它的体积。毕哲的用意是下次用到这个食材的时候，厨师就可以不用秤，而只使用量杯。

量杯，从厨房用具的角度来看，有它的优势；换言之，特制的量杯，以及它的半杯、四分杯这一系统是逐渐形成的。凯瑟琳·毕哲所说的还只是普通的茶杯和咖啡杯，到 1887 年，莎拉·泰森·罗勒（Sarah Tyson Rorer）注意到："在我们的市场上有一种小小的锡制厨房用杯"，这些杯子"价格各异，成对儿出售……其中有一对儿一个是四分杯，另外一个是三分杯"。沿用至今的量杯正式亮相了。

一直以来，烹饪书籍的作者们都普遍使用量杯，这样，厨师们就不需要秤了。1882 年，玛丽亚·帕劳（Maria Parloa），波士顿一位深受欢迎的烹饪教师，使用"一个普通的半品脱容积的厨房量杯"说了下面这样一段话：

> 一夸脱面粉……一磅
>
> 两满杯黄油……一磅
>
> 一品脱多的液体……一磅
>
> 两满杯砂糖……一磅
>
> 两满杯冒尖的绵糖……一磅
>
> 一品脱切碎的肉，压实……一磅

我们该如何理解这段话呢？把肉"压实"，要压实到何种程度？一品脱"多"与一品脱"少"之间该如何界定？"满杯冒尖"又到底是什么？

另一位波士顿厨师林肯夫人，也是波士顿烹饪学校的校长，即芬妮·法尔默的前任，曾经试图做一些修正，其实也没什么大的帮助。林肯夫人注意到，满满的一勺，应该是"圆圆满满的，或者把小勺凹下去的部分正好填满"。芬妮·法尔默所做的就是运用这些称量方式，去除那些不必要的说明。用刀将杯口抹平，替代了所有的疑虑和困惑。不能说多一点儿或者少一点儿，冒尖或者压实，"满满一杯，抹平；满满一勺，抹平；满满一茶勺，抹平"，这些不含糊的字眼让厨师们感觉烹饪似乎已经进入了科学的层面。

法尔默的方法，相对于之前作家们的"多一点儿"或者"少一点儿"的表述确实是一个很大的进步，我们应该原谅她对量杯系统某些缺陷的忽视。她对于厨房中抹平式称量的执着，反映了她从事烹饪行业的起步时间很晚。她 1857 年生于波士顿，是一位印刷商四个女儿中的一个（第五个女儿在婴儿时期夭折）。在家里，她很少做饭。如果不是因为上学时生了一场病，大概是天花，芬妮或许会跟她的三个姐妹一样，成为一名老师。在瘫痪了一段时间之后，她的身体变得十分屡弱，还跛脚，似乎再也出不了家门了。1880 年，28 岁那一年，她找到了一份工作，在一位朋友家做朋友妈妈的帮工。在那里，她对烹饪产生了兴趣。1887年，她进入波士顿烹饪学校学习。波士顿烹饪学校是当时新成立的面向全美中产阶级妇女们教授烹饪的几所学校之一。她一定学得非常好，因为七年之后，她就接手经营这所学校，戴着白帽子，穿着直到脚踝的白色围裙。

在烹饪学校，芬妮·法尔默学会了使用刚刚出现的特制的量杯，她也不知道其他的方法。她试图让厨师们相信，只要遵从规则和她的指导，一切问题都可以迎刃而解，绝对的服从可以带来绝对的效率。因为是半路出家，在用料多少和烹饪火候方面，法尔默无法依赖她的直觉，一切都要说清楚，她甚至确定，用作装饰的彩椒，必须是四分之三英寸长，半英寸宽。

这样做的目的是写出完全可以复制的食谱，即便你对烹饪一无所知，食谱也"有效果"。她受欢迎的原因与今天英国的迪莉娅·史密斯

（Delia Smith）一样（如果被问到"你喜欢迪莉娅什么？"人们常常说："她的菜谱好用。"）。很明显，从书的巨额销量来看，很多人发现法尔默的"抹平称量"很好用（36万册的销量，使之可以与《汤姆叔叔的小屋》媲美，后者在出版后的几个月内，售出了30多万册）。只要有量杯和餐刀，你就可以信任这些食谱，法尔默的食谱令人敬佩的地方在于，你可以一次又一次地重复做，结果大致相同。

这一结果，在今天是否还有存在的价值，是另外一回事。她的口味并没有经受住时间的考验。她热衷的食物有烤意面（就是把煮好的意面与三文鱼肉末一起放在模子里再加热），牛油果拌橙子并以松露点缀，以及浓稠牛奶酱。这令人想起伊丽莎白·戴维（Elizabeth David）的评论："如果食谱有用的话，人们并不愿意去探究根据这份食谱做出来的是什么。"

芬妮·法尔默之所以对自己建立起来的这一套系统充满信心，部分原因在于对传统的类推方式的否定，后者在当时涵盖了所有的厨房称量。中世纪以来，食谱作者们一直以手指的宽度来形容水量的多少，以豌豆、坚果以及鸡蛋的大小来说明黄油的用量，其中使用得最普遍的是核桃。在法尔默看来，量杯当然比手指和核桃好多了，更精准，也更明确。从很多方面来说，她是对的，像"鸡蛋大小的一块黄油"这类说明常常令讲求理性的人们感到困惑和绝望。今天，在美食家网站的厨艺论坛上，家庭煮妇与煮夫们仍然在讨论核桃大小的一块面团直径是多少，你时刻都可以感受到他们的沮丧，到底是一茶勺还是两茶勺？

几百年来，类似的比照成为厨房称量的主要标准。1672 年，《女王的橱柜，或者富人的储藏柜》（*The Queen-like Closet, or Rich Cabinet*）一书的作者汉娜·沃利（Hannah Wolley）提供了一份食谱，按照这份食谱做出来的"薄饼十分酥脆，甚至可以立起来"。这份食谱的全部内容就是："先用一口煎锅做一打或者二十个饼，每个跟盘子的大小差不多，然后用猪油炸，这样它们看起来金黄金黄的，吃起来味道很好。"在芬妮·法尔默看来，这根本算不上一份食谱。沃利并没有告诉我们怎么和面团，或者要炸多长时间；猪油应该用多少，烧多热；一次可以"炸"几张饼，然后怎么把它们捞出来。

　　除非你对自己的厨艺非常自信，否则沃利会让你感觉无所适从。不过，如果你在面团制作与煎炸方面有着长期而丰富的经验，那么这就是一份有趣的食谱。那有着充分想象力的词句如"盘子大小"和"金黄金黄的"，对于深知此中奥秘的人们来说，可谓心领神会。最终，两次油煎过的薄饼，听起来似乎非同寻常，有点儿类似于薄饼与甜甜圈的结合，简直就是心脑血管医生的一个噩梦。但是，如果你一心想要做出"酥脆得可以立起来的薄饼"，那确实十分管用。

　　19 世纪前，几乎所有菜谱都使用与沃利一样的称量方式，更像是经验丰富的厨师所做的笔记，而非指导人们如何烹饪。这也是为什么很多老菜谱很难再复制出美食的原因：我们不知道用多少分量，也就不知道其中的门道。就拿这一个来说吧，这是《罗马美食家》（*Roman Apicius*）上的"另类蔬菜糊"的做法：

　　　　将生菜叶与洋葱一起放在苏打水中，挤一下（意思是把水挤出去），好好切切；在臼中把胡椒、川芎、芹菜籽、干薄荷、洋葱捣烂，再加肉汁、油和葡萄酒。

不仔细看，这份菜谱看起来有些恶心：黏糊糊的生菜汁加上两份洋葱，一份在开始的时候放，另一份最后放。但是，分量与火候可以使结果完全不同。川芎、芹菜籽和干薄荷属于比较刺鼻的调味料，每种少放一点没有问题，如果满满一调羹的话就不堪设想了。罗马美食的维护者们说，各种味道强烈的调味品在一起，会有一种微妙的平衡，但是我们没办法知道是不是这样。

与这一类完全不标示分量的菜谱相比，"核桃大小的一块黄油"算是一个很大的进步。它听起来含糊，但是相对来说，并非如此。称量永远是一种比较——在一个固定的标准与被称量的物品之间。在古代社会，称量时使用的参照物，自然而然地来源于身体器官。美索不达米亚的苏美尔人用他们的手作为长度单位：小指的宽度，手掌的宽度，手指张开，小指到拇指的距离等。希腊基本的长度单位是"戴克劳斯"（daktylos），指一个手指的宽度；24 个手指的宽度就是一腕尺。罗马人利用戴克劳斯，发明了"指宽"单位（1"指宽"相当于 3/4 英寸）。

厨房里的厨师们毫无例外地利用手指作为测量工具，这种实践自古有之，因为实在太方便了。"取四指宽的杏仁蛋白软糖"，15 世纪最著名的意大利厨师马蒂诺就这样说。派耶格力诺·尔杜吉（Pellegrino Artusi）是 19 世纪晚期著名的畅销书作者，他的食谱开头就十分诱人："取一只细细的、手指长的青瓜。"用手指测量反映了厨艺本身的触觉属性，我们用手指掐肉，做甜品和揉面。

用到了手指，自然也会用到手掌。直到今天，很多爱尔兰厨师仍然用手捧出面粉来制作苏打面包，并拒绝使用其他方式。这种方式听起来存在问题，因为人们手掌的大小并不相同。不过，幸运的是，每位厨师的手掌大小是不变的。手掌也许不能成为一种绝对的称量单位，但是，从比例学的方面来说，却是非常管用的。比例就是某一事物与另一与其相关的事物之间不变的比值。只要一个人一直使用同一只手来取面粉和其他配料，这个比值是不变的，苏打面包也就发起来了。

时至今日，一些营养学家仍然使用人手作为分量的标准：一份成人所需的蛋白质分量可能就是他手掌的大小（不包括手指）；对一个小孩子来说，蛋白质分量就是孩子手掌的大小。就烹饪来说，很多时候，比例应该比固定的分量大小更重要，因为你可以据此调整食谱，以便适应食客的数量。美食作家迈克尔·鲁尔曼（Michael Ruhlman）最近写了一本书，完全遵循比例的原则。他认为：一旦掌握了烹饪比例，"你就不是只知道一份食谱，而是掌握了千份食谱"。比如，鲁尔曼的面包比例是 5 份面粉对应 3 份水，加上酵母和盐，这样基本的配方可以用来做披萨、意大利面包或者三明治面包，也可以按照这个比例，随便做一条面包或者很多条。不同于爱尔兰苏打面包师，鲁尔曼的比值是建立在精准的重量数值基础上的，而不是手掌上，但是二者的理念是相同的。

人手可测量的情形毕竟有限，厨师们进而转向了其他常见的事物。其中，核桃因其无处不在的优势而显得一枝独秀。俄罗斯、阿富汗、英格兰、意大利、法国以及美国的厨师们都在使用"核桃大小"这个单位。这一单位至少从中世纪时就开始使用了，用于胡萝卜、糖、干酪屑、酥饼面团、油炸干果糊，特别是黄油的分量多少。什么原因使核桃成为这么受欢迎的一个度量单位呢？

想象一下，你的手掌之中握着一个完整的核桃，你会更清楚地认识到它的价值。与手指类似，核桃也很常见，每个人都知道核桃大概是什么样子。"核桃大小"比另外一个常用的单位更清楚，那就是"坚果大小"（关于此，一个无法摆脱的问题就是：什么坚果？）。即便现在，我们大多也可以准确估量核桃大小究竟是多少，虽然我们可能一年中只有圣诞节的时候才能看到它一次。不同于梨和苹果，形状、大小各异，核桃相对来说比较一致。确实有少数不同品种的核桃，如法国核桃，就不比榛子大多少。可是，通常来说，我们所说的核桃指古希腊人种植的"胡桃"，源自波斯，到公元 400 年，传到了中国。在中世纪的法国，它是一种重要的农作物，不过直到 15 世纪才传入大不列颠。除了油香的口感和类似大脑构造一般精致的内核，它的另外一个特点就是外形大小基本一致，果壳直径一般在 2.5—3.5 厘米之间，非常适中。想象一下把核桃放在调羹上的画面，然后再把核桃换成黄油，分量适中，对不对？核桃大小应该是在"少量"与"一大勺"之间，跟一个球形把手的大小差不多。

在众多需要加黄油的食谱中，核桃大小的分量确实很合适。1823年，玛丽·伊顿（Mary Eaton）用一块"核桃大小"的黄油炖菠菜；1861 年，比顿夫人建议使用核桃大小的黄油烤牛腿排。芬妮·法尔默或许会抗议：我怎么知道一块黄油到底是不是核桃大小？不过，你对自己的厨艺越充满自信，越不会去担心这类事情。"核桃大小的黄油"反映了这样一个令人愉悦的事实：对于多数烹饪工作来说——烘焙除外——各种食材多一点儿或者少一点儿其实无关紧要。

我们并非只会使用核桃大小，实际上，厨师们在其他常见事物的基础上组建了一整套称量词汇。选择什么样的参照要根据时间和地点。豌豆比较常见，或者豆蔻种仁，可以用来说明茶勺以下的某些分量。17世纪的厨师们曾经使用过子弹和网球。硬币是另外一种好用的参照，如

　　　杯盘之间：一部被湮没的"庖厨"史

英格兰的先令和克朗*以及美国的银元小蛋糕。

　　这种参照式的称量方式为我们了解往昔的家庭生活打开了一个窗口。它们为我们揭示了一个共同的想象的世界，在这里，肉蔻种仁，以及子弹、硬币和网球，都成了通货，它们的分量不一定"科学"，但是它们反映了食谱作者们的良苦用心，他们试图将自己所知的美味通过他人可以理解的词语展示出来。埃琳娜·莫罗克维茨（Elena Molokhovets）是19世纪末一位训练有素的俄国厨师，她的食谱中到处都是这种参照式的分量说明。当她说到卷酥油面饼时，面饼或许是一指厚或者两卢布银币的厚度。莫罗克维茨把姜切成顶针大小，把面团揉成野果大小，而黄油，还能有什么呢？就是核桃大小。

　　我们仍然依赖共享的形象来称量。当我们把蔬菜切成块儿的时候，我遵从像罗伯特·梅伊（Robert May）这样的老一辈厨师的教诲，他会把牛髓切成"大块儿"，把椰枣切成"小块儿"。当杰米·奥利弗（Jamie Oliver）告诉我们用于家常汉堡的肉糜应该团成多大的时候，他倒是没有使用核桃，也没有使用野果，他用了板球作为参照。

　　分量的多少只是开始，厨房中最难定量的是时间和火候。

　　"伸出你的左手"，加拿大厨师约翰·卡迪乌斯（John Cadieux）说，那语气说明他习惯于发号施令。我们坐在"好人城"灯光昏暗的桌子旁边，这是位于伦敦的一家牛排店，就在英格兰银行附近，卡迪乌斯是这里的行政总厨。我们正在谈论牛排，"现在，用你右手的食

---

* 指英国面值5先令的硬币，现在仅作为纪念币铸造。——译者注

指"，他为我演示如何用右手触摸左手手掌拇指根部多肉的部分："这是牛排只有一分熟时的触感"，卡迪乌斯说道。我的手指触摸着拇指根部那块松软的地方，感觉跟生肉没有什么两样，完全没有弹性。"接下来，左手食指和拇指捏在一起，再来触摸，这个感觉是三分熟；再加上中指——五分熟；加上无名指——超过五分熟；最后，加上小指——十分熟。"拇指根部的肉因为不同手指的加入，以致紧实程度有所不同，就像牛排在平底锅中烹煎的过程，这个联想令我感觉惊奇。卡迪乌斯，一位剃了光头的三十多岁的男人，至今已在高档牛排屋工作了七年多，他靠在椅背上露出了微笑："这是一个老厨师的窍门。"他说。这家饭店拥有最高级的炭烤炉（两个，每个 13000 磅），数不清的数码计时器排列在那里，以便应付无穷无尽的各种牛排订单，还有金钱所能买到的最好的肉类温度计。卡迪乌斯却坚持让他手下的厨师在开始做牛排之前，至少要培训两周（不管之前他们接受过什么样的培训）。他们必须牢记每块牛排以及每个订单所要求的精确温度。不过对自己，卡迪乌斯使用的是不同的标准，"我不喜欢肉温计"，他说："我是一个浪漫的人。"他已经做了几千块牛排，仅凭肉眼和触摸就能看出牛排是不是做好了。

可是，为了把自己的高超技艺传授给他的徒弟们，卡迪乌斯克服了自己对计温器的反感，虽然自己并不需要计量用具，但是他却让自己的副厨使用这些拐杖，直到他们有了感觉，掌握了其中的诀窍。对于中世纪的大厨来说，要想传授自己的技艺就更难了。他拥有像卡迪乌斯那样的烹调技能，但是没有各种数码计量器来辅助。你怎么知道一盘菜做好了？你就是知道嘛！可是你无法对"就是不知道"的人们解释其中的原理。就这一点来说，你需要一系列的密码来转译。幸运的是，中世纪的师傅有比两星期长得多的时间向他的徒弟们传授计量的技巧，大多数学徒从孩童时就开始工作了，有很多年的时间来观察和领悟那些火候的秘诀。

厨师们总得这样或者那样地掌握时间。厨房的钟，在墙上静静地嘀嗒嘀嗒，是最不起眼却最重要的科技装置。没有人知道它什么时候开始出现在厨房之中，虽然到了 18 世纪它肯定已经在那儿了。中世纪以及现代早期，厨房计时器还不属于标准配置，因为很多食谱用的不是多少分钟而是多少祷词。法国中世纪关于保存核桃的一份食谱要求煮核桃的时间为诵读"求主祈怜"祷词的时间（哦，洗刷我的罪恶，越多越好……），大概要两分钟时间。最短的计量时间是祈祷"万福玛利亚"，只要 20 秒左右。你或许会说这样的食谱反映了中世纪时期的法国，宗教渗透了社会的方方面面。不过，"祷词计时"在钟表稀少而昂贵的时代，自然有其存在的现实基础。就像核桃大小的黄油，这些计时依赖的是民众所共享的常识，因为祈祷者们在教堂一起大声诵读，每个人都知晓其节奏。如果你要求"以诵读三篇祈祷文的时间，边煮边搅动肉汁"，人们明白这是什么意思。与出世和救赎毫无干系，这一时间单位比那些似乎更贴近现实的更合理，比如："放置一段时间，这段时间相当于一个人步行两里格（相当于 3 英里）的时间，以便让固体从混合物中沉淀下来。"之所以将祈祷文用作计时单位，是因为在那些漫长的世纪里，厨师们不得不极富创意，极其精心，如此，才能做好一顿饭，饭菜都熟了，没有煳。

如果时间用祈祷词来计量，热度就只能用痛感来衡量。为了测试炉内的温度，你得把手伸进去。在欧洲的很多偏远地区，烘焙师们仍然以这种方式进行烘焙，就是把手放进炉中，根据灼痛的程度来判断炉温适不适宜烤大面包——其需要的热度最高。

再进一步的方式是用纸张，这在 19 世纪的糖果制作中使用比较普遍。这时候不是要在烧火时测最强的热度，而是炉温逐渐降低时那种细腻而有层次的温热，适合烘烤蛋糕和各种点心，因为高含量的黄油和糖分使它们比面包更易成型。每个温度都由炉板上的厨房测纸的颜色变化来决定。首先，你在炉内放一张厨房测纸，然后关上炉门。如果它起火了，说明炉温太热。10 分钟后，你再放入另外一张纸，如果纸没烧起来，但是变黑了，说明炉温仍然很高。再等 10 多分钟，放入第三张纸，如果纸变成了深棕色，而且没有烧起来，说明此时正适合为点心浇汁——这被称为"深棕色的纸温"。

朱尔斯·高菲（Jules Gouffé）从 1867 年起担任巴黎骑师俱乐部（Jockey-Club）的大厨，他谈到了各种温度及其用途：比深棕色的纸温低几度的"浅棕色纸温，适宜烤酥皮馅饼、热派和夹心肉饼的酥皮"；接下来是"深黄色热度"——一种比较柔和的温度，适宜烤制大一些的糕点；最后，是更温和的"浅黄色热度"，高菲说"适合做曼凯蛋糕、热那亚蛋糕和蛋白糖饼"。还可以使用面粉测试温度，大同小异，就是炉内撒的是一把面粉：你需要数 40 秒，如果面粉在慢慢变成棕色，说明此时的炉温适宜烤面包。所有这些，到了 20 世纪，恒温烤炉开始普及的时候，一下子都烟消云散了。恒温器是人们认为应该更早出现的科技之一。早在 16 世纪，包括伽利略在内的科学家就在研制各种温度计，大多数用来测量空气温度。华伦海特（Fahreneit）发明了温度计量标准，1742 年，摄尔修斯（Celsius）发明了另外一套标准（从冰的融点到水的沸点）。厨房里，水沸和冰融经常发生，然而几百年来，竟然没人想到用温度计来确定适宜烤蛋糕的温度。到 1870 年代，人们常常谈论温度计上显示的天气温度—— 1876 年，英式板球运动员们在"流火七月的一天"训练，"太阳下面的温度计显示当时的气温高达110度"，《纽约时报》上这样写道。即便如此，人们在厨房里，仍然心满意足地使用着"深黄色的热度"和"浅黄色的热度"。

直到世纪之交，厨师们终于开始意识到温度计原来很有用。一种新型美式烤炉，叫作"新白宫"，广告里说它有一个烤炉温度计，"可以让人更精准地掌握好火候"。1915年，第一台一体式恒温煤气烤炉进入了市场，到1920年代，装有机电恒温器的电子烤炉问世了。对于那些已经有烤炉的人来说，最简单的方法就是另外买一个烤炉温度计，然后把它置入烤炉中。

类似新式烤炉温度计进入市场之后，第一批问世的烹调书籍中有一本叫作《罗勒夫人的新食谱》(*Mrs Rorer's New Cookbook*)，1902年出版，作者是莎拉·泰森·罗勒(Sarah Tyson Rorer)。罗勒夫人是费城烹饪学校的校长，有20年的烹饪教学经验。她对这种新仪器的喜爱近乎狂热。温度计，她写道：仅2.5美金，却"让人摆脱了所有的焦虑和费劲的猜测"。谈到那些"没有温度计"的人们不得不"猜测炉子的温度（通过那种差强人意的方法）"，她的语气中满含着"先吃蟹者"的同情。罗勒食谱使用的是华氏计温系统（同时提供了与摄氏系统之间的换算）。她显然很喜欢她的新玩意儿以及它所保证的精确性，她甚至把温度计插入新鲜出炉的面包和刚刚煮好的肉中（"将一个温度计插进肉中，你会惊奇地发现，它的温度不会超过170华氏度。"）。罗勒喜欢油炸生蚝，真正的老费城小吃。现在，她可以不用再把一小块面包扔进嗞嗞作响的热油中，看它如何快速地变成棕色，一个温度计会马上告诉她油的热度够不够。除此之外，罗勒还用它来量烤炉内的温度，因为现在可以在任何款式的"现代烤炉"内安装一个温度计，无论它是烧煤气的、烧煤的还是烧木头的，厨师们不用再站着观察，"勉为其难地试着去揣摩烤炉内的温度"。所有那些从前的焦虑都烟消云散了，猜测炉温的责任，什么"适当的、稍微冷却或者快速冷却"，不再成为厨师肩膀上的重担。随着新式温度计的诞生，所有这些烦扰都成为过去。

土豆在300华氏度的烤炉内需要烘烤3刻钟；如果在400度的炉内烤20分钟，它的外表会变硬，而且容易煳；如果炉温只有220度，就需要1个小时1刻钟或者1.5小时的时间。

加上芬妮·法尔默的量杯，真的是所有的焦虑都烟消云散了：不再需要任何个人判断，不用再紧盯着那一小块纸，费劲地琢磨它更接近黄色还是棕色。现在你只要遵照程序做就行了——至少按照有些人的标准是这样的。

内森·梅尔沃德（Nathan Myhrvold）研究烤炉的时候发现，"几乎所有传统烤炉中的恒温器都是错的"。平均来看，每个恒温器的误差都很高，它给予我们的保证其实是假的：我们无比信赖的温度表，并没有如实地反映炉内的实际情况。梅尔沃德把烤炉恒温器称为"令人失望的"小科技。

一个问题是，恒温器测出来的是干燥的热度，并不反映其湿度。我们知道，对有些东西来说，炉内的湿气会极大地影响烹调效果，无论烤、蒸还是烘焙。在梅尔沃德之前，厨师们很少想到去测量湿度，其技术术语是湿球温度。一个烤炉恒温器很难算出一杯红酒浇到锡纸上之后，对烤羊腿的时间会有多少影响；或者一缸水泼到炙热的炉板上，面包的表皮会软化多少。

这只是一个问题，更大的问题是：大多数家用恒温器甚至不能准确地测出干热的温度。恒温器的读数靠的是一个充满液体的传感探针——类似于昔日医生们所用的水银玻璃温度计，探针的位置会令我们对真实炉温的感知产生偏差。梅尔沃德最不喜欢的探针位于"炉壁的后面"，那里的温度比炉体内的温度低多了；传感器能够探到炉体内的温度会比较好，虽然也不能说完美，因为食物离传感器越远，温度就越不精确。梅尔沃德发现家用烤炉内的恒温器所造成的干球温度误差"高达 14℃／25 ℉"，完全可以决定一个食谱的成败。每个烤炉都有它的热点，解决方案就是校准自己的烤炉：在烤炉的不同位置放置烤炉温度计，烤炉加热时，记录下真正的温度，然后就可以相应行事了。

在烹调家常菜的过程中，变化无常的烤炉成了生活的现实。一旦你意识到你的烤炉太热或者太冷了，你可以调节按钮，就像弹奏一个乐器。这种随意性对于 21 世纪早期的现代餐馆来说是不能接受的，它们非常重视称量仪器的精确无误。现在已经停业的西班牙斗牛犬（El Bulli）餐厅，曾经以斐朗·阿德里亚（Ferran Adrià）的烹饪风格为主，那里的厨师们既要称出很大的分量（有 4 公斤），也要称出较小的分量（在 0.01 克之间），一次又一次，对精确度的要求非常严格。大多数厨房秤，即使是电子秤，都没有囊括所有这些重量标准。解决的方法就是准备两套秤，都是实验室标准的，一套用于称分量大的，一套用于称分量小的。

现代厨房并非只要称量出重量与温度就行了。那些用高科技武装起来的厨师就像探险家一样，描绘着厨艺家园的蓝图。他们希望把一切都量化，从辣椒的辣度（可以用史高维尔［Scoville］指标来衡量）到他们喜欢的超低温冷冻库的冷冻程度。如果他们想测试果泥口味的酸度，他们不会用自己的舌头，而是拿出电子酸碱度测试表，它会马上给出一个确切的酸碱值；为了测试混合果冰的甜度，他们用折射计，在光线穿过一种物质的时候，这一工具可以反映光线的折射情况，光线会根据液体的浓度产生或多或少的折射，据此我们可以知道糖浆的甜度（甜度高则更浓稠）。相对于老式的糖量计来说，这是一次科技上的进步。18 世纪以来，啤酒制造商与制作冰淇淋的人都在使用糖量计，它有一个玻璃校准球，可以通过浮力原理（球上浮得越高，说明甜度越大）来测量材料中的糖分含量。在这之前，蜂蜜酒的制作者们会把一个剥了壳的鸡蛋放入含有蜂蜜的液体中，如果它浮了起来，说明甜度够了。

今天厨师们所使用的称量方式是前人想象不到的，比如一个用来做炸薯条的土豆应该含有多少水分呢？赫斯顿·布鲁曼索（Heston Blumenthal）是一位有远见的厨师，在英国伯克郡的肥鸭餐厅工作，他为自己的三重油炸薯条烹饪法而自豪（先在水中煮一遍，然后用真空炸锅过一下，最后用花生油炸——我只尝过一次，确实非常酥脆）。他发现最完美的"绝对酥脆"的炸薯条只能使用干物质含量在 22.5% 左右的马铃薯才能炸出来。"问题在于"，布鲁曼索曾经注意到："没有什么简单的方法可以让人看着一颗马铃薯，就能说出它含有多少水分。"解决的办法是一种特别的"干物质"测量法，用一小部分生马铃薯样品，先称一下重量，然后把它做熟，就知道了熟马铃薯与生马铃薯之间重量的差异——换句话说，就是蒸发了多少水分。

类似的方法毫无疑问地帮助职业厨师获取了可靠的结果。布鲁曼索确信他的三重油炸薯条的口味将始终如一。我不太确定普通的家庭煮妇或者煮夫对这种超级精确会不会感兴趣。我看过赫斯顿·布鲁曼索"沙滩"菜的食谱,是其"海之声"系列的一部分。它需要10克葡萄籽油,20克小鱼干(小鳗鱼或者小银鱼),2克蓝色闪粉以及140克"事先准备好的味噌油",还有其他奇奇怪怪的东西。把这些古怪的玩意儿用实验秤称好之后油煎,然后研磨,磨成用来开胃的沙状物。这整份食谱实在有些惊悚。

即使我曾经有过棕色的碳化蔬菜粉——哎,只是我找遍了厨房壁橱也没找到——不过,我既没有科技手段也没有那份耐心称出3.5克的东西。这是一种烹饪数学:所有东西都要量化,没有空间,也没有发生变化的余地与做出判断的可能。对于餐馆的厨师们来说,他们需要一遍又一遍地做出味道相同的、令人赞叹的美食,布鲁曼索的方法是有效的。布鲁曼索是食物剧场的大师,只有在万事俱备而且分毫不差的前提之下表演才会成功。家常菜的侧重点与此不同,与其全部掌控,我们更愿意有一些灵活性。

如果我想要用别的什么替换掉蓝色闪粉(或者根本不用它),或者我吃小鱼干的口味比布鲁曼索咸一些的话,怎么办呢?这样的问题毫无意义。我没有什么经验可以拿来与这个食谱相对照,也就没法知道怎么改动它。类似高密度的称量会让一个普通的厨师迷失在数字的海洋之中。布鲁曼索的称量或许精确、准确而且一致,不过没有人指责它们简单机械,它们也不是简单机械的,其针对的是那些像他一样期望将食物推向一个新境界的厨师。

这与芬妮·法尔默令人信服的老式量杯相比,反差明显。尽管缺陷很多,它们有一大优点。对于学会用量杯的厨师们来说,量杯让他们感觉轻而易举。它们也许不那么精准和一致,但是它们无比简易。如果需要量三杯面粉，你会想，好的，我可以做到：舀一杯，再舀一杯；一、二、三，好了！使用量杯不需要任何技能，只要厨房中有最基本的设备，一个会数数字的小孩子也会做。

因为芬妮·法尔默进入烹饪业的时间较晚，她清楚身处厨房之中却无所适从的那种感觉。她自己在量杯中找到了自信，并且热诚地将这份自信传递给了她的读者们。布鲁曼索的食谱令人惊奇、困惑甚至厌恶。法尔默希望她的指导可以让一切在"眨眼之间一蹴而就"。对于成千上万购买她书籍的读者们来说，阅读芬妮·法尔默就像是有一位和善而坚定的红发女人，握着你的手耳语着："听我的，肯定行的。"她的量杯也许不像看起来那么精确，但是她明白有一样东西同等重要：厨房中的称量科技需要迎合那些称量东西的人。大多数厨师与食谱作家都做过很长时间的烹饪工作，他们已经不记得被那些无比简略的食谱搞得无所适从是什么滋味了。

2011年，蒂尔达（Tilda），一个领先的大米品牌，在英国选择500人做了一个调查，研究到底是什么因素阻碍了英国民众购买大米。他们发现很多家庭没有厨房秤，即使有，人们也普遍担心会搞错分量，会把米放得太多，或者会把米煮过头。这项调查告诉我们，这种担心足以妨碍人们去超市购买哪怕只是1斤大米，因为感觉失手的风险太大了。与英国亚裔社区形成鲜明对比的是，那里的人们会从批发市场购买20公斤印度香米，然后毫不费力地把它们都做成米饭。每次用手指量出准确的水量，就像他们的母亲和祖母那样：他们将拇指伸入淘好的米中，记下米所在关节的位置；然后把拇指尖放在米的上面，倒水，直到相同的关节位置；因为吸收法原理，松软喷香的米饭就这样做好了，秘诀就是这些。我们也有大拇指，我们所缺少的是那份使用它的自信。

因为缺乏自信，就出现了各种新奇古怪的量勺。除了大调羹与茶勺以外，食谱上往往还会出现少量、少许、微量或者一滴这样的分量。我们这些习惯了使用炉盘的人会认为，人们无法规定微量到底是多少。不过，我们错了，现在，所有这些用语都有了技术上的规定（20世纪早期，这类量勺首先开始了批量生产）：

少量＝1/8 茶勺（0.625 毫升）

少许＝1/16 茶勺（0.313 毫升）

微量＝1/32 茶勺（0.156 毫升）

一滴＝1/72 茶勺（0.069 毫升）

很显然，有一个市场专门为那些较真的人而存在，他们一定要计算出少许盐究竟是多少，不然心里无法安宁。从一位经验丰富的厨师的角度来说，一定要确定少许是多少，实在是有些小题大做。

厨房之中，对于称量的态度呈现出两极化。一方面，富于创新精神的人们宣称：他们从来不会称，也不会测量任何东西。如果你问他们关于食谱方面的书，他们会轻描淡写地对你说："噢，我从来不看烹饪书籍。"如果你就食谱咨询他们，涉及数量时，他们往往一带而过。他们做的每顿饭都是一次纯粹的发明，纯粹来自于感觉：烹饪是一门艺术，不可以被降解为数字。在这个领域的另一端，是那些希望量化一切的人。他们视食谱为严格的公式，绝对不可造次。如果一份食谱要求使用 325 毫升的高脂奶油，而一罐奶油只有 300 毫升的话，这些人会着急忙慌地去再买一罐，以便填补缺口。如果食谱说用龙蒿，他们做梦也不会想到用山萝卜来替代。这第二组人更倾向于相信他们所做的事情隶属于科学，其想法就是，我们能够通过量化而明确的菜肴越多，烹饪就越科学。

两组人大概都在自欺欺人。艺术派的厨师们称量的次数远比其愿意承认的多，而靠数字来烹调的人们也远非他们自己所标榜的那么科学。依照数字来烹调的主张是建立在对于科学方法的微妙误解之上的。人们普遍认为"科学"是一种不变的公式，以及一系列终极解答。从这个角度来说，科学的烹调应该有一套一劳永逸的公式，就像贝夏梅尔调味酱：需要多少克的面粉、黄油和牛奶，熬制时的炉温，以及锅的直径，还有精确到秒的熬制时间，熬制时搅拌的次数，一切都清清楚楚。不过，它的问题在于：除了让人没有发挥想象的空间以外，这可是一半的烹调乐趣所在——还有，不管你是否喜欢贝夏梅尔，也无论你成功地搞妥了其中多少因素，总会有更多的因素你想不到去称量，或者超出了你的掌控范畴，比如说面粉是在哪儿碾磨的，已经多长时间了，以及厨房里的气温等。

不管数字多么受重视，真正重要的部分通常都被忽略了。拿调料来说吧，令人惊奇的是，一位痴迷于数字的大厨往往不会去量化食谱中的食盐部分。内森·梅尔沃德在《现代美食》中，把什么都称量好了，一克一克地，包括水，但是关于盐的用量，他却建议通过"品尝"决定。同样，赫斯顿·布鲁曼索量好了马铃薯中干物质的比例，可是在其招牌土豆泥中，却没有提及盐和胡椒的分量。这些都强调了一点——没有一个权威的厨房公式。

与人们通常所认可的程度相比，科学方法实际上要开放灵活得多。

它不是一连串教条的数字，而是在实验结果的基础上，形成与证明一个猜想的过程，并由此诞生新的猜想。每天烹调晚餐的过程很好地证明了这一点。我的经验告诉我，柠檬与帕尔玛奶酪一起吃会很美味，特别是在意大利面酱之中，这令我产生了联想，或许酸橙与帕尔玛奶酪一起吃也会不错。我试验了一次，一天，在做晚饭的时候，我将一些酸橙皮放在拌了橄榄油、罗勒和帕尔玛的意面之中。我们吃了，但是没有人想吃第二盘。我的即时结论是：不，酸橙与帕尔玛奶酪在一起不能相生相长，可是，我并没有去排除"油"的嫌疑。关于厨房中的称量，最明智的文字出现在加利福尼亚大厨朱迪·罗杰（Judy Rodger）所写《祖尼咖啡食谱》（*The Zuni Café Cookbook*）* 一书中，她的烹调方式既充满了艺术性——其招牌菜是面包鸡肉色拉，把乡村面包撕成各种小块儿——同时讲求精确：她告诉你如何调拌鸡肉以及确定水果馅饼中油醋汁的比例（还不至于到使用酸碱值的程度）。她委婉地提示：专业厨师们说他们"从不称量的"时候，这在"实际上，不完全是真的"，"我们也许不会使用工具来称量食材，也不会去察看一张纸，但是我们会用眼睛量东西，用手来掂量，搜寻记忆中的烹调经验为眼前的操作谱写不必用笔写下来的剧本"。罗杰坚持，具体的数据在厨房中有它们的地位，特别是对于没有经验的人们来说，数字是"参照"，它"起码提供了一种数值的概念，以及不同食材、温度和时间之间的数值关系"。第一次做饭的时候，你大概非常需要以数字作为参照，这样可以帮助你"省去那个浪漫却漫长的学习过程，这个过程'掺杂着猜想、感觉、笨手笨脚和困惑，再试一下吧，然后试着回想刚才都做了什么'"。到了第二次或者

---

* 祖尼人，是居住在美国新墨西哥州西部的印第安人的一支。——译者注

第三次的时候，数字就变得不那么重要了，因为你已经开始相信自己的感觉。毕竟，罗杰写道："往你的咖啡或者茶里面放糖的时候"，你不需要称"分量"。所以，数字很关键，但永远不是全部。厨房中有一个称量之外的世界。部分科学理念也承认，不是所有事物都处于科学范畴之内。

我很喜欢我的称量用具，看着经典的派莱克斯秤盘上面的指针是否指向 600 毫升的位置，这是做肉米饭所需要的肉汁的分量；或者做软糖的时候，看着糖果专用温度计的指针左右摆动；或者用量尺来确认做意饼用的面团的直径，这种时候，心里会升起一种寂静的欢喜。我甚至会用我的苹果手机作为厨房计时器。然而，不是任何事物都可以称量，在厨房之中，很多关键的部分是超越于称量之外的，比如说，你是多么地享受与你共进晚餐者的陪伴，在长霉之前吃完最后一片面包的满足，一个二月成熟的意大利血橙的滋味，在一个炎热的夜晚，一杯冰冻黄瓜汁所带来的喜悦，以及那强烈的食欲和满足它的方式。

煮蛋计时器

　　为什么是煮蛋计时器，而不是胡萝卜计时器或者炖煮计时器？因为要煮出理想的柔嫩的鸡蛋，时间上不太容易出错：流淌的金黄色的蛋黄，凝结但没有过头的蛋白。还有，因为鸡蛋是在蛋壳里凝结的，所以我们无法用眼睛来判断，这样，就形成了鸡蛋与其计时器之间的长久依存。

　　煮蛋，是我们今天唯一尚在使用的中世纪科技——沙漏计时器存在的场合。在这个数码时代，我们大多随身携带几件个人物品，如手表、手机，用它们来计时无疑更精确。一个沙漏式煮蛋计时器之所以流传至今，一定是缘于它的象征意义：看着时间像沙子一样流淌，会令人感觉充满了力量。

最近，使用厨房计时器的依据遭遇了挑战。我们使用计时器来测试食物熟的程度，但是计时器的测试是片面的，因为时间替代了时间和温度的结合。一个溏心蛋，也被称为"三分钟煮蛋"。可是，三分钟只能说明鸡蛋之中的大概情况。食物科学家的实验发现，最理想的溏心蛋应该在 61 摄氏度到 67 摄氏度之间，但是，我们怎么能知道鸡蛋什么时候达到了这个温度？我们又回到了蛋壳的问题。

在 1990 年代中期，一家洛杉矶的公司（波顿塑料）发明了"完美煮蛋器"。这是一个蛋形的塑料制品，可以跟鸡蛋一起放入水中。它所量的是温度，而不是时间。在塑料表面上有一些刻度线，显示鸡蛋熟的程度：软溏、中熟以及全熟。煮鸡蛋的过程中，"完美煮蛋器"的颜色会逐渐改变，从红色到黑色。它最大的缺点——除了那淡淡的塑料味，是没有声音。你不得不站在那里，像老鹰一样紧盯着它。如果想让"完美煮蛋器"真的完美，最好配置一个小型声音传感器，会在煮的时候响起来——软溏！中熟！全熟！这样，你就可以一边读着报纸，啜饮着咖啡，一边静静地等待美味鸡蛋的到来。

第五章　春碾

那些厨子们，他们捣啊，碾啊，磨啊！

　　——杰弗里·乔叟（Geoffrey Chaucer）

　　《赦罪僧的故事》（*The Pardoner's Tale*）

　　周末，我们通常做煎饼。我需要喝几大口咖啡才能鼓舞起斗志，处理好面粉、牛奶、鸡蛋和黄油之后，就容易了；把材料倒入一个容器中，用手持搅拌器快速搅拌几秒钟，直到面团中没有结块；然后把面糊倒入热锅之中，几分钟之内，一张张金灿灿的法式薄饼就堆叠起来了，其实不比爆出一碗玉米花难多少。

　　在中世纪，做煎饼可不是一件容易的事。1393 年出版的 14 世纪指南书《巴黎家庭主妇守则》（*Le Ménagier de Paris*）中，有一份煎饼食谱，内容是这样的：首先，用一夸脱大小的铜锅，熔化一大块咸黄油；然后，把鸡蛋、一些"温的白葡萄酒"（我们今天用的是牛奶）和"最精细的小麦粉"放在一起搅拌，搅拌的时间"很长，足以让一个人或者两个人的胳膊酸疼"；最后，面糊做好了。

关于"一个人或者两个人"这个部分，作者使用了一种无动于衷的口吻，这种情况出现在贵族的厨房中，仆人们与众多的器皿一起环列四周，一个仆人做得精疲力竭了，另外一个会上来接替。恍然之间，我们发现这份食谱跟我们今天所使用的完全不同，今天食谱的读者是需要亲身操作的那些人；《巴黎家庭主妇守则》也可以翻译为《巴黎的家庭主妇们》，是以一位老年丈夫的口吻写的，他在教导其年轻富有的妻子如何举止得体；为了证明她的价值，这一阶层的中世纪法国家庭主妇们需要在确保做出美味佳肴的同时，不弄脏自己的双手；仆人们排着队供其驱使，煎饼在"一刻不停"地煎制的同时，旁边还有一个人"一刻不停地搅拌着面糊"。

这种不停顿的搅拌反映了曾经的富有阶层多么热衷于松软的口感，这一喜好如今已经在很大程度上减弱了，现在，软软的白面包，以及软而多汁的碎肉汉堡是最便宜的食物。2011年一个美好的春日，我坐在英国最好的一家意大利餐馆之中，那儿主菜的价格在30镑左右。富有的家庭正在那里享用周日午餐，很多人咀嚼着长长的有嚼劲的意式烤面包，就着橄榄油和粗盐；一盘盘生脆的绿色蔬菜，只经过一些最基本的调制；一份猪排，带着一大块骨头，即使拿牛排餐刀来应对，也并非易事；放了蟹肉和蒜的意式宽面条，真有嚼劲啊，你的牙齿都能够感觉到每根面条的硬芯儿。除了最后的丝滑冰淇淋布丁，没有什么是软滑的，食物的质地都是乡野式的、多样的，也是富于挑战性的。这并非由于粗心大意，在食品处理机泛滥的时代，需要拥有极强的意志并付出极大的努力才能做出这样的一顿饭。

与之形成鲜明对比的是，进入现代以前，人们要付出极大的努力来精心地处理和烹饪食物。教皇、国王、皇帝以及贵族们不愿意咀嚼，他们期待人们用杵和臼做出精细柔软的面团，以便取悦他们。在富人的厨房里，油酥点心和意面擀得那么薄，几乎是透明的（那么薄，说明某人的胳膊一定在酸痛）；酱料用细密的筛网和布，一遍又一遍地挤压；面粉要经过亚麻布的"筛选"，坚果碾磨成粉，与最精细的白糖一起做成饼干。现在，我们使用"精致"（refine）一词指代"富有"和"时尚"，但是，"精制"最初指的是食物处理的程度，精制的食物属于精致的人家。

如果说，这一食品风尚唯一的作用，就是给仆人们带来了更多的劳作，那也未免有失公允。动机其实很多，在现代牙齿医学兴起之前，人们普遍倾向于食用松软的食物。有一道中世纪的菜肴叫作"钵泥"，就是在研钵中将煮好的白色的肉，与杏仁一起捣碎成泥，适合牙齿不好的人们吃。

将很多捣碎的食材搅拌在一起，符合中世纪的人们追求性气平衡的理念。后来，到了文艺复兴时期，食物处理变成了一种炼金术，人们倾向于将食材不断地提纯，直到最后剩下的是其最本质、最精华的部分。

然而，说到碾磨、捣击等劳作，我们无法忽视劳动力的问题以及前工业时代的劳动模式。富人们对精加工食物的渴望，与其说贬低了由其造成的那些劳作——那些为此筋疲力尽的人——毋宁说是后者成就了前者。一盘意式饺子，里面填充着碾成肉糜的阉鸡胸肉、磨成碎末的奶酪和切碎的香料，再撒上细细的糖粉和肉桂，可以充分彰显主人的地位。每个人在享用它的时候都知道，这远非一位家庭主妇和一把木勺就可以做到的。在没有电子食物处理设备的情况下，这样一盘菜需要一个人揉面、擀面，另外一个人把阉鸡肉做好捣碎，第三个人把奶酪和香料磨碎或者切碎。这份奢侈不仅仅体现在食材上面，更体现在把这一切组织在一起的难度上面（现在米其林餐厅的情况仍然如此：在斐朗·阿德里亚的斗牛犬餐厅，做一份朗姆甜蔗鸡尾酒，需要由两个人手工将坚硬的甘蔗秆锯成一个个的小段，再由另外两个人用刀将皮削掉，然后由二到八个人将甜蔗切成细条；做这些活儿的人都是免费打工的"培训生"，或者说学徒）。

　　长期以来，一直有声音反对这种充满劳作的烹饪方式，其中，美学也成为一个坚实的理由。罗马哲学家塞内加（Seneca）赞美简单的烹饪方式："我喜欢这样的食物，没有经过家中奴隶的摆弄和垂涎，不需要提前多天的预订或者很多双手的参与。"与此观点类似，4世纪，有一批年轻的厨师反对研钵在希腊的泛滥，他们做简单的鱼片和肉片，不使用香菜末和醋，以便避免捣磨。

　　尽管存在这些偶然的瞬间，使得简单的田园风格成为一种风尚，但是，食物的高度加工，直到20世纪，一直都是富人餐桌的标准。爱德华时代的人们*，吃着削了皮的黄瓜做成的三明治，喝着过滤了三遍的清炖肉汤。每个盛大晚宴的每道菜的背后，都站着小规模军团的仆人以及他们酸痛的臂膀。手工作业中，磨、捣、击打以及过滤，是所有厨房劳务之中最消耗体力的。令人吃惊的是，直到近代以前，人们都未能找到一种动力，去探索和发明可以节约劳动力的机器设备，基本的设备绝少改变。几千年来，仆人和奴隶们——或者普通家庭的主妇和女孩们——被困于同样的捣杵与筛网之中，日复一日，年复一年。这种技术

---

* 指1901—1910年英王爱德华七世在位时期。——译者注

革新上的停滞反映了一个残酷的事实：如果劳累的那个人不是你，你就不会对如何节省劳动力产生兴趣。

我的杵臼是从泰国买回来的，用略有凹凸的黑岩石做的，我觉得它比那些呆板的白色陶瓷好多了，它粗糙的内壁常常让我咬紧牙关，就像用粉笔在黑板上写字一样。它的缺点是太重了，大概是我所有的非电子器皿之中最重的。每次把它从架子上拿下来的时候，我的心里都会升起一丝恐惧，担心会把它摔在地上——这也说明了我为什么不常常使用它。在我的烹饪生涯中，它完全是一个无关痛痒的小物品，我不需要用它来碾磨糖和面，它们买来的时候就已经磨好了；我也不需要用它来研磨胡椒，因为有专门的胡椒研磨机，用起来更快、更省力；大蒜也是在菜板上用刀背拍更好。我决定使用我的杵臼的时候，也是我比较轻闲，想体验一下厨房里的芳香疗法的时候。我可能用它来捣香蒜沙司，期待着柔软的松子在粗糙的黑岩石内壁上被碾碎的感觉；或者用它来捣制我的独家咖喱粉香料（这种事我一般每年做一次，在泄气变懒，去买现成的咖喱粉之前，总会有那么一阵心血来潮）。在配备了搅拌器和食物处理机的厨房之中，杵臼从来都不是必备的，但它是一件令人愉悦的物品，我用它，或者不用它，只在那心血来潮的瞬间。

这与早期的捣碾器皿形成了鲜明的对比，其基本的机械原理与我的杵臼基本类似，但是其角色与今天完全不同：它们要把不可食用的东西变得可以食用，它们是人类赖以生存的工具。早期的碾磨工具可以追溯到两万年前。碾磨石让人类从很难直接享用的东西中获取卡路里，如坚硬、多纤维的植物根茎以及带硬壳的谷物。将野生谷物变得可食用，是艰难、缓慢和劳动强度很大的一个过程。一个捣磨器皿首先要去除食物的皮或者外壳，然后去除其中的毒素（在它们的自然形态中，拿橡实来说，含有危险剂量的宁酸，通过杵捣将其暴露于空气之中，有助于部分宁酸的挥发）；第三，也是最重要的一个作用，它会把食物的颗粒变小——无论是坚果、橡实或者是谷物——直到与粉尘一样精细。没有碾磨的工具，就没有面包。在加利利海（the Sea of Galilee）附近发现的一个2万年前的黑色碾磨石及其附近野生燕麦的痕迹，向我们展示了最早的某种烘焙实验。

此后又经过了大约几千年，石制碾磨工具才开始普遍。在新石器时代（公元前10300—前4500），它们的作用似乎得到了加强。这是有道理的，因为正是在这一时期，谷类的人工种植开始了。男人们开始安顿下来，精心栽培谷物，在同一个地方长期居住，以便获取庄稼的收获。他们的妻子们既然也住在同样的地方，就有了一双双手来碾磨收获的谷物。几个留存至今的古希腊雕像描绘了妇女们用石头碾磨谷物（或许是燕麦）的情景。加工和处理一天必需的谷类食物就成为全世界很多妇女每天大部分的工作。今天，乌干达的卢格巴拉族（Lugbara）妇女死后，仍然要与两块小小的碾磨石埋葬在一起，这揭示了一个事实，说明她一生中的大部分时间都消磨在这种单调、重复——然而却很关键——的碾磨谷物的劳作之中，以此来滋养她的家庭。

最早的碾磨工具什么样？最基本的碾磨谷物的方式体现在手推石磨上：一块扁平的岩石不断地磨压另一块岩石。随着时间的推移，出现了更好的形状各异的手推石磨，有马鞍状的，也有椭圆形的。最大的突破是旋转石磨，首先出现在铁器时代的大不列颠（约公元前400—前300），一个巨大的面包圈状的石头位于一个圆形的磨石上面，不同于之前的前后移动，这种旋转石磨以转圈式的移动来碾磨谷物，这种方法更有效率。谷子从上面圆石的洞中冒出来，某种销钉被水平放入凹槽中，以便石磨可以一圈又一圈地旋转。这种机械式的旋转石磨是一个重大的进步，然而一个大的旋转石磨仍然需要两位妇女来操作，一位负责填充谷物，另一位负责一圈一圈地推它。1800年，加内特（T. Garnett）来到苏格兰高地，目睹了两位妇女，一边用旋转石磨碾磨谷物，一边"唱着凯尔特民歌"。

与石磨一样，臼杵也是自古就有的。现在，我们常常说"杵臼"，但是在过去，人们却总是说"臼杵"，那圆圆的、坚硬而粗糙的容器在前面。最古老的臼与石磨一样古老：我们所知最古老的比较深的臼是在黎凡特（Levant）地区[*]发现的，距今已有2万年。到石器时代晚期为止，人们有时候把

臼与房屋建在一起：在庭院的地上，垒起一个巨大的黑岩石臼，这样妇女们或者仆人们就可以围坐在一起，几小时几小时地捣磨劳作。这种生活方式很容易被田园化，但是中东地区的墓葬遗址却让我们看到了这种碾磨工具对妇女身体的摧残：女人们的遗骨显示，她们的膝部、臀部和腕部都有着严重的关节疾病，这些部位因为长期跪坐并前后用力研磨谷物而遭到了严重的磨损。

---

* 　指地中海东部地区，包括希腊、埃及以东的几个国家和岛屿。——译者注

臼杵的基本形式与功能的确定时间之早，是令人意想不到的。如果你看一幅留存至今的古代臼杵的图片，你不会觉得它们与今天厨房器皿商店中所卖的有什么根本区别：它们或许更原始了一点儿，边缘部分更粗糙了一些，但是有些人反而更喜欢这种样子。庞贝古城留存至今的臼杵看起来非常现代，从某些方面来说，甚至比我家厨房里摆放的那个泰国石臼还要精致。臼经过了各种各样的改良，有的带有一个流口，可以把捣磨好的食材倒出，有的安了脚，好像一个三脚台，还有的底座很大，这样在捣磨的时候会比较固定。各种风格与形式来来去去，古希腊与古罗马人钟爱那种类似高脚杯状的外形（这一式样在 19 世纪曾经再度流行）；在中国，人们偏爱又扁又圆的外形；而在中东的世界，"阿尔米斯"（Almirez）式样的臼更流行，它基本上是圆柱形，略微接近圆锥形，以铜制成，上面还装饰着摩尔式花纹，这种式样也流传到了西班牙。

杵臼的重要意义超出了食物范畴：几个世纪以来，它是制药领域唯一最重要的工具，也成为国际药业的象征符号；它还被用来捣磨颜料和烟草。尽管如此，对于手中操持着杵的古代人来说，它最关键的用途还是在食物烹饪方面。古代臼中碾磨的食物多种多样，在美索不达米亚平原，人们从开心果到椰枣什么都碾磨。不过，其最重要的用途还是处理谷物，以便制作主食，这是狩猎采集者们所无从知晓的。在那个时代，人们要依靠这些令人骨骼酸痛的工具才能填饱肚子，获取卡路里，手推石磨和杵臼都是非常关键的工具。

随着时间的推移，专业碾磨工人的出现将大部分人从碾磨谷物的劳作中解放了出来。在一个中世纪的村庄里，磨坊主是最令人讨厌的家伙，这缘自人们对他的依赖与他对当地面粉的垄断。他的磨坊——无论是风力的还是水力的——是最关键的存在，因为没有它就做不成面包。他的顾客们之所以对他充满怨恨和疑虑而不是感激，是因为他对自己所提供的服务要价太高，就像一首儿歌中一位"得意扬扬"的磨坊主所说的那样："要是没人在乎我，我就谁也不在乎，才不在乎。"

与此同时，杵臼作为混合食材的捣拌工具，在厨房中占据了永久的位置。石磨与杵臼最大的区别在于，虽然都可以用来研磨食物，但是只有杵臼既可以用来捣拌，也可以用来研磨。我们今天仍然用它来做西班牙红椒坚果酱，一种混合着胡椒、坚果、油、醋、面包和大蒜的令人垂涎的酱料。类似的酱料可以在中世纪的烹饪中找到雏形，当时，以臼杵为主导的烹饪系列已经形成，由一大批臂膀强健的下层人进行劳作。当时的人们相信，不同的食材需要互相"调和"，才能取得平衡，而臼就是为此准备的最理想的容器：在它里面，蜂蜜可以与醋调在一起，酒可以与鱼在一起；食物在里面得以捣磨与调和。如果说现代厨房的主旋律是由电器转动的声音——洗衣机的旋转、搅拌机的震动等合成的，那么中世纪厨房的主旋律就是那不停息的杵捣声。

古代罗马的富人厨房也是这样。庞贝古城留存至今的食物处理工具包括滤锅、筛网、长柄勺以及臼杵。古罗马最著名的烹饪书是阿比修斯的《臼与钵》（*mortaria*），其中有一系列菜肴，由各种香料和调味品组成，并经由杵臼调制出来的诱人的美味。阿比修斯的杵臼菜肴是这样做的："把薄荷、芸香、香菜和茴香放入钵中，再加入欧当归、胡椒、蜂蜜以及肉汁和醋。"什么都要捣、捣、捣，直到最后已经无法找到香菜和茴香都在哪里。当然，捣磨的人不是阿比修斯自己，更不是他的雇主。弗雷德里克·斯塔尔（Frederick Starr）教授是阿比修斯的译者之一，他在1926年写道，当很多中产阶级家庭沮丧地发现自己再也雇不起仆人的时候，或者不像维多利亚时期的祖辈们所雇佣的那么多的时候，他们惊讶地发现阿比修斯的菜竟然那么难做：

> 令人羡慕的阿比修斯对时间和体力都漠不关心……他的烹饪程序要求厨师及其助手们付出大量的体力和努力。劳动力这一项从未令古代的雇主们为难，因为它如果不是非常廉价就是完全免费的。

我并不认为阿比修斯依赖奴隶劳作的烹饪方式多么令人羡慕。

当今，是电子搅拌器与食物处理机的时代，很容易做出阿比修斯的臼钵系列菜肴。除了每种食材成分在用量方面的问题以外，唯一有点棘手的是在哪里可以买到食材的问题。芸香和欧当归都不是超市货架上的常见商品，不过，如果你肯花点儿力气去寻找的话，它们在一些好的园艺中心是不难找到的。一旦有了这些食材，"杵臼"菜就可以一蹴而就。只要你把每样食材都放入处理机中，然后按下开关：五、四、三、二、一——好了。你现在面对的是一份棕绿色的浆糊，尝起来酸甜而又黏涩，似乎还带有一丝令人不快的芸香的苦味，有点儿像不受欢迎的意大利欧芹酱。除了食物历史学家，很难想象会有人想要尝试这种奇怪的浆糊，虽然现在做这种菜并不麻烦，但是它对我们来说，永远不会像对阿比修斯和他所服务的罗马富人那么美味，因为其中不再有"苦力"这一调味料。

文艺复兴时期烹饪上的最大变革是人们发现鸡蛋可以作为烘焙时的膨松剂（聪明的厨师们所不知道的是，这是因为打鸡蛋时产生的稳定的蛋白沫在蛋糕烘烤过程中会保持它的气泡），真正的蛋糕诞生了。之前，做蛋糕——如果说是蛋糕的话——用的是麦芽酒酵母和普通酵母，因此蛋糕带有面包的纹理和酵母的味道。鸡蛋作用的发现，让很多种甜食的制作——其共同关键的因素是空气——成为可能。打好的鸡蛋可以用来做出比海绵还要轻而松软的蛋糕。伊丽莎白时代的人们用打成奶油状的蛋黄做黄色的水果馅饼，用打到凝结的蛋白做白色水果馅饼，为了有甜味，还要放糖和奶油。曾经流行一时的奶油葡萄酒，是由葡萄酒、奶油和蛋白打出泡沫做成的。蛋白作为一个食品奇迹，是一场饕餮过后最富戏剧性元素的宴会甜品——"一盘雪"的关键材料。为了做一盘雪，需要用几个蛋白，与厚奶油、糖和玫瑰水一起打硬并打出泡沫，好像一块生的蛋白霜，倒在一个大浅盘上面。

困难在于，这一项烹饪发现，造成了大量打蛋白的工作，然而在设备与技术方面，并没有随之产生相应的突破。在文艺复兴时期的大户人家的厨房中，对松软的蛋白的需求导致了另外一种令人胳膊酸痛的苦差事。没有电子设备取代手工操作，很难将蛋白打得那么充分，以至打出稳定的泡沫——这种情况，只有在蛋白分子部分展开，与空气接触，结成了含有空气的晶格之后，才会发生——其最佳样态就是凝结。我们今天尚在使用的镀锡铜丝球状打蛋器，直到18世纪末才开始普及。以前，欧洲每户家庭可能都有他们自家的打蛋器，可惜都没有留存下来：在《巴特洛米欧·斯嘎皮*的歌剧》(*The Opera of Bartolomeo Scappi*, 1570)一书中,有一幅插图看起来很像金属球状打蛋器。可以确信的一点是,这种打蛋器当时并不普遍,不然,为了把空气打入蛋白之中,文艺复兴时期的厨师们就不必采用那么费力的方法。

1655年的一份"雪白奶油"的食谱,建议人们搅打鸡蛋的时候可以用两只手搓"一把芦苇",直到19世纪,标准的打蛋工具是将一束剥去叶了的树枝(或者羽毛,但是不太普遍)捆在一起,通常使用的是桦木。这些暂时性的用具有一个特点,就是可以把它们的味道传递到奶油和蛋白中:有的食谱提到,如果把桃树枝或者柠檬皮切成的条儿捆在一起,用来搅打的话,奶油就有了桃子或者柠檬的芳香。缺点是使用这种打蛋器做起活儿来非常慢。约瑟夫·库柏(Joseph Cooper)1654年出版的一部食谱著作中说:"前国王的首席厨师"规定,做蛋糕时,搅打鸡蛋的时间"至少在半个小时以上"。1823年,烹饪专家玛丽·伊顿(Mary Eaton)建议,如果做大蛋糕的话,需要3个小时才能把蛋白搅打好。

我小的时候,我妈妈经常烤传统的英式下午茶蛋糕——马德拉、樱桃或者敦提——她总是用一个木勺和一个家用陶瓷搅拌碗。加入鸡蛋之前,我们先手工把黄油和糖搅拌融合在一起。我仍然能够感觉到当时胳膊的阵阵酸痛,以及黄油和糖终于完全融在一起时,那种疲惫不堪的感觉,其实,这整个过程不过10分钟。如果我们没有忘记及时把黄油从冰箱中拿出来,用的时间会更短一点。可以想象,如果我们用一些小树枝搅打三个小时蛋白的话,会有多么疲累。这些食谱确实可以让一个

---

* 巴特洛米欧·斯嘎皮(约1500—1577)是文艺复兴时期著名的厨师。——译者注

人——或者两个——甚至三个人筋疲力尽。更为不堪的是，在那个迷信的年代里，人们强调奶油和蛋白一定要往一个方向搅打，好像改变了方向，就会破坏那个咒语，东西也不会起沫了。或许，这一旧时主妇们的信念缘于当时做这份工作的艰辛——担心在"潮湿的日子里"，蛋白会中了魔咒，以致无法凝结起沫。

尽管如此，与当时的其他用具相比，人们更倾向于"桦木棍"。17世纪末以来，开始普遍使用叉子，但是"桦木棍"仍然是一个选择。那时候，很多厨师用的是一个勺子，或者一把宽刃的刀，这两者没什么大的区别。最糟糕的一个办法是把蛋白倒在海绵上，然后重复拧绞海绵，这样做效果并不好，而且恶心，特别是如果那个海绵用来做过其他事情的话。

这就是为什么在17世纪末，"魔力奇"（moliquet）或者说巧克力搅拌棒首次在柏林出现的时候，受到了热情的欢迎。今天，这些木制的器皿在墨西哥和西班牙仍然被用来搅打热巧克力，使之起沫。它有一个长手柄和一个锯齿状的头，有点儿像一个水磨。工作的时候，人们需要用两只手掌使它旋转起来。17世纪晚期，这种搅拌棒开始出现在乡村庄园的大型厨房之中，毫无疑问是用来打鸡蛋的，同样被用来为当时流行的巧克力饮料打出沫来。直到1847年，在一本美国烹饪书中，提到魔力奇时，仍然把它作为与桦木棍并列的打奶油工具。即便使用魔力奇来打鸡蛋，也是相当累人的。

不是只有做蛋白消耗人的体力，需要打鸡蛋的食谱一般也会用到糖，准确地说是精制糖——这是另外一个做起来令人臂膀酸痛的工作，只是今天的人们已经忘记了。19世纪末，磨好的砂糖开始在商店售卖，这是一场非常重大的变革，顾客们只要在调制糖、粒糖和冰糖中做选择就可以了。与切好的面包相比，磨制好的糖是更加节省体力的一个发明。传统上，糖是一块的或者是一条的，从 5 磅到 40 磅，大小不同，需要用糖夹子把它们"夹碎"成更小的块儿。烹调时用到的话，就得碾磨了——再次使用那熟悉的臼——然后用最细密的网一遍遍地筛过。与臼杵一样，过滤器和筛网从古至今也未发生根本的变化，原因或许是古代的厨师们比我们更离不开它们吧。

1874 年，巴黎厨师朱尔斯·高菲（Jules Gouffé）描述了加工糖的过程，他所做的是粒糖（撒在甜点上面的）：

> 准备好三个筛网或者滤器，一个网眼的大小是 3/8 英寸，另外一个 1/4 英寸，第三个是 1/8 英寸，最后还要有一个细孔筛。
>
> 用刀把糖砍成小块儿，再用擀面杖的头儿把小块击碎，小心不要把糖碾成粉末，因为这样会失去糖的光泽。

然后就是用每个筛网把糖筛滤一遍，最后用的是细孔筛。

高菲抱怨有些人不肯按照这个程序来做，"因为它太……麻烦"。他们只是在臼钵中把糖研磨一下，根本不使用筛网。这种懒惰令高菲感到遗憾，他注意到这种研磨糖缺少用"老法"加工出来的糖所具有的那种光泽。实际上，让他感到遗憾的是厨房中人力配置的不足，不如他所服务的皇家厨房。令人吃惊的是，《巴黎家庭主妇守则》出版以后的近 500 年里，或者说从阿比修斯以来的 2000 年间，这方面几乎没有发生什么改变。筛、磨、搅打和碾压，是一项为了生计而从事的工作，人们为此耗尽体力，就是为了让富人们能够吃上松软的奶油、糖粉和其他可口的食物。

离开了仆人的问题，我们就无法理解食物加工方面的技术保守主义。我们常常忽视一个明显而令人不安的事实，现代社会以前的烹饪书籍大部分是为那些不必亲身下厨的人写的，是为那些可以尽情地陶醉于餐桌上的荣耀，却不用消耗任何体力的人写的。出身良好的太太们或许会用她们白皙的双手拌拌色拉，或者做一些美化的活计，比如说糖艺，她们不需要从事搅打或者碾磨这样繁重的事情，因为有人为她们做。"罗伯库派"（Robot-Coupe）是 20 世纪一个法国食物处理机的品牌，它囊括了砍刀、碾磨器、揉面机和筛网的功能。这个名字的意思是厨房机器人，就好像有着人工动力装置的仆人。但是，只要有足够的仆人供差遣——在穷一点的家庭，则是一个勤劳能干的家庭主妇——机器人就没有存在的必要。

工业革命以后，事情才开始发生变化。由于劳动力结构的变化与工厂的出现，大批量生产的低成本金属制品最终导致了新机器设备的大量涌现，厨师们的日子终于变得轻松些了。

1791 年，"劳动力节约型"这个短语的首次出现与制造业有关。又过了半个世纪，这一概念才进入厨房之中。19 世纪下半叶，在美国，市场上突然之间充斥着各种"劳动力节约型"烹饪设备，制造材料大多用的是廉价的锡。其中有葡萄干去籽机、土豆捣碎器、咖啡碾磨机、樱桃去核器和苹果去核器。像绞肉机这种很重的设备需要固定在桌子上，也普及开来了。瞬间，成百上千、各种各样的打蛋器竞相涌向市场。19 世纪 70 年代、80 年代和 90 年代，打蛋器在美国东海岸的风靡程度，就像 1630 年代的郁金香在荷兰，1990 年代的互联网在西雅图。

1856 年到 1920 年间，有不少于 692 种打蛋器获得了专利权。1856 年，有 1 个打蛋器获得了专利权；1857 年是 2 个；1858 年是 3 个；到 1866 年，这个数字跃升到 18 个，设计范围从瓶式到罐式，从齿轮式到阿基米德式（基于船舶建造中使用的阿基米德螺丝而设计的上下震动的搅拌装置）不一而足。

玛丽安·哈兰（Marion Harland），一位经历了打蛋器泡沫的烹饪专家，回忆了这些新奇玩意儿的种种不尽如人意之处。她发现：很少有一种打蛋器可以在一阵新鲜之后仍然存在，不是木把手掉了，就是锡把手将人的双手弄得黑黑的。在一个锡筒中有着两只"陀螺"的精巧器具看起来很神奇，直到你发现它的锡筒无法清洗，用来搅打少量的食材又太大了一点儿。"几次尝鲜之后"，哈兰写道："厨师们把这些'多余的玩意儿'扔在了橱柜的某个黑暗的角落，把两个银叉子灵巧而熟练地夹在手指间，从而发明了一个更好的打蛋装置。"

经过最初的新鲜感而能够幸存下来的第一个打蛋器专利是威廉姆斯的打蛋器，其专利获得日期是 1870 年 5 月 31 日，为人熟知的名字是"多佛"，"多佛"因此成为一个美国的标志，它创立了五金商店今天还在售卖的手工打蛋器的基本形式。其原理很简单：两个搅打棒好于一个搅打棒。1870 年，最早的多佛打蛋器有两个球状的搅打装置，连接它们的一个转轮可以让它们转动起来。它的发明者，来自罗德岛普罗维登斯的特纳·威廉姆斯（Turner Williams）描述了它的优势：在同一个空间里，两个轮子同时向不同的方向转动，会产生"非同寻常的剪力作用"，这是以前的打蛋器所不具备的。

"多佛"一鸣惊人，以至成为美国打蛋器的代名词。"在手柄上寻找'多佛'的字样"，1891 年的广告是这样说的，显示了它受欢迎的程度："没有的话就不是真的。"1883 年出版的《实用家政管理》一书称赞多佛"是市场上最好的"。玛丽安·哈兰也是它的爱好者。1875 年，距"多佛"面世 5 年之后，她宣称，从购买"多佛"的那天起，"打蛋器对我来说就不再是一个怪物了"；进而她强调，这个打蛋器给她 100 美元也不卖（作者注：今天一个可携带的打蛋器仅需 10—25 美分）。"多佛"到底好在哪儿呢？

> 轻巧、易携带、快速、简易，相对来说比较安静，是我钟爱的工具，它工作起来就像一只甜美的布朗尼。我用它在 5 分钟以内就可以做出一份蛋白霜，而且不会耽误我唱歌和说话。

哈兰的原名是玛丽·维吉尼亚·特芸（Mary Virginia Terhune），她为我们了解当时的情况提供了一个视角：是社会与烹饪共同掀起了美国打蛋器的风潮。她生于 1830 年，在弗吉尼亚的郊外长大，是家中 9 个孩子的第三个。她的母亲几乎从不做菜。"我怀疑她一生中是否打扫过一次房间，或者烤过一片肉。"哈兰后来写道。作为一位传统的南方女士，哈兰的妈妈有"黑人保姆"为她搅打鸡蛋（还有其他事情）。哈兰在厨房里的表现比她的母亲活跃得多，创作 25 部小说的同时，她相信当好"家庭主妇"才是她的使命。与长老会的一位牧师结婚之后，她搬到了新泽西，决定让自己和她的厨子都掌握高超的烹饪技巧。

1873 年，她出版了《家务常识》（*Common Sense in the Household*）

一书，里面记载了她们的烹饪实践成果，这本书销售了 10 万册。

　　哈兰并非为那些必须自己打鸡蛋的妇女写作，她设想她的读者会有一个厨子，但是这个厨子必须在获得指导和帮助的情况下才能把鸡蛋打得松软，令人满意。哈兰对"多佛"的狂热缘于仆人服务史上一个令人不安的转折期。她为之写作的中产阶层美国妇女们仍然雇有厨子，但是大概只有一个，如果这个厨子的胳膊酸了，那就轮到她们自己的胳膊了。哈兰的书中记述了她与仆人凯蒂（Katey）的对话，字里行间流露出一种谨慎的优越感。家中添置了一台昂贵的固定式打蛋器，一个"装在盒子里的时间和肌肉的拯救者"，哈兰将这个"捣蛋的"打蛋器放在厨房里，同时兴奋得"发抖"。"是的，夫人，它会是什么样呢，夫人？"凯蒂问道。这个复杂的玩意儿很快就出了岔子，把碗中的 10 个蛋黄都搅到了地板上。在哈兰发现神奇的多佛打蛋器以前，倒霉的凯蒂又被迫尝试了一大堆别的玩意儿。

　　为什么打得蓬松的鸡蛋这么重要？这股巨大的打蛋器风潮发生在美国烹饪史上的一个特定时期，那个时候，体面的餐桌上出现的甜点都布满了气孔。苹果霜、橙子霜和柠檬霜这样的甜点，每个都需要用 4 个鸡蛋的蛋白，搅打到"凝结起沫"；还有奥尔良蛋糕（6 个鸡蛋去除蛋黄，轻轻搅打）和勃朗蛋糕（6 个鸡蛋的蛋白，搅打凝结）；还有奶油和巧克力、奶油葡萄酒和英式冰点、掼糖霜、杯式蛋糕和华夫饼干，更不要说蛋白糖饼了。所有这些甜点都依赖于充满了气孔的鸡蛋，蛋黄要打成奶油状，蛋白要打得蓬松，一位家庭主妇的名声依赖于这些美味是否能够被完美地呈现。一份松软可口的蛋糕——使用"多佛"或者其他新式搅打用具做出来的——代表着一户人家的体面。即使大部分搅打的工作是由她的厨子做的，哈兰仍然将其厨房出品的美味小蛋糕归功于自己的名下。她将自家的小蛋糕与朋友家的做了对比，朋友就不像她这么精心，没有意识到她的厨子克洛伊很懒惰，做小蛋糕的鸡蛋竟然仅仅"用木勺子搅了那么几下"，哈兰批评她的朋友不够"用心"。

打蛋器风潮不但反映了美国中产阶级妇女要将空气打入鸡蛋之中的渴望，也反映了她们从仆人之外获取劳动力的需求。对于那些没有仆人的人来说，打蛋器让她们不再因为没有仆人而感到缺憾，让她们的臂膀在劳作的同时却没有劳作的感觉。1901 年，与"多佛"系列同时的霍德林（Holt-Lyon）打蛋器在促销时声称：其独特的"外展型奶油搅拌器"可以"瞬间把鸡蛋粉碎成最小的分子"，"只需要最好的手工打蛋器所用时间的四分之一，就能把鸡蛋打得又轻又挺"。

广告上说得天花乱坠，实际上，这些机械打蛋器没有一个是真正省力的。转动式打蛋器的最大缺点是：你必须使用双手来操作，这样就没有办法拿住搅拌碗；而那两个搅拌装置不是缠在一处动不了，就是转动得太快，在碗里到处滑动，还没起沫以前，鸡蛋已经飞溅得到处都是了。"多佛"宣称它可以在 10 秒钟之内打好两个鸡蛋的蛋白，这是吹牛。根据我的经验，一个转动式打蛋器打蛋白所用的时间要比球形打蛋器长，两者所用的时间都是以分钟来计算，而不是以秒来计算。

很多后来的打蛋器试图在设计上弥补"多佛"的不足，结果是徒增新的烦恼。针对搅拌碗中打滑的问题，很多打蛋器把搅拌装置与罐子或者碗连在一起，这就产生了新的问题：首先是一次所能做的分量很少，其次还得清洗那连带的碗。其他打蛋器力图解决两只手操作的问题。"这是新概念的打蛋器"，1902 年阿基米德系列搅拌用具中的一款罗伯特打蛋器的广告这样吹嘘自己："这是唯一一款自动的可以单手操作的打蛋器……只需按下手柄再松开。"这无疑是个优势，但是单手打蛋器——其机械原理是从线性螺旋传到弹簧再到圆盘，就像土豆捣泥机——远非十全十美。它需要花费很长的时间把鸡蛋打出沫或者打成奶油状，如果一位性急的家庭主妇试图让它快一点儿的话，就会出现故障："别操作得太快"，辛普莱单手搅拌器警告说，欲速则不达。水力鸡蛋搅拌器家族是其中最古怪的一个系列，它们与美国家庭中刚刚出现的流动自来水挂上了钩："打开水龙头，它就开始了！"环球打蛋器是这么吹嘘的。

回顾美国历史上这一令人好奇的时刻——打蛋器风潮——我们碰到了一个难题。从纯科技的角度来看，在这几百个专利设计之中，尽管消耗了大量的脑力和金钱，然而没有一个在效率或者工效学方面超越了法式球状搅拌器，它的使用至少可以追溯到18世纪（上文提到，或许最早出现在1570年的意大利），远远早于这一场打蛋器风潮。现在，没有一位顶尖的厨师还会梦想有一个多佛搅拌器，但是他们中的很多人仍然拥有各种样式的老式球状搅拌器（或者叫"法鞭"），有时候还跟老式铜碗一起使用。现在，质量最好的球状搅拌器由一个隔热的手柄和不锈钢丝组成，取代了当年的锡丝。除了这两项，其他部分与18世纪的糖果商们所使用的完全一样。

整个美国的这场打蛋器热潮无异于昙花一现，它与节省劳力并没有真正的关系，因为法鞭在使用时比大多数的新型专利产品都要省力。这是一场节省劳力与时间的幻觉，是安慰剂，而非真正的解药。那些购买它们的人，比如说玛丽安·哈兰，需要感到有人——或许只是制造商们——在跟她们一起进行着这场旷日持久的战斗，争取用最少的时间打出最蓬松的鸡蛋。大量涌现的打蛋器告诉我们，突然之间，厨师们开始对自己的臂膀所承受的重负心怀不满，然而，他们的臂膀只有到电子搅拌器出现的时候才能得到真正的休息。

　　如果卡尔·松塞默尔（Carl Sontheimer）没有对肉丸这么感兴趣的话，过去40年的美国家庭烹饪史就要重新改写了。1971年，麻省理工学院的毕业生、法式大餐的爱好者、57岁的工程师和发明家（他的发明包括两个被美国国家航空航天局采用的月球探测器）松塞默尔已经成功地创办并出售了两家电子公司，正在提前享受着退休生活。既作为生意也作为自己的爱好，松塞默尔与妻子莎莉（Shirley）一起去法国旅行，寻觅可以推介到美国市场的法国烹饪产品。他是在一次法国烹饪展览上发现了它：一台为饭店设计的食物处理机，名字叫作"罗伯库派"。它既不酷炫也不精巧，但是惊人地多能，除了可以搅拌——就像1920年代起开始在美国售卖的电子搅拌器——还可以碾磨、砍削、切块、切条和擦丝，它几乎可以把任何食物都变成糜状物。卡尔·松塞默尔看着这个庞然大物，联想到了肉丸。

　　"一个肉丸"，茱莉亚·查尔德（Julia Child）写道："对于不熟悉这一法餐胜品的人们来说，只是小肉团而已。就是把奶油和生的鱼肉、小牛肉或者鸡肉糜揉成椭圆形或者圆柱形，然后放在调好味的汤里煮熟。"用传统的方式来做的话，十分费力，相比较来说，蛋奶酥做起来简直就是小儿科。肉丸的馅儿——鸡肉或者鱼肉糜——需要长时间的捣碾和筛滤，以便确保它们的顺滑。即使茱莉亚·查尔德——在1961年，"没有厨子和仆人"的时代——也需要用绞肉机把鱼肉处理两次，然后才开始更艰难的工作，就是用两个勺子把这些难以预料的馅儿揉成椭圆形。茱莉亚·查尔德善意地提醒："如果搞砸了"，肉丸都散了，你就说

"我做的是肉冻"。

卡尔·松塞默尔意识到眼前的这个神奇的机器可以从事这一系列令人焦虑的工作，从而使这项烹调任务变得简单。按动电钮，所有的捣碾与筛滤就都完成了。"罗伯库派"是由法国发明家皮埃尔·凡尔登（Pierre Verdun）在 1963 年发明的，面向餐馆行业，它是一个很重的鼓状容器，里面有一个转动的刀头，有三个功能键：启动、停止和震动。松塞默尔预见到这种机器的缩小版同样适用于家庭厨房。一经发现，他就商谈购买了"罗伯库派"的改装以及美国的销售权。他购买了 12 台机器，在自家的厨房里开始了个人的改装实验。在他的车库里，他花了一年多的时间，分析了每个零部件，尝试组装了各种款型，最后终于创建了一个模型，可以省力地做出最滑爽的肉丸。如何为这个神奇的家伙命名呢？"他一直认为法式料理是一门艺术，同时他还希望这台机器与'佳肴'这个词挂钩。"他的妻子回忆——于是就把它叫作"肴艺"。

1973 年，肴艺机开始在美国市场上出现的时候，十分昂贵，首批零售价是 160 美元一台，大致相当于今天的 800 美元（根据美国消费者价格指数。可以用来对照的是 2011 年 1 月，购买一台最新型的肴艺机只要 100 美元）。凭借这样的价格，人们有理由相信肴艺机大概就是一个橱窗中供奉着的摆设。确实，最初的几个月，销售惨淡。然而，有了两个好评之后——一个出现在《美食家》杂志，另一个是《纽约时报》——突然之间，肴艺机开始飞离货架。《纽约时报》的食物评论家克雷格·克莱伯恩（Craig Claiborne）是这个"最灵巧和多能的美食工具"的早期使用者，作为一项发明，他把它与"印刷机、轧棉机、汽船、曲别针和纸巾"相提并论，认为它相当于"一个电子搅碎机、电子搅拌机、肉类碾磨机、食物筛滤器、土豆捣碎机以及厨师刀的总和"。

他兴奋地宣告：它是牙签出现以来最伟大的美食工具发明。

在大不列颠，同样令人兴奋的是，也是在1973年，凡尔登发明的另一个改装版本以麦基米斯（Magimix）作为品牌名称进入市场。《泰晤士报》的作者描述了它在切黄瓜和胡萝卜这方面所带来的革命性变化：为整场婚礼准备菜肴的工作不但能在婚礼开始之前完成，甚至还能留有剩余的时间。

到1976年，一台肴艺机在美国的价格涨到了190美元，即使这样，仍然供不应求。这时候，雪莉·柯林斯（Shirley Collins）是"苏拉台"（Sur La Table，1972年创立）的所有者，现在它是在威廉姆斯-索诺玛（Williams-Sonoma）之后全美第二大的厨房五金零售商店，但是当时只是西雅图帕克农贸市场（Pike Place）上的一家小商店。同一条路上，叫作星巴克的一家小咖啡馆也刚刚开始营业。帕克市场销售西雅图地区最好的新鲜农产品：秋天的浆果、夏天的蓝湖豆子等。柯林斯使她售卖的商品适应这种季节性的需求：春天，肥美翠绿的芦笋上市时，她就大量销售"用来做芦笋的炊具"。柯林斯也是整个西北地区第一个销售肴艺处理机的人，开始的时候她"平均每天卖一台"，很快，销售量就开始突飞猛进。

柯林斯观察到，围绕着肴艺机所发生的事情令人印象深刻：购买它的人们不同于其他顾客，买芦笋蒸笼的人在买过之后，不会再来，购买肴艺机的顾客会一次次地回来买更多的器皿，比如买"球形打蛋器或者铜锅，或者厨房里的冒险尝试所需要的其他用具"。这台机器让人们在烹饪方面变得雄心勃勃，这并非仅仅因为肴艺机使很多厨房活计变得更容易做，"如很多人介意的切蘑菇、做肉丸、揉面团和做馅儿等"，柯林斯感觉到一场意义重大的变化正在发生——一场"真正的烹调热爆发了"。一台机器改变了多少人对于厨房的感觉，它再也不是一个令人疲倦的乏味之地——一个令人臂膀酸痛、令主妇垂头丧气的所在——现在这个地方，可以让你在转瞬之间烹调出美味佳肴。190 美元的价格，如果能够把烹调从痛苦变成快乐的话，又算得了什么呢？

看艺机并非市场上出现的第一台电子搅拌装置。搅拌机或者说榨汁机早在 1922 年左右就出现了，一位波兰裔美国人斯蒂芬·波普拉斯基（Stephen J. Poplawski）为阿诺德（Arnold）电子公司设计了一款做饮料用的搅拌机。它最初的用途是在冷饮柜台上做麦乳奶昔。1937 年，在"神奇搅拌器"的基础上改良而成的瓦林搅拌机问世了，前者在容器密封方面出现了棘手的问题：一旦启动，麦乳就会溅得吧台上到处都是；瓦林搅拌机在这方面有所改进，加上流行歌星和乐队领队弗瑞德·瓦林（Fred Waring）的宣传，马上风靡。到 1954 年，瓦林机已经售卖了 100 万台。大多数电子搅拌器的工作原理都是一样的：下面是一个马达，上面是一个玻璃容器，一些可以旋转的小小的金属刀片把这两者连接起来；关键在于，必须要装一个橡胶垫圈，以便饮料或者奶昔不会滴到马达上。搅拌器是如此神奇，加工纤维丰富的菠萝酱、香蕉泥、酸橙汁、坚硬的冰块以及薄荷叶碎片，都离不开它。它快如闪电，瞬间就可以做好一杯可口的碳酸饮料，而维多利亚时代的一位仆人，则需要使用三张不同的滤网才能做得跟它一模一样。

但是，这种搅拌器也有它的局限，清洗容器是其一，多数家用搅拌器容积有限是其二。我每次试图用我的搅拌器做滑爽的西洋菜汤，都好像是在解决一个数学难题：什么时候把不同的液体倒入不同的容器之中？你先把一半的汤倒入搅拌器中搅拌，那剩下的一半怎么搅拌呢？你需要第三个容器来盛装它们。这两个问题——令人疲倦的清洗以及有限的容积——浸入式的或者说棍式搅拌器一下子都给解决了。这种搅拌器1950年出现于瑞士，但是直到1980年代，才被英美家庭普遍使用。我认为它是最棒的厨房用具：将搅拌器放入锅中搅拌真是一个奇思妙想。大部分时候，我都使用我的手持搅拌器：搅拌油醋汁，做香蕉冰沙，为印度料理准备姜蒜泥或者调理出更顺滑的意面调料。它就是一个奇迹！

不过，有些事儿它做不了。"它会搅拌吗？"这是布兰泰（Blendtec）公司2006年发起的一场声势浩大的广告活动，当时我们看到公司创始人汤姆·迪克森（Tom Dickson）穿着白色的外套，试图搅碎一些古怪的物品：高尔夫球、大理石、一整只鸡——全部用可口可乐混在一起，甚至还有一部苹果手机。这个广告的意思是：一个搅拌器什么都能做。实际上并非如此，即使是布兰泰的第三代电子搅拌器（或者它的竞争对手维他密斯［Vitamix］）也不行。搅拌器可以碾磨坚果，但是它们不能剁肉；它们可以把胡萝卜快速搅碎，摩擦产生的热度似乎都可以做胡萝卜汤了，但是它们无法像食物处理机那样把胡萝卜切成精细的沙拉条，因为，虽然它的马达很强劲，可是刀片太小了。

食物处理方面的很多空白被大批的电子食物处理机所填补。首先进入市场的是立式电子处理机，是1908年由赫伯特·约翰斯顿（Herbert Johnston）为霍巴特制作公司（Hobart Manufacturing）发明的，这家公司专门生产带马达的绞肉机。一天，约翰斯顿看到一位烘焙师傅为了做面包费力地用一个金属调羹和面，他觉得这有些荒唐，用一个马达来做这事儿不是很容易吗？第一台霍巴特电子处理机是工厂设备，有80夸脱的处理量。1919年，霍巴特又推出了另外一款缩小版，叫作厨房助手，重69磅，可供餐馆在工作台上使用。供家庭厨房使用的还有待进一步缩小。厨房助手今天仍然是全美国最出色的处理机，一堆了不起的金属，就像一台悍马军车，但是有着凯迪拉克的炫酷色彩（蛋清色、红色、珍珠灰色），用这样一台处理机可以不费吹灰之力地做出松软的蛋糕和甜品霜，想当年，用转动的打蛋器做起来是多么艰难啊！

在英国，相应的产品是凯伍德（Kenwood）处理机，出现于1950年，是刚刚从英国皇家空军退役的电子工程师凯尼斯·伍德（Kenneth Wood, 1916—1997）发明的的。二战之前，他就在做销售和修理无线电收音机和电视机的生意。伍德调查了全球市场上的产品，试图汲取各家之长，将其中最好的部分集中在一台机器上，这就是"凯伍德厨宝"。伍德选用了美国的开罐器、德国的土豆削皮器、意大利的意面机，再把它们与绞肉机、打蛋器、榨汁机、搅拌器等组装在一起。如果你购买了所有功能部件的话——搅打、揉捏、溶解、榨取、绞剁、碾磨、削皮，包括开罐，以及加工各种形状意面的功能（这个功能似乎有些炫耀）——那么，这台神奇的机器就几乎无所不能了。它的广告标语就是："夫人，您的仆人在此！"给人的印象就是食物处理机可以胜任所有曾经由人类的臂膀所从事的活计。

凯伍德过去是，现在也是一部功能强大的机器，然而肴艺／麦基米斯更具有变革性的意义。凯伍德只是在于它的那些功能部件，然而在肴艺机上，你真正需要的是那些S形刀片：锐利、双刃的不锈钢刀片在塑料容器中像陀螺一样飞速运转。正是这些刀片，使食物处理机不仅能够溶解和混拌，还可以切剁和研磨。这些刀片才是革命性的，首次将很多厨师从奴隶一般的状态之中解放了出来。罗伊·安德利·德克鲁特（Roy Andries de Groot）是最早专门从事食物处理设备写作的作者之一，他的书出版于1974年。关于处理设备，他写道："等于拥有一位技艺精湛的厨师作为厨房帮手，这位帮手装备着两把锐利无比的厨师用刀和一个菜板。"还有，它能够"从事所有以前用石杵和石臼做的事情，能够通过捣碾、再捣碾其中的纤维，来软化较硬的食材，跟（在石臼中）捣了一个小时的效果一样"。

S形金属刀片并非肴艺机最初的唯一配件，还有一副中型锯齿切盘，适于用来切生的蔬菜，如胡萝卜、黄瓜或者卷心菜（"在你说完'凉拌卷心菜'这几个字之前"，德克鲁特写道："容器里就满是切得非常完美的卷心菜丝了"）。各种各样的擦菜板可以把黄瓜擦成丝，也可以把块芹擦好，以便做那道经典的法式开胃菜——蛋黄酱拌块芹丝。最神秘的配件是那个塑料刀片，随机免费赠送的，与金属刀片的大小和形状完全一样，但是不能用来切东西。德克鲁特回想起一位厨师的评论："它唯一的用途就是让你彻夜琢磨：到底用它来做什么呢？"还是不去管它吧！

1950年代，如果你想最大限度地发挥凯伍德的作用，你需要购买很多零部件，其中很多与它们所替代的用具一样大小（其榨汁配件实际上就跟一台搅拌机一样大）。一台食物处理机的零配件虽然更为紧凑，不过你用得比较少，几乎所有的事情都可以通过那最基本的S形金属刀片来完成。你只要一边把食材塞进塑料输槽之中，一边看着它们在容器中飞速旋转：它们可以用来切汉堡包肉片，搅拌蛋糕糊，还可以用来切洋葱，做蛋黄酱。肴艺机出现近40年之后，饮食作家马克·比特曼（Mark Bittman）仍然惊诧于食物处理的这一特点：

> 手工做蛋黄酱要求你把油滴进——虽然不是一滴一滴地，可是也差不多——掺了醋的鸡蛋中，同时用叉子或者打蛋器搅打。这个活计一度让人觉得还算有趣。

用机器的话，你在碗里放一个鸡蛋、一茶勺醋、两茶勺芥末以及一些盐和胡椒；然后盖上并按动电钮，再把一杯油倒进有小孔的滴油盒之中，接下来你就可以去喝咖啡或者做瑜伽了。油一点儿一点儿地滴入，一分钟之后，完美的蛋黄酱就做好了。光凭这一点，就足以令人惊叹了。

20世纪中期，食物搅拌器在很多事情上减轻了家庭主妇们的负担，如切肉、打鸡蛋、糅和蛋糕面团等。食物处理机则更进一步，鼓励它的主人们去做他们曾经认为不可能做的菜肴。

1983年，英国厨师迈克尔·巴利（Michael Barry）注意到：过去"只有少数勇敢而富有献身精神的人士尝试过在家里做馅饼"，因为"切、剁、拌和清洗用具是一个让人无比疲累的过程"。现在，做馅饼变得平常了，就是5分钟的事儿，"处理器改变了我们的生活方式。"一下子，高档法式餐单上很多无比复杂的佳肴去除了神秘的外衣，其中就包括卡尔·松塞默尔所钟爱的肉丸。欧洲的富人们曾经为了品尝这一美味，让他们的仆人累坏了臂膀。历史不再重演，现在做这个菜，你只要把两份鸡胸肉、盐、胡椒、帕尔玛干酪、奶油和鸡蛋扔进处理机的容器中，然后按动电钮就可以了。

食物处理机给它的中产阶层所有者们带来的自由感觉太好了，包括我在内，需要提醒我们自己不要产生不切实际的幻觉，以为它免去了人们所有的劳作。在《巴黎家庭主妇守则》中，我们看到中世纪的家庭主妇们，面对着为她们工作的人们；我们的仆人只是不在我们的视野之内：我们看不到在鸡肉加工厂中劳作的双手正在去除鸡胸中的骨头，也不会在意那些被杀死的鸡，同样不在我们视野之内的是那些为我们的高科技食物处理机组装零件的工人们。我们只看得到一堆食材和一台为我们工作的机器，只是在我们的厨房中，我们才感到被彻底解放了。

每项革命都有它的反向革命。食物处理机的影响力这么巨大，你不能指望反对它的人一个也没有。拿英国的麦基米斯来说吧，很早就有人出来反对了。1973 年，它刚刚上市，《泰晤士报》的一位作者就指出它会剥夺未来人们手工剥豆子和揉面团的乐趣。她甚至预言，因为做饭时不再享有触觉的刺激，处理机恐怕会让我们都要去接受"集体心理治疗"。

处理机一旦出现，就没有办法将它从我们的生活中去除，但是人们可以抱怨，永远是那些词儿：剥夺了我们烹调的乐趣，我们最终吃的都是机器食物，跟手工烹制的没法相比，什么都被做成了面糊。

公平地说，最后这一条是有些道理的。每个新鲜事物的诞生，都会导致一阵过度使用它的风潮，直到那阵热潮消退。通读 1970 年代和 1980 年代那些早期的食物处理机烹饪书籍，你会吃惊地发现有那么多食谱好像在教人们做婴儿食物，所有可以搅成泥的蔬菜都搅了。无穷无尽的各色馅饼和烤肉饼，大量的酱泥（红鱼子泥、鹰嘴豆泥和茄子酱）以及用模具做出来的各种稀奇食物。在那些年里，很多餐馆也跟家庭厨师一样，忍不住把什么都放入他们的新玩意儿中搅拌。肉丸也从一种稀有的贵族餐食变成了工作日的晚餐，新鲜感褪去之后，人们开始觉得它不过如此。还记得你最后一次吃肉丸是什么时候吗？

1983 年，饮食作家伊丽莎白·戴维（Elizabeth David）注意到了食物处理机的普遍与新式烹饪之间的联系，后者是以松软可口的酱泥为主。1970年代的一天，她在伦敦与茱莉亚·查尔德一起在一家"备受好评"的餐馆用餐，后者注意到她们正在吃的东西是"肴艺机做的"：

> 在那家餐馆的菜单上，10道菜中大概有7道是离不开食物处理机的。今天餐馆所热衷的食品，如清淡的酱泥、可口的调料和鱼肉糜，差不多我们在家里按按电钮也能做……食物处理机可以做所有的切、剁、捣和搅，确实是一个奇迹，我们已经想不起来往昔从事这些活计的艰辛。可是，还是让我们不要把食物处理机当作废物处理装置，把什么都扔到里面去处理吧！

感谢戴维以及其他一些人，食物风尚标经历了一次轮回，又指向了有嚼劲的法式和意式乡村料理，其中，每个食材都是可以吃出来的。汤菜和炖菜也变得更耐嚼，说明其没有被食物处理机处理过。口感绵软的食物差不多失去了它此前的全部魅力。现在，受赞赏的是乡野的和非规范的，因为它说明有人的手臂受了累。

杵臼重回时尚。饮食专家们顽固地坚持，真正的香蒜酱、泰式咖喱以及西班牙红椒杏仁酱只能用杵臼来做，处理机做出来的味道永远不够好。甚至有一种乡愁，怀念意大利、西班牙、非洲和中东妇女们的传统生活，她们围坐在一起，连续几个小时不停地舂捣当天的食物，一边还唱着歌。专家们大概没有想到，妇女们唱着歌，或许是为了让她们不至于因为干活乏味而发出尖叫。身处西方城市的我们正在忙着模仿老式农家生活的时候，很多农民已经开始用上了食物处理机。2000年，来自加利福尼亚的饮食专家玛莱娜·斯皮莱（Marlena Spieler）去利古利亚（Liguria）*探寻香蒜酱在它的诞生地是如何制作的。她的发现就是："骄傲地展示了他们巨大的、世代相传的传家宝臼和杵之后，很多利古利亚人告诉你，他们现在真正用来做香蒜酱的工具是一台食物处理机。"

中东地区的情形同样如此。到 1977 年，食物处理机在那里的使用率高于世界上任何其他地方。一个原因是那些各种各样的羊肉饼，不管生的还是熟的，都需要被精心捣制的羊肉糜，通常与干小麦、肉桂以及各种香料、洋葱和调味品搅拌在一起。叙利亚作家阿妮萨·埃洛（Anissa Helou）回忆起她妈妈和祖母在贝鲁特的家里做羊肉饼的情景：

> 她们坐在矮凳上，一边是一只漂亮的白色大理石石臼，里面是捣碎的粉色嫩羊肉。原本低沉而缓慢的捣碾声，随着羊肉渐渐被捣成细滑的肉糜，变成了轻快、响亮的击打声。
>
> 捣羊肉的过程持续一个小时，在这段时间里，埃洛和她的姐妹们"在厨房里跑进跑出"，一次次地问好了没有。接下来，用干小麦和调味料把捣好的肉糜做成"规整的圆饼"，这一步骤至今仍然需要手工操作。但是，捣羊肉——之前两位受过教育的妇女用一个小时的时间所做的事情——现在在机器里只要用一分钟的时间就好了。

这一点令人兴奋，但是，对于那么多世代里捣碾羊肉的一双双技巧熟练的双手而言，这未免成为一种嘲讽。不过，这也难免，每当机器取代了手工技能，那项技能就贬值了。食物处理机对于一位骄傲的厨师

---

* 利古利亚位于意大利北部。——译者注

来说，是一种冒犯，因为它令那些努力显得多余。如果你可以告诉自己，你的双手，是你的双手造成了"美味"与"一般"这两种羊肉饼之间的区别，那么，所有的捣击都是值得的。仅仅凭借着可以把活儿做得一样好，或许并没有更好，食物处理机就夺走了那些勤劳厨师的部分尊严；因为做得太好，这台机器则让那些曾经付出的努力和艰辛——搅打蛋黄酱、筛滤胡萝卜泥和捣羊肉，在价值上打了折扣。

美善品食物料理机（Thermomix）是一台较新的设备，让厨师们的双手多少显得有些无足轻重。广告声称它集十多种厨房设备于一体，实际上它是一台搅拌器和处理机，可以用来称量、蒸、煮、揉面团、碎冰、乳化、碾压、擦和捣。美善品可以做的很多精细的活计，以前是完全依赖人手来做的。扔进食材之后，它可以为你做出意大利奶油烩饭，它还能做可口的柠檬酱和搅拌均匀的荷兰酱，你所能做的就是把它们吃掉。

不同的厨师有不同的看法，有的抗拒机器，追求烹饪的手工技艺，用每一口嚼劲十足的佳肴证明，这顿饭凭的完全是手艺。即便现在，很多意大利家庭也会开心地围坐在一起，花费几个小时，用手来包、切，以及捏意大利饺子，因为工厂生产出来的有馅儿的面食——不同于意面，有馅料的食物这方面的机器工艺并没有提高——无法跟家里做的相比。但是，他们不会为了做面皮，而用杵臼去捣面粉。对于手工食物的追捧到此为止，与其花几个小时来舂捣，我们都还有更值得做的事情去做。

1989 年，在意大利开展了"慢食品"运动，它"针对的是快餐和快生活的发展和普及"。慢食品的"慢"首先指的是农业生产方式和饮食方式：其哲学理念是保护生态多样性，反对集中农作，同时，提倡舒缓而愉悦地用餐，反对狼吞虎咽。这项运动同时支持慢加工食物。慢食品运动崇尚手工以及家庭烹饪，反对机器制作，尝试找回揉酸面团和自家腌制大蒜曾经给人们带来的身心快乐。一度令人筋疲力尽的厨房工作，今天，成为人们快乐的体验。

但是，慢和难不是制作美食的唯一途径，另外一些更务实的厨师则张开双手拥抱机器。雷蒙德·布兰克（Raymond Blanc）是一位了不起的"大厨中的大厨"，他曾经给人们展示如何用食物处理机做甜饼：放入黄油、面粉和糖，与鸡蛋黄和水一起搅拌不到半分钟，很巧妙地就成了一个黄油面球。"如果喜欢的话，你可以用手来做"，我曾经听到他理直气壮地评论道："不过它会占用你很长时间，结果也不会好多少。"

豆蔻擦磨器

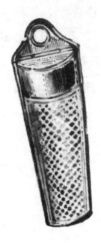

　　形式与功能是统一的，让我们来看一下英式豆蔻擦磨器和日式姜丝擦磨器之间的不同。一个是金属的，布满凸起的小孔，以便将肉豆蔻刮擦成粉末。另外一个是陶瓷碟，布满凸起的钉头，不是小孔。这些钉头可以挂住姜的纤维，同时让辛味浓郁的浆液流到凹槽中。

　　虽然有所不同，不过二者同样深受喜爱。它们的存在，也都得益于人们对辛味调料的热爱，以及那复杂的贸易、农业和口味的交流，从而使得一种调料在一个民族的料理中扎下了根。

　　肉豆蔻，盛产于印度尼西亚的香料岛，是 17 世纪欧洲最受追捧的奢侈消费品。肉豆蔻香盒被用来抵御瘟疫，由其制成的令人感觉舒缓又略带幻觉的香料，被用在开胃菜与甜品中。今天，它与蛋奶酒、圣诞节布丁、面包蘸料和蛋挞一样，不再是英国人口味的重心。人们不再把它们放在一个小盒子里，随身携带。不过，我们仍然坚持擦磨新鲜的肉豆蔻，有时候故意把那小小的棕色椭圆形的小东西卡在半圆柱形的擦磨器上，就像豆蔻擦磨器应该看起来的样子。

日本料理口味不重，但是姜很关键，不是做成跟寿司一起吃的粉色腌姜，就是把新鲜的姜磨好，跟酱油和日本米酒一起做成调料。姜只是日本厨师需要应付的有纤维的植物之一——其他还有山葵和白萝卜。早期日本人常常用鲨鱼皮做擦菜器，选取粗糙不平的鱼鬃那一片，现在，它被陶瓷的钉头所取代。那些钉头好像诡异的盲文。

你不能用豆蔻擦磨器来擦姜——那多汁的根很快就会把金属小孔都塞住；你也不能用擦姜器来擦磨肉豆蔻——坚硬的香料会把钉头磨平，还会伤到你的手。如果你需要一种工具，可以同时擦磨这两者（还可以用来擦柠檬皮和帕尔玛干酪），你就需要把传统放在一边，而去买一把"麦克罗普林"（microplane）*。

---

* 一种刨刀的品牌名称。——译者注

第六章　食具

你的桌布要清洁芬芳，你的刀要明亮，还要洗好调羹。

——约翰·罗素（John Russell）

《养育之典》（*The Book of Nurture*），约 1450

刀叉以前，用手指。

——古语

　　勺子——与它的同类兼竞争对手筷子和叉子一道——的确是一种科技。它们的功能包括：量取以及把食物从盘子送到嘴里，当然还有烹调时用的勺子，可以搅拌、刮擦、撇沫、盛出和捞起。每一人类社群都有自己的一种或者几种勺子。与刀相比，勺子的属性比较温和。我们用的勺子，可能是宗教洗礼仪式上用的银勺，又或者是浅浅的、塑料的断奶勺，把第一口黏黏的婴儿米糊喂到宝宝的口里。抓起一把小勺子，是我们人生成长进程中的第一个里程碑。勺子是亲切的、家常的，然而它们的构造和用途却常常反映了人们内心深处的情感和狂热的偏见。

英国在奥利弗·克伦威尔（Oliver Cromwell）及其子理查德创建的联邦体制时期，经历了短暂的共和政体试验之后，于 1660 年，随着满头假发的查理二世成为英格兰、苏格兰和爱尔兰的国王，实现了王室复辟。11 年前，即 1649 年，正值英国内战的高峰时期，国王的父亲查理一世被处死，现在，王室回来复仇了。查理二世的复辟还伴随着横扫一切的文化巨变，目的就是要抹去有关清教徒圆颅党人的所有标记。重开戏院，亨德尔（Handel）创作了他雄伟壮丽的音乐篇章《水上音乐》，与此同时，几乎一夜之间，银勺子完全变换了形状，变成了三分勺（也被称为三片、三叶草、末端开裂勺或者撬棒儿）。

联邦体制存在的时间是如此之短，因此克伦威尔时期使用的勺子现在非常罕见。不过，正如你可以想象的，幸存至今的那些看上去实在朴实无华。这种形状—— 1630 年代开始出现于英格兰——被称为"清教徒型"。它们有着蛋形的、浅而简单的勺口，连接着扁扁的、十分朴素的勺柄。清教徒型勺子与此前的英式银勺有显著区别，后者的勺口是无花果形的（行业术语称为"随意型"），连接着粗而短的六棱形勺柄。更早期的勺子有着泪珠形的勺口，它的末端是最宽的，清教徒勺的勺口到了末端却略微变窄，更接近我们今天用的勺子。最大的变化在于清教徒勺的勺柄，没有任何修饰，也没有一个带装饰的"柄端"。

在之前的几个世纪里，铁匠们在勺子上面倾注了大量的艺术匠心，在我们今天看来实在没有必要。他们会在柄端雕刻图案。1649 年以前，柄端的"尖顶饰"包括钻石和橡实、猫头鹰和葡萄串以及裸体的女人和坐狮。一些比较扁的柄端则雕刻抽象的图案，类似于印章或者封印，有些装饰华丽的柄端则描画了耶稣和他的信徒们。联邦时期，任何过度的装饰，特别是与宗教相关的题材都遭到了反对，这些带有装饰的勺子当然不受欢迎。就跟他们砍掉国王的头一样，圆颅党人把这些勺子的头也砍掉了。这些新晋共和党人的食具上看不到任何图案，好像一条厚实的银块。有人提出，清教徒风格的勺子做得都很厚实，原因是民众想借此囤藏银子，防备频繁征缴，使得自家的银子被用作城防资金。如果你的银子用在了餐具上，你就可以声明这是必需品，这样就不会被收缴。

　　总之，清教徒勺子面世不久，就被复辟之勺——三分勺所取代，它跟随着新晋国王查理二世，从位于欧洲大陆的流放朝廷漂洋过海而来。它是现代勺子构造的最早表现形式，我们今天使用的很多勺子，不管多么廉价，仍然可以看到三分勺的影子。此前英国人从未在自己的国家使用过这种勺子，其首次出现是在 1660 年，可是到了 1680 年，它们已经遍及整个查理王国，并成为此后 40 年间勺子的主要式样，曾经的清教徒勺子与之前的无花果勺都就此销声匿迹。批量生产、金属为主的锡铅合金和黄铜勺也从清教徒式变为三分式，这种变化不是渐变，而是突变，因为没有人希望别人看到自己在使用圆颅党人的勺子吃晚餐。

　　三分勺的勺口是较深的椭圆形，而不是浅浅的无花果形，这与清教徒式相似，它的柄也是扁的，但是越近柄端越宽厚，在柄端还有明显的裂开形状（这就是名字的由来，意思是"三分裂口"）。这是法国的设计，三叶形呼应的是百合花形，风格化的百合花则与法国王室相关。翻过勺子，锤打过的勺柄与勺口背面的连接处，是箭头状的凹槽，有时候被称为"鼠尾"。几十年来，这些新式勺子给人们带来了握持方式的变化，特定的形状要求人们采用特定的握持方式。因为柄端凹凸不平，因此中世纪的勺柄适宜握持在大拇指下，并向右侧呈一个角度；三分勺则与此相反，可以采用礼貌的英式握持方式，手掌握住勺柄，并与大拇指平行。手拿皇家三分勺，伸向苹果派的时候，你大概已经忘记了曾经有一位在位的国王被处死了，又或者忘记了英格兰曾经有过一段没有国王的历史。厨房器皿也是政治宣传的工具。

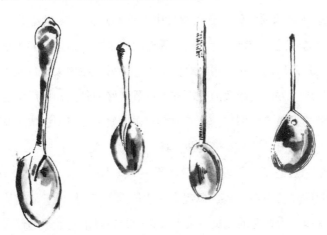

　　因为它们的普遍性，勺子可以成为环境文化的一面镜子。有叉子文化，也有筷子文化，但是世界上所有人都在使用勺子。采取什么样的具体形式，则很有启发性：蓝白相间的一把漂亮的中式馄饨勺，不同于用来吃黏糊糊的果酱的俄罗斯勺子，也不同于欧洲的贫穷人家用来喝汤的公勺，它要从一张嘴传到另一张嘴上。从功能上来说，勺子就是要把目标食物传送到人们的口里。1960年代，珍妮·古道尔（Jane Good-all）观察到大猩猩会把草叶做成类似勺子的形状，然后用它把白蚁啜进嘴里。在久远的过去，人们会把小棍子绑在贝壳上，用来吃那些不能用手抓起来的液体食物。拉丁语中"勺"一词就反映了这件事："克曲来阿"（cochlear）的词源本义就是"贝壳"。罗马人用这些小勺吃鸡蛋或者挖贝肉、喝浓汤的时候，他们会用大一点的勺子，就是梨形的"里古拉"（ligula）。

不同时期，人们根据自己喜欢吃的食物，使用不同的勺子。珠蚌蛋勺反映了爱德华时代的人们喜欢吃煮得很嫩的鸡蛋（这种勺子使用珠蚌或者骨头作为材料，是因为蛋黄会让银子变得污黑）。汉诺威芥末勺隐喻着这种火辣的液体在英式饮食中的重要意义。18世纪乔治时代的人们喜爱烤骨髓，于是设计了一系列专门用来吃它的银勺和小银铲；其中有的还是两用的，一端用来对付小骨头，另一端用来对付大骨头；方法就是你用一方洁白雅致的餐巾拿着一节烤好的骨头，然后用这种勺子将那肥嫩的骨髓珍品剔出。骨髓勺系列在性质上类似于法式海鲜拼盘所使用的一系列勺、针和签等复杂食具。

骨髓勺过时了（伦敦厨师费格斯·亨德森［Fergus Henderson］的烤骨髓和欧芹色拉或许再次掀起了一股风潮），其他勺子，却从专门的用具一跃而成为普遍的工具，其中最典型的当属茶匙。茶匙首次出现于17世纪下半叶，当时英国人开始在喝茶时加牛奶，需要用它搅拌杯中的牛奶、糖和茶，与其他餐具不同，它是富人专用的。从这一点来说，茶匙能够从少数英式茶桌上进入世界人民的餐具抽屉之中，也是值得关注的一件事。日本茶道用具——竹制的茶匙和茶针——就没有变得这样普及；其他的英式茶具也没有，如糖夹和过滤器，都只是在少数人中使用。这些人乐于静下心来，享用一顿全骨瓷茶具伴着英式小蛋糕和奶油的下午茶。你现在很少会碰到不嫌麻烦而礼貌地使用糖夹的人了，这与方糖本身的过时没有丝毫关系。然而，茶匙仍然到处可见。

茶匙并非马上就普及到了世界各地。1741年，法国奥尔良公爵（d'Orléans）的储藏室中有44把镀金咖啡勺，但是没有一把茶匙。今天，法国人仍然使用更小一点的咖啡勺作为量具（缩写为"cc"，全称则是咖啡勺［"cuiller à café"］），但是在其他地方，茶匙的使用更为普遍，即使在人们并不喝茶的时候。19世纪以来，茶匙在美国成为一个基本的餐具元素。尽管人们喝得更多的是咖啡，茶匙却得以普及，原因是什么呢？为什么茶匙进入了主流文化，而其他的专用勺子却没有？比如说维多利亚时代使用的带着蕾丝状花边的浆果勺，还有那小小的、18世纪曾经大量生产的银盐铲，以及一些迷你汤勺和那些小小的冰淇淋食具。

我想茶匙得以遍及全球的原因主要有两点。首先，它的主要功能并非是取茶，而是取糖，这个性质使它同样适用于喝咖啡。第二，人们确实需要一个小巧好用的食具，茶匙则满足了人们的这一需求，它比18世纪的汤勺和甜品勺都小，但是不像法式咖啡勺那么小，也不像乔治时代的盐铲那么难用。一个美式茶匙比英式的略大，不过二者的大小都很适宜把食物送入口中。茶匙用途多样，因此常常从食具抽屉中消失不见（只有厨房剪刀比它更难找）。它们常常被用来量取发酵粉和调味料，很多厨师也用它们来品尝食物，尝尝调料的咸淡如何，或者就是想先偷偷地尝一口晚餐。除此之外，从小小的蛋挞到牛油果，有很多食物可以用茶匙吃。我对这一点深有体会，作为一个曾经有些麻烦而古怪的青少年，我吃什么——只要不需要切——都用茶匙。很显然，我那时有些未解决的"问题"，我还记得当年像婴儿一样，一小口一小口地把食物送入口中时，那种安全的感觉。

所以，在"某种极端情境之下"，一个勺子用来吃每一顿饭，不等于说它适用于所有的食物。因为目的只有一个，就是把食物送入口中，因此吃东西的时候，我们用勺的方式也比较单一。勺的勺口可以当作杯子，人们可以从它的口边喝东西；也可以当作铲子，盛取固体的东西。这方面有一个鲜明的例子，就是"卡夫基尔"（kafgeer），一种大而扁的勺子，阿富汗人用它来盛米，其实它更像一个铲子。在整个中东地区，有那种特别的锹和铲，用来盛米，如果你用过它们，就会发现它们比我们所用的那种椭圆形勺子好多了，能够铲起每一粒米。

观察欧洲早期的勺子，你会发现它们在外形上的显著不同，反映出它们用途各异。在遥远的苏格兰爱奥那（Iona）岛上，有一家修道院，那里有一把中世纪的银勺留存至今。它有着独特的叶形勺口，更像一个铲子，可是比中东地区的米铲小得多。这些勺子适合用来舀比较浓稠的粥，不那么适合用来舀液体的汤。为此，中世纪的制勺匠们又制造了一种大圆勺，它的勺口很大，不能把食物送入口中，但是可以用来啜饮。

今天，我们大多数时候不会那么仔细地去想勺子是怎么工作的，部分原因在于现在勺子的卵形勺口，其功用就在杯子和铲子之间。从食具抽屉中拿出一支甜品匙，你可以用它吃蒸肉饭吗？可以用它喝稀稀的肉汤吗？答案是"都可以的"！你的甜品匙或许不是做这两件事的最好工具：喝汤太浅，吃米饭则太深也太圆，但是它可以做。

对于约翰·埃默里（John Emery）来说，这种模棱两可的定位并不完美。埃默里是狂热的勺子爱好者，一位食具历史学家。1970年代，他曾经复制过历史上那些古老的勺子，试验它们可以用来吃什么，不可以用来吃什么。从功能的角度来说，他对三分勺系列感到遗憾。根据埃默里的观点，定位于杯子与铲子之间的存在"很少会真正令人满意"，而食物形态在固态与液态之间的变换令情况变得更糟。有时候汤浓稠成坨，类似于粥，有时候粥稀薄得好似汤。礼仪要求埃默里用这种勺子，但是从功能上来考虑，应该用另外一种。

对于埃默里来说，与所有勺子鉴赏家们一样，答案就是专勺专用。如果你这样认为，那么维多利亚时代就是你的天堂，那时候有肉冻勺、番茄勺、汤勺和橄榄油勺，带凹槽的肉汤勺、夹心巧克力铲、茶匙、柑橘勺以及干酪勺等。餐具的大量涌现源于上菜流程从法式（所有晚餐菜肴同时摆放在桌子上）到俄式（按顺序和流程上菜，每道菜使用专门的餐具）的转变。19 世纪末，在美国出现了更多崭新而精致的勺子：不仅有圆圆的汤勺（首次出现于 1860 年代），还有特别的奶油汤勺和牛肉清汤勺（后者更小一些）；还有各种专用勺！包括烤生蚝专用的、牛肉片专用的、通心粉和薯条专用的。蒂芬妮曾经推出了一款纯银的"萨拉托加薯条专用勺"，因为萨拉托加温泉镇是美国炸薯条的故乡，因此以之命名。这种勺子的勺柄短而粗，勺口是气球状的，有了它，有教养的人们就避免了用手抓炸薯条的尴尬。我们现在还不清楚，食用工具的大量涌现到底是不是一种进步。

　　拥有更多的器皿和用具——更多的厨房用具——并不一定会让生活变得更轻松。为了应付烹饪和享用美食过程中的各种麻烦，我们要安排和使用越来越多明晃晃的工具，其难处就在于：我们不得不依照社会习俗来做，即使它完全违反了常识。美食评论家德拉·戈德斯坦（Darra Goldstein）曾经谈到"叉子焦虑"，说的是在盛大的晚宴餐桌上，五花八门的银餐具带给人们的紧张感："也许从来没有一个时刻，所有的叉子都派上了用场，但是你可以感觉到番茄叉所引起的焦虑。"2006 年戈德斯坦注意到了这一方面。20 世纪早期的礼仪书籍长篇大论地描述如何用银餐刀和银叉来应付食物，实际上，应该是直接用手拿起来放进嘴里最方便，就像我们吃熟了的桃子、玉米棒以及所有带骨头的食物那样。

　　围绕餐具的礼貌原则大多反映了人们在应对食物时的恐惧，即食物的黏性与吃东西时所发出的声音给人们带来的焦虑。我们一次又一次被告知，喝汤时应该小口啜，不要发出声音。这与日本人吃面条的礼仪规定形成了鲜明的对比，后者认为吃面条时应该大声地狼吞虎咽，表示自己吃得很香。还有，喝东西的时候应该从勺边喝，如果把勺子放进嘴里会显得很不得体——留着胡子的人得到了部分豁免，他们可以从勺子的末端喝。1836年，用手指而不用糖夹取糖被认为是严重失礼的行为，一位绅士可能因此丢掉他的好名声。另一方面，人们又担心自己因为过于在意餐桌上的繁文缛节而显得拘谨。如果一味地执着于使用正确的叉子，本身就是一种不安全感——或者口是心非的表现。真正的贵族懂得什么是"有教养的率性"，什么时候用手指而不是叉子：吃小萝卜、饼

干、西洋芹、草莓和橄榄的时候就应该用手指。曾经流传过这样一个编造的故事：一位冒险家希望被当作贵族看待，黎塞留（Richelieu）主教揭发了这个无赖的真面目，就是因为他用叉子吃橄榄，一位真正的绅士是绝对不会这么做的。

刀、叉和勺子的使用，是一个范围更广的文化礼仪和文明的组成部分。用错一个叉子也许无关紧要，重要的是让人相信你知晓这个游戏的规则。其中的诀窍就是你要表现得好像与周围环境很融洽，这是最难的部分。餐具时尚的变化很快，一种习俗可能在过去的十年间非常符合礼节的要求，接下来就变得荒唐可笑了。在19世纪早期，有一个短暂的时期，用叉子喝汤甚至成为一种"时尚"；不过，很快就因为"愚蠢"而遭到了抵制，人们又重新开始用汤匙。

对于其他食物来说，最礼貌的吃法还是用叉子。20世纪中期，英国上流社会有"用叉午餐"和"用叉晚餐"，

是那种不用刀的自助餐。叉子给人的感觉是更礼貌，因为它与暴力的联系不像刀那么紧密，也不像匙或勺那么幼稚和杂乱。从豆角到奶油蛋糕，从鱼到土豆泥，都可以用叉子吃。人们为吃冰淇淋、沙拉、三文鱼和水龟而设计了专门的叉子。19 和 20 世纪西方礼仪的基本准则就是：如果拿不准该用什么，就用叉子。"勺子有时候可以用来吃硬一点儿的布丁"，1887 年的一本美食书提到："可是叉子更好。"

我们关于举止规范的记忆是很短暂的，其实就在不久以前，吃什么都用叉子还被认为是荒唐的。作为一种厨房器具，叉子的历史很悠久。烤肉叉——长长的叉尖可以挪动正在烤的肉或者把肉叉起——的使用可以追溯到荷马时代；切肉叉——切肉的时候用来固定肉——中世纪的时候就有了。不过，与烹饪时使用的叉子不同，只有到了现代，人们才想到可以在餐桌上使用叉子。餐桌用叉的历史甚至比滤器、烤饼炉和双层蒸锅这类器具都短得多。从历史长河的角度来看，用叉子形状的食具来吃东西还是一桩比较新奇的事。

在世界上不使用叉子的地方，对那里的人们来说，叉子看起来实在古怪——小小的金属矛，与筷子和手指不同，进入嘴巴时还会磕绊到牙齿。但是在西方，我们对它太习以为常了，以至于这些想都懒得去想了。

在当代西方社会，除非吃三明治或者喝汤，我们几乎每顿饭都要用到叉子。我们用它扎起蔬菜，切肉的时候它可以起固定的作用；用它择取食物，或者在盘中拨来拨去；用它卷起意面，把鱼分成小片；用它把不同的食物混合起来，再一起送入口中；或者用它把我们不想吃的几片卷心菜藏起来，躲过父母炯炯有神的双眼。孩子们玩弄叉子，用叉子的尖头把青豆碾成糊糊，或者用番茄酱把土豆染成粉色。我们甚至可以正襟危坐，用叉子一小块一小块地吃一条蛋糕。在盛大的晚宴或者婚礼上，我们仍然发愁用哪一个精致的叉子吃每一道菜。在最寻常随意的餐桌上，我们也可以看到叉子，比如吃最平常的零食，似乎不太适合用刀子。在办公室工作的人们，会坐在公园里，用一次性木叉吃意面沙拉，一只眼睛还盯着拼字游戏。即便从夜店踉跄赶来吃阿拉伯烤肉的人们，也不会忘记抓起一个塑料叉，以免自己的手指上沾满油。

叉子对于我们来说已经习以为常，不过，餐桌用叉其实是相对较近的发明，它刚刚出现的时候，还曾经受到嘲笑和讥讽。与魔鬼和集草叉之间的关联，在开始的时候损害了它的形象。历史记载中的第一把叉子为 11 世纪一位拜占庭公主所有，它有两个叉尖，是金的。公主后来嫁给了威尼斯总督。圣彼得·达米安（St. Peter Damian）针对这种"过分的精致"，谴责她竟然倾向于使用一个稀奇玩意儿，而不是上帝赋予她的手。两百年后，有关这位愚蠢的公主以及那荒唐叉子的故事仍然在教堂之间流传着。有时候，人们还会添油加醋，说公主最后死于瘟疫，就是因为使用叉子而受到了惩罚。

六个世纪过去了，叉子仍然只是一个笑话。1605 年，法国讽刺作家托马斯·阿图斯（Thomas Artus）出版了一本内容奇怪的书，书名叫作《阴阳人的岛屿》（*L'Isle des hermaphrodites*，即 *The Island of Hermaphrodites*）。这本书写于亨利四世统治时期，嘲笑之前的君王亨利三世的软弱无能，以及朝廷之中那些热衷于奉承谄媚的朝臣们。在 16 世纪，"阴阳人"是一个蔑称，可以用在任何一个你不喜欢的人身上。嘲讽这些朝臣们的行为方式时，阿图斯能想到的最不堪的事情就是："他们从来不用手接触肉，而是用叉子"，叉尖之间的缝隙是那么宽，以致被阴阳人漏掉的蚕豆和豌豆比扎起来的多，吃得到处都是。"他们宁愿让那些小小的叉子来触碰自己的嘴唇，也不愿意用手。"这就暗示着使用叉子——就像是一个阴阳人——是一种性变态的表现。对于阿图斯来说，叉子不但没用，而且淫秽。

此前，尖尖的叉状物并非湮没无闻，只是被限定使用在特定的食物上面。在古代罗马，有单尖头的锥和钉，用来把贝壳里的肉挖出来，以及把食物从火上扎起来，或者扎穿。中世纪和都铎王朝时期也有那种小小的"蜜饯叉"，是一种两用的器具，一边是匙，一边是两个尖头的叉子。随着甜食或者说"蜜饯"在富人中的普及和流行，对这种叉子的需求也在上升。1463 年，圣埃德蒙兹镇（Bury St. Edmunds）的一位绅士将"我用来吃姜糖蜜饯（裹着糖霜的姜）的银叉子"遗赠给他的朋友。"蜜饯叉"的一端用来把黏黏的甜食扎起来，匙的一端用来舀甜美的糖浆。如果甜食的碎屑塞在了牙缝之中，蜜饯叉还可以成为俏皮可爱的牙签。但是，这与现代意义上的叉子完全不同，它还不是一件独立的用具，可以让人们把整顿饭吃完，而完全不用手来接触食物。

直到 17 世纪，我们仍然认为叉子是比较古怪的玩意儿，只有意大利人除外。为什么意大利人比欧洲其他地方的人更早地接受了叉子？原因只有一个：意大利面条。到中世纪，通心粉与意大利细粉的贸易已经十分完善。一开始，人们用一种很长的叫作"蓬特罗"（punteruo-lo）的木锥子吃长长的意式面条。但是，既然一个锥子可以卷起滑溜溜的面条，那么两个不是更好，三个就再理想不过了。意面与叉子是如此地相辅相成，看一桌意大利人吃意式宽面或者意式扁面，可以说是一种享受：他们像专家一般熟练地卷起满叉的意面，就像一小团光滑的纱线球。发现叉子在吃面条时多么有用之后，意大利人开始用它们吃其他食物。

伊丽莎白时代的旅行家托马斯·克亚特（Thomas Coryate）在1608年以前的某个时间，周游了意大利，他发现了"在任何其他国家都没有的"一种习俗，就是在切肉的同时，用一个"小叉子"来固定它。这是典型的意大利风格，克亚特注意到："吃饭的时候，他们不能容忍手指碰到食物，也并非所有男人的手指都一样干净。"虽然开始的时候感觉奇怪，克亚特后来却养成了一样的习惯，回到英格兰以后，他继续用叉子吃肉。他的朋友，包括剧作家本·琼生（Ben Jonson）和诗人约翰·多恩（John Donne），"善意地"嘲讽他那稀奇古怪的意大利习惯，称他为"弗斯菲儿"（furcifer，意思是"持叉者"，还有一个意思是"小捣蛋"）。女王伊丽莎白一世拥有甜品叉，但是她还是选择用手指，因为她觉得扎东西的动作很粗暴。

1970 年代，真正的男人据说是不吃乳蛋饼的；而在 1610 年代，他们则不用叉子。"我们不需要用叉子把我们的嘴巴跟草联系起来，把肉扔进去。"1618 年，诗人尼古拉斯·布雷顿（Nicholas Breton）曾经这样说。20 世纪初期，或者最晚在 1897 年，英国水手们仍然通过不用叉子吃东西来展现他们的男子气概。这是一种落后，因为到那个时候，叉子的使用已经很普遍了。

到 1700 年，距克亚特的意大利之游一百年以后，整个欧洲都接受叉子了，连清教徒也在使用它们。1659 年，奥利弗·克伦威尔的儿子、二世护国公理查德·克伦威尔（Richard Cromwell）花 2 英镑 8 先令买了 6 支吃肉用的叉子。复辟之后，叉子在餐桌上的地位得以进一步巩固下来，一起的还有新式三分勺。不能因为食物弄脏你的手指，或者不能因为手指而弄脏食物，成为一种礼貌的行为。叉子最终胜利了，尽管到 19 世纪以前，刀和勺的销量仍然高于叉子。

刀和叉的胜利伴随着晚餐瓷盘的逐步普及。与此前的食盘和木食盒相比，这种瓷盘更扁一些，也更浅一些。全部用碗来装肉的时候，理想的食具是勺柄有角度的食勺，可以向下舀，好像一个长柄勺（中世纪无花果状的勺子通常会有一个直直的勺柄）。刀、叉的手柄是水平的，放在构造较圆和较深的食盒或者汤碗里不太自然——它们需要一个扁平面。试试用刀、叉从一个较深的谷物早餐碗中吃东西，你就会明白我的意思：提起肘部，是不利于使用这类餐具的。"扁平"也是餐桌之上刀叉方面的礼仪要求所必需的，这一礼仪在维多利亚时代达到了顶点。盘子就像一个拨号盘，可以用它来传达你的意图。

有人说，最早的叉子是两个尖头的，其实并非如此：有些非常早期的叉子有四个尖头（或者"尖齿"），另外还有三个的，大部分是两个的。尖头的多少跟它的年代无关，而是跟功能有关。两个尖头更适宜在切食物的时候——大多是肉类——用来刺扎和固定（现在的切肉叉仍然跟切肉刀一起卖）。三尖头或者尖头更多的话更适宜当勺子用，就是把食物从盘子里送到嘴里。曾经有试验把尖头数量增加到五个（就像五层刀片剃须刀取代了双层和三层刀片剃须刀，宣称这是男人剃须史上最大的"科技进步"），但是对于人的嘴巴来说，五个尖头要对付的金属有点儿多。

19世纪，刀叉的使用出现了两种截然不同的方法：第一种被伟大的礼仪大师艾米莉·波斯特（Emily Post）命名为"轮替"法，即右手拿着刀，左手拿着叉，先把盘中的食物切成一个个的小块儿，然后放下刀，用右手拿叉，在盘中扎取食物，直到把所有的小块儿食物都吃完。一开始，这种方法在欧洲很普及，但是后来被当作是一种美国做派，英国人发明了一种更精致的方法，按照英式餐桌礼仪，直到所有的菜都吃完了，才可以放下刀。刀和叉在盘中有节奏地相互碰撞，就像划船的双桨，叉子扎，刀切；刀推动食物，叉子输送食物；这好比一场庄严的舞蹈，目的是让不得体的咀嚼活动可以舒缓下来。美国人和英国人都暗暗地认为对方使用叉子的方式很粗俗：英国人认为自己很有礼貌，因为他们从来不放下刀；美国人认为自己也很有礼貌，因为他们放下了刀。我们是被共同的餐具和语言分开的两个国家。

托马斯·克亚特对意大利人用叉子吃肉感到惊奇之后的四百年，我们的食物发生了不可估量的变化，但是我们对叉子的依赖基本上还一如既往：现在我们用它比以往用得更勤，就像茶匙和瓷盘，成为食具科技停滞不前的例证。尽管我们在大嚼汉堡包的时候不用它，在中餐馆也尽量用筷子，不过，叉子与我们日常饮食的关系仍然是密不可分的。我们对于跟食物一起进入口中的这种金属（或者塑料）的感觉是那么习以为常，以至于我们对它已经一无所想。但是，叉子的使用并非没有产生任何影响——它影响了我们整个餐具王国。卡尔·马克思（Karl Marx）在《政治经济学批判大纲》中说："那些满足于用刀叉吃熟肉的饥饿者，与用手、指甲和牙齿狼吞虎咽地吃生肉的饥饿者不同。"叉子不但改变了吃的方式，也改变了吃的内容。

这不是说使用叉子比其他饮食方式更先进。从火到冰箱，从打蛋器到微波炉，与每一项新的厨房科技一样，叉子也是有利有弊的。文艺复兴时期反对使用叉子的人们在很多方面是对的，用刀叉来切一片烤牛肉是绰绰有余的，但是用来吃豌豆和米饭却很麻烦，还是用勺子更好。用刀叉吃饭会有一种居高临下的样子，并不总是很得体，这是一种虚张声势的饮食方式。我们习惯于过度依赖科技带来的效率，却忽略了刀叉如何妨碍了我们。我们的饮食方式要求我们双手并用，其实没有一只手拿着筷子的饮食方式那么灵活。

　　"我们中的一些人看起来比拿着棒针的猴子还滑稽"，这是第一次有记载的美国人在中国吃中餐的情景，发生在 1819 年，其中的一位参与者这样评论道。在广州，中方主人们正在招待一批美国贸易商，一对仆人端进来一系列"乱炖"及一碟碟燕窝粥和米饭。"可是，天啊！"一位来自塞勒姆[*]的美国年轻贸易商惊叹："没有瓷盘和刀，也没有叉子。"这些美国人用那些棍子费力地攫取着宴会的美食。最后，他们的主人终于起了"恻隐之心"，为他们叫来了刀、叉和勺子。

　　今天，西方人在中餐馆吃饭的时候，有时还会发生类似的情况。晚餐进行中，你注意到有人的脸悄悄地变红了，因为他们不知道怎么用筷子，正在挣扎着试图把食物送入口中。这时候，就只能仰仗饭店主人的智慧，能否在呈上叉子和勺子的同时，不让客人们感到尴尬。1950年代，一位在哈佛工作的中国女士注意到：招待美国人的时候，一件很重要的事情就是准备好叉子以防万一；同样重要的事情是，如果客人坚持练习使用筷子的话，也不要去阻止。惯用刀叉的西方食客第一次使用筷子的时候，那样子就像一个笨拙的孩子。筷子的使用是一项真正的技能，不太容易掌握，却是中国、日本和韩国社会中的每位成员都要必备的。在中国，小孩子出生后的最初几年，是可以用勺子的；之后，就要

------

* 美国马萨诸塞州东部海港城市。——译者注

戴上围嘴，用橡皮筋把两根筷子绑起来使用，度过一个过渡期；到了上初中的年纪[*]，小孩子就不再享有任何宽容和忍耐了，他们现在应该可以熟练地使用筷子了，否则，就是父母教育上的失败。

最早的筷子是铜的，出土于殷墟，时间大概是公元前 1200 年，这样我们就知道筷子的使用至少有 3000 年的历史了。不过，直到汉代（公元前 206 —220），它们才普及到整个中国。富人使用铜、象牙、玉或者绘制精美的漆器做成的筷子，穷人使用简单的木筷或竹筷。在帝王的餐桌上，使用的是银筷，不仅因为它们昂贵奢华，而且据说还可以测出食物是否有毒：相关的说法是如果银子与砒霜接触的话，会变黑。缺点是银子较重，还导热（与热的食物接触，就会变得很热；与冷的食物接触，又很冷），还有一个根本上的弱点，就是不利于夹取食物（银子的摩擦力较小，比较滑）。最终，银筷还是被淘汰了，尽管它们看起来很漂亮，而且有着可以验毒的潜在功效，可是它们不符合远东地区餐桌礼仪的最基本的一个方面：对着餐桌上的美味，你有责任展示出自己的喜悦。用陶瓷筷子更容易显示出自己的快乐。

正如你在本书第一章所看到的，筷子的使用伴随着与西式餐饮完全不同的烹饪方式。因为筷子只是夹起食物，不能切，所有刀工都在厨房中完成了。"所有食物都切好了"，1845 年，另外一位来到中国的美国旅行者弗莱彻·韦伯斯特（Fletcher Webster）注意到了这一点。厨师的刀工免除了人们餐桌上的焦虑，就是每一位西方人在晚餐桌上都要面对的那种焦虑，如何切割盘中的食物，而不显得笨拙。如何礼貌地吃掉一根玉米棒，对于中国人来说完全不是一个两难的问题，并非因为中国

---

[*]　原文如此。——译者注

不产玉米，而是因为对于中国厨师来说，把这样一个大家伙直接放在盘子里端上去本身就是超乎想象的粗鲁行为。

用筷子进食还去除了西方餐桌上的主要尴尬，即如何处理刀与暴力之间的关系。法国理论家罗兰·巴特（Roland Barthes）到处都能发现符号，尤其是在餐桌上。他认为筷子是刀的对立面：手中握着刀子，让我们把食物当成了猎物，我们坐在晚餐桌旁，准备好"去切、去扎、去割"；筷子却正好相反，让人产生一种"母性"的情怀，在熟练者的手中，这些小棍子轻柔地处理着食物，就像对待孩子一样：

> 这种工具从来不扎不割，也不撕裂，从不伤害，只是选择、翻转和移动。筷子……从不冒犯食物：它们或者把食物慢慢地展开拆散（比如吃蔬菜的时候），或者把食物捅开成一个个小块（比如吃鱼的时候），因此它们重现了物质的自然分裂（从这个角度来说，比刀更接近原始人的手指）。

尽管本质上是柔和的，但是，用筷子进食仍然可能造成冒犯。表面看来，中国餐桌风俗比传统欧美的更轻松：餐桌用具只有一双筷子和三件套的瓷餐具，包括一个勺子、一个碗和一个小碟子。20世纪初，一位英国女士弗兰西丝·科德林顿（Florence Codrington）在中国邀请一位"年龄较大的女性朋友"共进英式晚餐，只见她"无比兴奋地围着桌子一圈一圈地跑着，挨个抚摸桌子上的物品，然后捧腹大笑：'啊哈哈，有趣儿，奇怪啊！'她喘着气说：'所有这些工具就为了吃一顿饭！'"不同于传统西式的个体分盘用餐，在中国，所有菜都摆在餐桌上共享，人们同时夹菜，在相距较远的盘子里，两双筷子相互碰撞并非是不礼貌的行为。中餐食谱作家苏欣洁（Yan-kit So）曾经强调："筷子碰撞的可能性很小。"

从另一个方面来说，因为中餐是节约型文化的组成部分，因此，有着严格的规矩来制止食物的浪费及其表现，特别是关于米饭。共享食物的饮食方式看起来比较随意，但是一种用餐规范就是不能让同时用餐的其他人看出你最喜欢吃什么菜；换句话说，你不应该贪婪地把筷子一次又一次地伸进同一个盘子里。吃米饭的时候，应该用一只手把碗举到嘴唇边，同时另一只手用筷子把米饭拨进嘴里，每一粒米都要吃掉。在英国，如果儿童的盘中剩了食物，父母会提醒他想想非洲的饥荒；中国儿童——小碗中装着有限的米饭而不是满满的一盘子饭菜——却会受到一种不同的、也更有说服力的教导：想想种地农民额头上的汗水吧！

日本人在中国之后接受了筷子文化（从中国借鉴而来），如今，筷子主宰了这个国家的整个餐具领域。不过，你大概不会想到，对于普通百姓来说，筷子只是在 8 世纪左右才取代了手，然后很快成为日本人的主要饮食工具。日本筷子比中国的短（大概 22 厘米，中国筷子是 26 厘米），一端是尖的，而不是方的，这样可以夹起更多小量的食物或者食物颗粒。过去人们常常说，如果一种食物不能用筷子来吃，或者不能用碗来喝的话，那就不属于日本。最近几十年，日本食物受到了全球化的影响，这个原则也不再那么严格。在年轻的东京人和大阪人中，最受欢迎的两种食物是炸猪排——端上来的时候通常沿着对角线先切成几块，需要自己再用刀切——和"咖喱"，一种万能的、辛辣而又黏糊糊的调味料，容易让人回想起食堂的菜，很多日本人喜欢。这种咖喱不能用筷子吃，太稠，也不可能用碗喝，它需要用勺子。另一种在日本深受欢迎的食物是用白面包做的"三度"（sando），模仿英国的三明治，用白面包片夹着大量的蛋黄酱，跟所有的三明治一样，它得用手拿。

不过，在日本，吃什么和怎么吃仍然主要由筷子来决定，拿筷子的时候，有一系列具体的行为是必须要避免的。除了一些明显的让人联想到暴力的禁忌动作，如用筷子指向某人的脸，或者把它们竖直插在一盘食物之中，还有更多细微的冒犯行为，其中包括：

泪箸（namida-bashi）：哭泣的筷子，液体像眼泪一样从筷子的一端滴落。

迷箸（mayoi-bashi）：犹豫的筷子，筷子在不同的盘子间移过来移过去，而不做选择。

横箸（yoko-bashi）：乱撅的筷子，把筷子当作勺子用。

刺箸（sashi-bashi）：扎东西的筷子，把筷子当作刀子用。

舐箸（neburi-bashi）：舐筷子，从筷子的一端舐食物的碎屑。

使用别人的筷子，也是一种禁忌。日本神道教十分忌讳任何形式的不纯洁或者污秽。这种宗教相信：别人嘴里出来的东西，不只有细菌，细菌是可以洗掉的，还有那个人的个性，这个洗不掉。用一个陌生人的筷子，即使被洗过了，从精神层面上来讲，也是令人作呕的。石毛直道（Naomichi Ishige）教授是日本饮食历史学家，出版了80多本书。他曾经在他的学生们身上做过一个实验，问他们："假如你把你的一件物品借给了别人，别人用过之后，把它彻底洗干净了，然后还给你；什么东西会让你在生理上感觉无法再次使用它？"大多数人的答案是两件物品：内裤和一双筷子。

这就解释了一次性筷子的现象。一次性筷子就是一条廉价的木头，可以从中一分两半，客人们把它分开之后就可以使用了。有时候人们以为这种一次性筷子是西方人的想法，其实不然：它们从 18 世纪日本餐饮业刚刚兴起的时候就开始使用了。餐馆老板唯一可以令客人们感觉放心、不用担心进入嘴中的工具已经被污染的方法，就是发给每位客人一双新筷子。这个例证可以帮助我们更好地理解，为什么饮食科技更多是由文化而不是功能来决定的。英国的日本食品专家理查德·霍斯金（Richard Hosking）抱怨道："从一个没有习惯于使用筷子的外国人的角度来说，一次性筷子会令人苦恼。"因为它们短小，对于手大的人们来说用起来就更难；还常常会被掰坏，让人不得不硬着头皮再要一副；更糟糕的是，一次性筷子会带来生态灾难：日本现在每年要使用和扔掉大概 230 亿双筷子。

使用一次性筷子的习俗还传到了中国，在那里，现在每年要生产 630 亿双筷子。到 2011 年，中国人对一次性木筷的需求量是如此巨大，以至中国自己已经无法满足针对 13 亿人的木头供应量。位于乔治亚的一家美国工厂开始填补这一缺口。乔治亚州富产白杨树和香枫树，它们的木质柔韧，而且颜色较浅，生产成筷子以前不用漂白。"乔治亚筷子"现在每年要出口几十亿双到中国的连锁超市，产品标签上写着："美国制造"。

19 世纪，那些第一批抵达中国的贸易商好像"猴子拿着棒针"一样对付手中的筷子的时候，大概永远不会想到，有一天，美国会向中国供应筷子。不过，这两种文化——刀叉文化和筷子文化——实际上拥有的共同点比想象的多。如果只是这两方共进晚餐的话，他们都会在心里暗暗地咒骂对方——你们这些野蛮人！但是，这两种文化却步调一致地蔑视第三种人群，就是那些不借助任何工具来吃饭的人。

偏见来源于定义，而不是理性。如果我们进一步地审视，就会发现：人们对于用手指吃饭的反感，其实并没有现实依据。首先，有人认为用手接触食物是懒散的表现；其次，用手指吃饭显得没有规矩；第三，没有食用工具限制了饮食的范围。下面的说明主要针对第一点和第二点，部分针对第三点。

没有食具不等于说没有规矩。一直用手指吃饭的人们，会把仔细洗漱作为一顿饭的组成部分。即使国王亨利八世，他用手吃饭这件事已经成为恶劣的餐饮行为的代名词，也比今天大多数吃三明治的人更注重卫生和礼仪。国王的割肉师会用一把刮刀将所有的碎屑清理干净，侍从把餐巾呈递给他，并为他掸掉衣服上的食物渣；最后，一位贵族端着一盆水，跪在他的面前，以便他把手上食物的痕迹都洗掉。我们可以嘲笑亨利的饮食方式令人反胃，可是我们之中又有多少人在就餐的过程中有他一半洁净呢？

用手吃饭的文化倾向导致了对洁净的敏感。古代罗马人用餐之前会把自己从头到脚都洗一遍，沙漠中的阿拉伯人会用沙子来洗手。今天，很多阿拉伯人使用叉子和勺子，可是，吃传统的中东菜之前，克劳迪娅·罗登（Claudia Roden）写道：客人们坐在沙发上，在那儿把手洗干净，"一位仆人端着一个大铜盆和长颈瓶走来，把水（有时候水里还加了玫瑰和香橙花）倒出来，让客人们把手洗干净，然后客人们会传递一条毛巾。"9世纪，在阿拉伯人中，如果一位客人在洗漱之后竟然抓了一下他的头皮，那么餐桌上的每个人都要等他重新洗过之后才能开始吃饭。有教养的欧洲人在吃完贝类食物之后，会用一种小小的指碗来洗手，按照印度的传统标准，这样很脏。根据印度习俗，手不能伸进盆中，因为手上的脏东西会造成二次污染，应该用新鲜的流水来清洁每个人的手。

那些用手指吃饭的人对于应该使用哪个手指是非常注意的，不仅仅是不可以使用左手（因为如厕时要用左手，所以"不洁"），而且对于使用右手的哪几个手指也有严格的规定。在大多数用手吃饭的文化中，真正礼貌的方式是只用大拇指、食指和中指（正如使用刀叉的规矩有很多，同样有例外，吃蒸麦粉的时候，因为它太散了，所以可以用五个手指）；还有，不可以鲁莽地从公菜盘中抓取食物；一口饭没吃完之前，就急着吃下一口也是很粗鲁的，但是这个对于使用刀叉的人们来说没有问题。

至于说用手指吃饭是否限制了饮食的范围，答案是肯定的，不过没有叉子或者筷子限制得那么多。主要的限制在于温度方面，用手指吃饭的文化不像我们这样热衷于嗞嗞作响的热饭和热盘。"你的盘子热吗？热吗？热吗？"1934 年，社交名媛埃尔希·德·沃尔夫（Elsie de Wolfe）在《成功的晚宴》节目中一再强调。如果你用手指吃饭的话，最好是不热；室温，或者再稍热一点儿是最理想的。手指当然也不是吃英式烤肉宴的理想工具：淋满烤肉汁的大块肉肯定需要用餐具。

在使用手指吃饭的国度，食物已经相应地进化了，而且手也发展出使用餐具者所不具备的能力。17 世纪早期，欧洲旅行者奥塔维亚诺·伯恩（Ottaviano Bon）来到了"土耳其皇帝"的宫廷，他注意到皇帝吃的肉："那么嫩，那么精细地烹制，以至……他不需要用刀，只要用手指就可以很轻松地把肉从骨头上撕下来。"同样，他用一只手拿着一片印度馕，另一只手拿着一碗咖喱炖豆，然后熟练地把馕在炖豆中蘸挑一下，你不会觉得需要什么叉子。手指不仅足以替代餐桌用具，而且在很多方面表现得更好。正如玛格丽特·维瑟（Margaret Visser）所写："用手指吃饭的人们，他们的手比使用餐具的人更温暖干净，更敏捷。手是安静的，对材质和温度都很敏感，也很优雅——当然，只有在受到合适训练的情况下。"

在阿拉伯国家，用手指吃饭仍然是一种规矩，人们可以灵巧熟练地把食物从手中送进口里。许多饭桌上的情景对于用叉子吃饭的人们来说是不可能的：例如，挖一团米饭，塞进去一片羊肉或者茄子，然后干净利落地放入口中。没有任何餐具可以帮助人们展现出如此完美和惬意的姿态。

餐具的发展不能单纯从功能的角度来理解。从纯粹功利的角度来看，用刀、叉、勺子和筷子能做的事情，基本上都能用手指来做（假设可以使用一些切割工具的话）。餐桌器皿承载着一种观念，即为什么我们的食物是那样的，以及我们相应地应该怎么办，在这方面，它凌驾于所有文物之上。现在我们说说叉勺吧。

1909 年，叉勺一词首次出现在词典之中，但是第一项专利权的确立是在 1970 年。词与物品本身都是"叉"与"勺"的结合体。就像铅笔的一端带着橡皮，叉勺就是科技理论家口中所说的"多用途"工具：两种工具的结合，其经典常用的形式，就是快餐店附带分发的一次性塑料叉勺，它是勺子的勺口与叉子尖头的结合，不要与刀叉勺、刀叉、勺刀或者刀叉相混淆 *。

---

* 叉勺 = 一个有尖头的勺子；刀叉勺 = 刀、叉和勺在一块儿，即一个边缘锋利、带有尖头的勺子；刀叉 = 一个具有切东西功能的叉子；勺刀 = 勺子的一端是刀（如厨房五金用品店出售的绿色塑料奇异果勺）；勺叉刀 = 一个万能称呼，任何勺、叉和刀结合的器具。

叉勺为我们的生活带来了某种含有讽刺意味的激情。有好几个网站是专门为它建的，提供使用的诀窍（"把一个尖头向里掰一下，其他的向外掰一下，然后立起来，就是一座叉勺斜塔"），或者"赞美"它们的俳句（"叉勺，真的美/那尖刺，那勺口，长长的柄/生活现在好圆满"）以及一般性的思考。Sprok. org 网站上有这样一段话：

> 叉勺是关于人类存在的一个完美比喻。它试图兼具勺和叉两项功能，因为具有两重属性，结果哪一项也没做好。你不能用叉勺喝汤，因为它太浅了；也不能用它吃肉，因为它的尖头太小。

叉勺处于叉和勺之间，显得不伦不类。在皮克斯动画电影《玩具总动员》中，一位机器人正在地球劫难之后人类遗留的废墟中清理杂物。他毫不费力地将各种老式塑料餐具归到不同的类别之中，直到遇见了一个叉勺，它的小脑袋有点不够用了：它属于勺子还是叉子？这个叉勺是无法归类的。

1995 年，当上总统两年以后，比尔·克林顿，政治上"第三条道路"的先锋人物，在华盛顿广播电视记者晚宴上围绕叉勺做了一场幽默风趣的演讲。他宣称叉勺"象征着我所领导下的政府……再也不会犯什么左的器皿与右的器皿这类选择性错误"。在激动的掌声和笑声之中，他结束了自己的演讲："这是一个宏大、崭新的理念——叉勺！"克林顿很搞笑，不过叉勺本身确实是一个宏大而崭新的理念。

它是怎么来的呢？在城市之中流传着这样的说法：1940 年代，麦克阿瑟将军在美军占领日本期间发明了叉勺。根据这个故事，麦克阿瑟将军认为筷子是供野蛮人使用的，而叉子又太危险（担心战败的日本人会以之作为武器而造反），因此，美军强迫日本人使用叉勺，一种安全、缩减版的西方餐桌器具。这个故事不可能是真的——正如上文提到的，叉勺的名称可以追溯至1909年以前，其构造本身还要早：19世纪的美国银器店中，水龟叉和冰淇淋勺都是叉勺，只是名称不同罢了（在爱德华·李尔［Edward Lear］的诗歌发表之后，又被称为"多齿勺"）。一战期间，确实有很多军队使用可折叠的勺叉一体式野战餐具，但是它们不是真正的叉勺，而是把勺和叉铆接在一个柄上。芬兰军队仍然在使用这种器具：它们是用不锈钢制成的，名字叫作"鲁斯卡哈如卡"（Lusikkahaarukka），意思是"勺叉"。

第一个为大众市场发明了叉勺的人是另一位麦克阿瑟，或许这就是麦克阿瑟和日本故事的缘起。比尔·麦克阿瑟是一位澳大利亚人，来自新南威尔士的帕兹角。他在1943年注册了斯普莱德商标（Splayd®），这个商标源于动词"散开"，是因为有一次，他在杂志上看到妇女们在一次聚会上，十分尴尬地把刀、叉和盘子摆在腿上，忙于应付。一盒盒的不锈钢斯普莱德，号称"刀、叉和勺的完美结合"，为迎合刚刚兴起的烧烤热的需求而进入市场。它们也从此成为澳洲特产，已经销售了500多万套。

1970年代，斯普莱德最终与叉勺品牌斯波克（Spork™）合并。这个商标的名称是1970年由一家美国公司（范·布罗德［Van Brode］研磨公司）申请注册的，1975年又由一家英国公司（塑料有限公司）作为一种两用的塑料食具申请注册。它很快成为快餐店里的标配。叉勺的商业价值在于：用一个食具的钱买到了两个食具。

学校和监狱也是叉勺的消费大户，还包括其他的公共机构，在这些地方，饮食回返到其最基本的功能。美国监狱使用的叉勺一般是塑料的、橙色的，而且不好用，因为要确保它们不会成为武器。2008 年，在阿拉斯加的安克雷奇，一个人试图以炸鸡店的叉勺作为武器实施抢劫而被捕了，受害人的身体上留下了四道"平行的划痕"。这个故事中最值得注意的地方在于：用叉勺时，谁都应该体验过类似的冲动，当然伤害的对象是快餐食物。叉勺是一种不中用的工具，只要食物对它来说稍微有些挑战，就马上崩裂成塑料碎片了。

2006 年，叉勺再次受到了关注，有人试图解决它在构造方面的缺陷。瑞典设计师约阿希姆·诺德沃（Joachim Nordwall）受雇于"明亮之火"户外用品公司，在瑞典长大的诺德沃并没有使用快餐叉勺的经验，对它的存在不以为然："就像一个混合体"，他说（人们对此通常伴随着一声：哼！）。它的尖头不像叉子那么好用，勺口也不能跟真勺子一样用：喝汤的时候，汤水会从缝隙之中漏下来。诺德沃的突破之处在于，他把勺和叉分开了，把它们分别放在柄的两端；另外，他还把尖头的外部边缘做成了刀刃，这样他的产品就成了刀叉，同时也是叉勺。"叉勺有了新的面貌！"一份商业评论为诺德沃的设计欢呼。实际上，这种构造是非常古老的，诺德沃让那种两端使用的中世纪蜜饯勺重见了天日。

现在，除非那餐饭十分正式，否则任何场合都可以使用叉勺。"明亮之火"公司出售的叉勺有面向露营者的，也有面向办公室人员的，"左手"叉勺是给左撇子用的，"小小叉勺"是给正在蹒跚学步的小朋友用的。以前的食具器皿，在如何处理食物方面，都带有某种文化倾向；叉勺则完全脱离了文化，它臣服于它的主人，没有他意。它不附带任何特定的规矩，也不要求什么礼仪形式。用叉勺吃东西谈不上礼貌，也谈不上不礼貌，互联网上关于叉勺的颂词中有这么一条，开玩笑地谈起了"叉勺餐具"的餐桌规矩："用叉勺吃土豆泥的时候，如果是装在泡沫容器中的，一般应该礼貌地剩一点儿'底儿'，不要为了那最后一口土豆泥用叉勺来刮泡沫。要是你必须得把所有土豆都吃完，请使用你的手指。"

食物夹

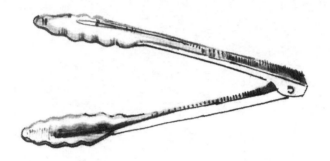

　　过去，夹子通常都是专用的：火夹用来移动滚热的煤炭，肉夹用来翻动锅中的肉，芦笋夹用来取娇嫩的芦笋枝，有弹簧的蜗牛夹可以夹住滑溜溜的、撒了大蒜黄油的蜗牛壳。

　　但是，从 1990 年代以来，我们开始倾向于使用多用途的食夹，就是什么食物都可以被夹起、翻动和放回。我说的是那种简单而又廉价的食物夹，不锈钢质地，两边呈扇贝形，而非老式的剪刀形。后者常常会夹碎你的食物，还会在你最着急的时候，突然不好用了，什么东西也夹不起来了。

　　食物夹的功能是增强你在炉盘上的灵活性。手握食物夹如同在手臂前端装了一副耐热机械爪。你成了一个"怪物"，能够提起滚烫的烧鸡腿，还可以从意式肉饭中取出豆蔻荚，因为食物夹既可以像镊子一般精准，也可以像抹刀一般无所畏惧。

　　食物夹短一点（理想长度为 24 厘米）最好，越长使用起来越需要技巧，容易失败。受过传统训练的法国大厨曾经使用长长的、骨制手柄的两尖头叉子做同样的工作。只是叉子的使用更受限制，它无法在火候正好的时候从沸腾的水中捞出意面，然后熟练地把意面跟火腿、豌豆和奶油放在一起搅拌。用食物夹的话，技术上来说，你就不需要滤器了，也不需要意面抄了。除了刀和木勺以外，它们是我所知道的最有用的手持器具。

第七章　冰

我吃了

冰盒中的

西梅

原谅我

它们很美味

那么甜

还那么冰凉。

　　　　　　——威廉姆·卡洛斯·威廉姆斯（William Carlos Williams）

　　　　　　《这就是说说，1934》（'This Is Just to Say, 1934'）

　　冷战期间，1959年7月24日是一个关键时刻，苏联领导人赫鲁晓夫与时任美国总统艾森豪威尔的副手——副总理查德·尼克松在莫斯科电视机镜头前进行了一场大型的公开会面。这是自 1955 年的日内瓦高峰会谈以来，苏联与美国之间展开的一场最引人注目的交流，不过是非正式的，谈笑中夹杂着对彼此的攻击。这两个男人讨论了资本主义与社会主义的特点：哪个国家拥有更先进的科技呢？哪种生活方式更优越？这场谈话——后来被称为"厨房里的争论"——关注的焦点不是武器与太空竞赛，而是洗衣机与厨房器皿。

那一天，是美国国家博览会举办的第一天，展览地点位于以"文化休闲"为主题的索科尔尼基市政公园（Sokolniki）。这是苏联人与美式生活时尚的第一次亲密接触：他们第一次尝到了百事可乐，看到了美国大型冰箱。展览展出了三套全配样板厨房：一套是通用磨坊公司提供的劳动力节约型厨房，着重于速冻食物；另外一套是惠而浦公司提供的"未来"厨房，妇女们只要动一下按钮，就可以启动各种厨房设备；第三套是通用电气公司提供的柠檬黄色定制厨房。

真正创造了历史的是第三套厨房。它看起来好像女明星多丽丝·黛的一部电影中的场景：干净的明黄色，也十分整齐。漂亮的女导览员为苏联参观者们展示柠檬黄色的冰箱所制造的奇迹——撒着一层清凉奶油霜的杯式蛋糕以及多层巧克力蛋糕等。这套厨房是通用电气公司出品的全套美式田园别墅的一部分。

尼克松和赫鲁晓夫停下来倚靠在白色的分界栏杆上，看着这套厨房。褐色头发、充满活力的美国导览员露易丝·爱普斯坦（Lois Epstein）为他们演示了典型的美国家庭主妇如何使用嵌入式洗衣、脱干两用机。在机器上面放着一盒 S. O. S 牌擦洗球，还有一盒达诗（Dash）洗衣粉。"在美国，我们倾向于让女士们过得轻松自在。"尼克松解释说。赫鲁晓夫回应道："你们资本主义对待妇女的态度不适用于共产主义。"其影射的含义就是：这些机器与其说减轻了女人的负担，不如说证实了美国人的一种观念——女人的职业就是家庭主妇（或许部分是对的）。赫鲁晓夫接下来试图了解这些新机器是否真正具有实际的用途。在回忆录中，赫鲁晓夫回忆了他如何拿起一个自动榨汁机，得知它可以用来榨喝茶时用的柠檬汁："多可笑的玩意儿……尼克松先生！……我觉得一个家庭主妇用这个玩意儿的话，还不如就切一片柠檬，扔进一杯茶水里，然后挤压出几滴柠檬汁，似乎更省事。"

尼克松发起了反击，他将赫鲁晓夫的注意力引向所有那些闪闪发亮的展览物品——搅拌机、榨汁机、开罐器和冷柜。"美国体制"，他说道："致力于新发明的应用。"赫鲁晓夫继续轻蔑地回应："你们怎么没有一个机器把食物放到人的嘴巴里，再把它推下去？你们给我们看的这些很有趣，但是生活中并不需要，它们没有实际用途，就是好玩儿而已。"

不过，赫鲁晓夫并未就此罢休，批评美式厨房毫无价值的同时，他还特意强调苏联也能做出一样好的厨房。他希望在赢得太空竞赛的同时，也赢得厨房竞赛："你以为苏联人民看到这些东西会感到惊奇吗？事实是目前新建的苏联厨房里，这些设备都有了。"赫鲁晓夫自己当然清楚，实际情况并非如此。美国国家博览会上展示的这一套由通用电气提供的、明黄色的定制厨房，在整个莫斯科，也找不到一套。苏联赫鲁晓夫时代新建的公寓厨房通常在 4.5 到 6 平方米之间，按照美国标准，是十分狭小的。属于这些厨房的最高荣耀——"伟大的未来劳动力节约型设备"，就是工作台下那一排排狭窄的、依墙而立的橱柜和碗柜，它们的标准高度是 85 厘米，是根据莫斯科妇女的平均身高而定的；再高一点儿的妇女必须得弯腰，矮一点儿的就要抬起胳膊，每个人都要迎合国家的统一标准。除了操作空间以外，这些厨房明显没有的，是通用电气厨房中的那一台柠檬黄色的大冰箱，或者与之类似的设备。1959年的时候，苏联生产的冰箱窄小而难看，当时绝大多数苏联人家的厨房里并没有冰箱。

事实是：1959年的时候，世界上任何其他国家，苏联也好，英国、德国也好，都生产不出可与美国家用冰箱媲美的产品。美国是无与伦比的冰上国度，当时就有96%的家庭拥有冰箱（英国的这个数字是13%）。很大程度上来说，美国人的生活方式就是因为有了冰箱才变得可行。从一杯波旁威士忌中叮当作响的冰块，到纽约市的轻奢芝加哥牛排，从冷饮柜台和冰棒到速冻豌豆，冷食与冷饮代表了美国的特色。一台自动柠檬榨汁机或许正如赫鲁晓夫所说，就是"好玩儿而已"，但是一台冰箱可不仅如此，它的用途很多，不仅仅是一个单项的科技发明，还是一系列的科技相互交汇，为我们创造了一种新的饮食方式。有时候，冰箱只是一个工具，把东西变冷，迎合我们在口感方面的偏好，如一杯冰镇白葡萄酒和一片冰凉的西瓜；但它更是一种储存食物的方式：食物可以因此突破时间和地域的限制，安全地保存更长的时间。冰箱在整体上改变了食物在获取、烹调和食用这三方面与人民生活之间的关系。

宽大的美式冰箱——以及它的近亲冰柜——首先是保存食物的工具，有了它，厨师们不再需要腌、卤或者罐装密封那些不能马上吃掉的食物。不管是穷人还是富人，季节性消费的问题一下子就得到了解决。冰箱改变了人们饮食的内容：有史以来第一次，新鲜的肉、牛奶以及绿色蔬菜在整个美国成为全年供应的主要食品。冰箱改变了人们购买食物的方式：没有冰箱，就不可能出现超市，也就没有"每周一次的购物行动"，不会有冰柜之中囤积的以备不时之需的食品。作为一个保鲜设备，冰箱是一个储存系统，取代了以前食品储藏室的功能。有一个冰箱，里面满满地摆放着新鲜的食品——储藏格里的生菜、好几加仑的牛奶、一罐罐的蛋黄酱、整只整只的烤鸡、好几磅的净菜和奶油甜品——也是美国梦的一个组成部分，是富足梦的核心。美式冰箱取代了我们曾经围坐的老式灶台，成为新的厨房重心；现在，人们开始围绕着冰箱那硬实而冰凉的隔层来搭建他们的生活。

我们羡慕美国人，就因为他们的冰箱。2011 年春天，在伦敦布鲁姆斯伯里（Bloomsbury）宽敞的地下室里，有一场产品发布会。我站在一台最高端的双门冰箱前，它的能源之星评级是 A++，而且是无霜的。它很高大，纯白色，只是在前门有一块金属面板，好像 007 詹姆斯·邦德所用的某种安全装置。上面有一个太阳伞图案的按钮，你可以在度假离家之前按下去，这样你在晒太阳的时候，冰箱就会自动将能源损耗降低，我被打动了，不过，这个其实不算什么。三星发布了一款"智能冰箱"，带 Wi-Fi、推特简讯和天气预报。在本书写作的过程中，兰开斯特中心大学的研究人员正在研究一款带有自动整理功能的冰箱，它可以持续清点冰箱内的存货，把快到期的食品推到前面。我们似乎可以期待，在不久的将来会出现一种冰箱，它能够帮助管理我们的生活。

厨房构建的起点——就是设计师们所说的"主题"——应该是冰箱，而不是炉子。我们想不出可以做什么的时候，就会打开冰箱，长时间而又认真地搜寻，看看它是否可以为我们生活中的那些重大问题提供答案。

如果我们早就有了冰箱，类似于培根、帕尔玛干酪、车达奶酪、意大利蒜肠、德国泡菜、油封鸭、香肠、烟熏三文鱼、腌鱼、盐腌鳕鱼、油浸沙丁鱼、葡萄干、西梅干、杏干、树莓果酱、柠檬酱……这类数不胜数的美味，就不会出现了。

时代的错误让很多此类食品仍然存在于我们的食物结构之中，我们是习惯的动物，热爱那些曾经赖以生存的食物。在冰箱时代，培根的存在并无实际价值，只是为了人们的喜好，这个似乎永远不会消失。能够用冰箱保存新鲜猪肉的话，就再也不需要吃烟熏火腿了，但是，我们对烟熏口味的偏爱是在更早的时期养成的，那时，只有通过烟熏，我们才可以全年都吃到某种食物，而不只是在一年中特定的时期。

欧洲中世纪时期，整个冬天和春天，几乎所有富含蛋白质的食物——如果你有幸拥有它们的话——都会被烟熏或者盐腌，因为这是不让肉类腐烂的唯一方法。任何肉类，如果在宰杀之后不能马上吃完的话，就会用盐腌起来：一块块的肉叠放在一个大木桶中，每层都撒上盐。这个处理过程花费不菲：在 13 世纪末，5 便士（根据老式钱币）的肉要用 2 便士的盐来腌，因此只有质量上乘的肉才会被盐腌储存；猪肉是最适合盐腌的肉，像火腿、腌猪后腿、培根以及腌猪肉什么的。伊丽莎白时代的人们做一种被直接称为"腌货"的东西，就是把猪脚、猪耳朵、猪脸和猪嘴等，混在一起腌起来。也有腌牛肉，圣马丁节牛肉则有所不同，它是在 11 月 11 日的圣马丁节期间开始准备，用盐腌好之后，挂在屋顶用烟熏，直到最后完全腌熏好。在相当长的时间里，传播着一种流言，说的是以前的厨师们曾经用香料来掩盖腐肉的气味。实际情形并非如此：香料很贵，不会被浪费在腐烂的食物上。不过，香料的一个重要用途是提升盐腌肉类有些粗糙的口感。

在东方，容易腐坏的牛奶也被保存起来了，通过凝结和发酵制成酸奶，或者酸味饮料，如哈萨克的马奶酒，还可以通过蒸发将其变成奶粉（蒙古人的一种发明）。在西方，牛奶被做成含盐量很高的奶酪和黄油，装在上了釉彩的陶罐之中。在埃尔弗里克（Aelfric）的《谈话》中，一位"腌制者"这样说道："如果不是我在旁边帮助，你的黄油和奶酪就都保不住了。"中世纪的咸黄油比我们今天的"咸黄油"咸得多，今天的咸黄油主要是为了迎合我们的味觉，而不是为了储存。标准的现代咸黄油含有1%—2%的盐分，中世纪的黄油含盐量是它的5到10倍：根据1305年的记载，1磅盐配10磅黄油，因此，黄油中有10%的含盐量；直接吃是不可能的，食用之前，厨师们需要尽量把大部分的盐分洗出来。

盐也被用来储存娇嫩的鱼肉。直到19世纪，苏格兰腌制法出现以前，鱼类腌制采用的是烟熏、晒干和干燥等方法。在阿伯丁附近，就出产烟熏黑线鳕鱼，它们是用泥炭和腐败的苔藓长时间熏制出来的。在欧洲，星期五的晚餐通常吃鱼，盐浸或者腌制的鱼曾经是蛋白质的主要来源。前古典时期 * 以来，盐腌鱼的贸易一度十分兴盛，首先是从埃及和西班牙，然后是从希腊运到罗马。在中世纪时期，来自北部和波罗的海沿岸的咸鲱鱼生产曾经是一项主要的产业。这类产品生产起来并不容易，作为一种油脂丰富的鱼类，鲱鱼很容易腐烂，捕捞之后的24小时之内用盐腌好是比较理想的，或者还应该更早一些。14世纪，鲱鱼商

---

* 这里应该指古罗马的古典时代以前，即6世纪以前。——译者注

人们发现了在船上腌制鲱鱼的诀窍，于是就组织了类似于现代化的流水作业。到岸后，鱼将被再次包装。荷兰人在这方面尤其出色，或许他们就是因此而赢得了欧洲市场的主导权。在海上，荷兰的鲱鱼工人们一个小时之内可以处理 2000 条鱼，这个速度为鲱鱼腌制带来了一个额外的有利条件，尽管当年的工人们对此一无所知：在匆匆忙忙之中，他们把鱼肚中富含胰蛋白酶的部分留了下来，这个化学成分有利于加快腌制的过程。

只能吃到保存之后的鱼，这样的饮食结构有多单调，可以从它们所引发的笑话数量感觉到："是你晒干了鳕鱼，你滚，别让我看见你！"《一部快乐喜剧，称之为"狡猾的欺骗"》(*A Pleasant Comedie, Called Wily Beguiled*, Anon., 1606) 里面的一个角色对另外一个角色说道。一条红色的鲱鱼——那种特别腌制过的鲱鱼，味道刺鼻，经过了加倍的"烟熏"和盐腌——在我们的语言里，仍然滑稽地隐含着欺诈和不合时宜的意思。

用糖腌制的食物似乎就包含着更多奢侈和愉悦的意味。在炎热的地中海国家，保存水果和蔬菜最好的方式就是把它们晒干：葡萄变成了"阳光下的葡萄干"，西梅变成了西梅干，枣子和无花果干萎之后更甜了。晒干水果的基本技术非常简单：在圣经时代以及之前，人们把多汁的水果和蔬菜埋在灼热的沙子下面，要不就铺在盘子或者屋顶上面，让它们在太阳下晒干。在东欧，阳光不是那么强烈，人们就发明了更复杂的方法：从中世纪开始，在摩拉维亚和斯洛伐克，人们建起了干燥屋，这是一种下面有炉子加热的屋子，里面用枝条搭起很多杆子，可以用来挂晒水果。

英格兰富裕人家有类似的"储藏室"。在那里，仆人们蒸馏酒精，

把水果装入瓶中，用糖熬煮坚果和橘皮，做成橘子酱（最初用的是柑橘）、果酱或者蜜饯。熬糖技术充满了炼金术的迷信和"秘籍"，每个水果都附带着"密令"。根据一部中世纪的书，核桃应该在6月24日，圣约翰受洗日这一天保存；水果应该在将熟未熟时采摘，因为这样更容易保持它们的形状。"保持醋栗翠绿和完整的最好方法"来自于汉娜·沃利1672年出版的《女王的橱柜》一书中的一个食谱。沃利的方法十分烦琐：在温水中泡三遍，用糖水煮三遍，最后再用新鲜的糖水煮一遍。储藏室是有魔力的，其避免东西腐烂的功能可以与防腐技术相媲美。

最不可思议之处在于，古代的水果保存方法确实可以保存水果（起码在大多数时候）。历史上，厨师就是那些把食物变得安全和可食用的人，而且他们常常成功地做到了这一点。但是，直到1860年代，路易斯·巴斯德（Louis Pasteur）发现微生物是导致食品腐烂的罪魁祸首之前，厨师们并不知道食品得以保存的原因。当时普遍的观念是物品腐烂变质是自然发生的，换句话说，是某种神秘莫测的力量导致了霉菌的生长。当时人们对微生物一无所知，实际上是生物体——真菌、细菌以及其他酵母菌——导致了食品发酵成为葡萄酒、奶酪，也导致了食品腐烂变质。

希腊妇女把无花果铺在阳光下晒干，可是并不知道她们正在杀死看不见的微生物（细菌繁殖需要水分，食物脱水了，它们也大多被杀死了）。农夫的妻子们用醋腌洋葱的时候，也不知道醋酸原来可以阻止霉菌的生长（微生物倾向于碱性环境），她们只知道腌过的洋葱比没腌过的保存的时间更久。保存食物的方法经过了一个缓慢而精心的发展过程。保持食物安全可食用是一个尝试和失败相互交替的过程；因为失败很可能意味着死亡，所以人们很少会有充足的动力去做出新的尝试，如果发现了什么方法可以使食物保存很长时间，并且食物仍然安全可食用的话，人们就紧抓不放了。除了 16 世纪新发现的用脂肪和油来保存肉食的方法（如油封鸭或者英格兰的罐肉），从中世纪到 19 世纪初，食物储藏技术几乎没有任何进步。

即使是尼古拉斯·埃伯特（Nicolas Appert），一位创建了现代食品储藏体系——罐装食品的法国人，也不完全理解这种方法为什么有效。他声称这是他的"梦想、思考和研究结出的硕果"。埃伯特最初是一位啤酒制造商，之后做过贵族家庭的管家，后来又成为一位糖果制造商。据说他性情开朗，秃头，有着厚重的眉毛。尽管他在 19 世纪的食品科技发展史上取得了重大成就，但是他本人并没有从中得到什么好处，死后埋葬在贫民的墓园中。

1795 年，法国卷入了与英国的战争，法国政府正在寻求一种更好的方法，可以为军队补充食物给养。拿破仑悬赏 12000 法郎，给那位发明出最好的保存食物新方法的人。与此同时，正在巴黎伦巴德（Lombards）街上经营糖果店的埃伯特，也在琢磨着同样的问题。他知道怎么用糖来保存和腌制各种不同的水果，但是他认为一定有更"自然"的方法，可以达到同样的效果。在埃伯特看来，传统的保存食物的方法都有缺欠。"晾晒"让食物失去了原来的质地和口感，盐把食物变得"实在太酸"，而糖则掩盖了食物真正的味道。埃伯特要找到一种技术，可以在保存的同时，不破坏食材本身的特点。他先试验用热水烫过的香槟酒瓶来保存水果、蔬菜以及炖肉；过了一段时间，他把香槟酒瓶换成了宽颈瓶；最后，他信心十足地把几件样品寄给了法国海军。回复是肯定的：法国海军部长认为埃伯特寄来的豆子和绿色豌豆"保留了蔬菜刚刚采摘时所有的新鲜口味"。《欧洲通讯》对它的赞美还要夸张："埃伯特先生发现了一种处理季节的方法。"他获得了那 12000 法郎的奖赏。

埃伯特的方法很简单，就是将食物放在封了口的瓶中，然后用水加热。1810 年，埃伯特出版了一本书，揭示了他的秘诀。他在封口瓶中保存的食物很多来自异域：洋蓟、松露、栗子、松鸡、葡萄汁、酸模、芦笋、杏仁、红醋栗、蔬菜丝汤和刚下的鸡蛋，不过，它们的处理过程都是一样的。直到今天，每一罐金枪鱼和每一听玉米粒也在以同样的方式来生产：封闭在容器中，然后在气体中加热。

然而，埃伯特并没有从这项发明中获取利润。接受奖金的同时，他放弃了争取专利权的机会。1810 年，就在埃伯特的书出版之后几个月，一位英国经纪人，皮特·杜兰特（Peter Durand）急急忙忙地为一种食物储存的方法申请了专利，他的方法与埃伯特的方法相似。一位叫作布莱恩·唐金（Bryan Donkin）的工程师，看到了其中的前景，花 1000 英镑把这项专利买了下来。1813 年，唐金与他的生意伙伴梅塞尔·霍尔（Messrs Hall）和甘布尔（Gamble）一起，在柏孟塞（Bermondsey）开了一家工厂，昵称就叫作"保鲜地儿"。在这家工厂里，他们按照埃伯特的方法，将大量食物装在密闭的容器之中，然后用热水煮 6 小时；一个关键的区别是：他们发现埃伯特的玻璃瓶太脆弱，唐金、霍尔和甘布尔就用镀锡的铁罐替代玻璃瓶，用来封装他们要加工的食物，如胡萝卜、小牛肉、肉汤和水煮牛肉等。

这些早期的罐装食品不是没有问题，最主要的问题就是埃伯特罐装食品的发明与第一个开罐器的发明之间，相隔了50年。这个例子恰好说明科技进步并非在匀速进行。直到1860年代，罐装牛肉（多用于军队）或者听装三文鱼和黄桃都会附带这样的吃法指南："用凿子和锤子沿着罐的外缘转圈凿开。"

1855年，罗伯特·耶茨（Robert Yeates），一位手术器械和厨房器皿制造商，设计了第一个专门的开罐器。它有一个带点儿邪气的爪子状的起撬器，连着一个木制的把手。方法就是把起撬器卡在罐顶，然后将罐子转圈撬开，留下一圈锯齿状参差不齐的边缘。这个有效，但是效果不太好。在开罐器的历史上出现了太多不尽如人意的设计：华纳式，主要用于美国内战时期，它的一端是锋利的镰刀，适用于战场，但是用在家庭厨房里，却是致命的；1868年的一款是将顶盖的金属切开一条，它适合用来打开沙丁鱼罐头，但是不适合用来开普通的圆柱形的听罐，因为它只能打开圆盖的一部分；1930年的电子开罐器则为此增添了一个非必要因素，令其复杂化。1980年代，终于出现了一种对于使用者来说风险和难度最小的产品——侧边式开罐器，现在人们能够以便宜的价格买到很多式样的此类开罐器，它是现代厨房的无名英雄。使用它的话，不用扎穿罐盖，它有两个相互连接的轮子，一个是旋转的，一个是锯齿的，可以将罐盖完整地切下来，不会留下参差的边缘。这个工具相当不错，唯一的遗憾是没能早一点出现。罐头食品工业现在进入了易拉罐的时代，已经没有必要使用开罐器了。

除了开罐方面的挑战之外，罐装储存还存在一项隐患：它并不总是能够成功地保存食物。1852年，供应给英国海军的几千箱肉罐头就被查出已经不能食用了，"里面的东西大部分变质了"，打开的时候，散发出令人作呕的"恶臭"。人们普遍认为罐装肉食变质的原因是"空气进入了罐中，或者开始的时候就没有完全排出"。在路易斯·巴斯德发现微生物之前，人们并不知道，有一类微生物可以在没有空气的条件下繁殖：要杀死它们，关键的步骤是彻底加热。最初，罐的大小在2—4磅之间（今天的平均大小是1/4—1磅）；当时海军用的食物罐非常大，平均每罐装10磅的肉，在工厂里加热的时间也应该相应增加，但是实际上却没有，这样就在罐中留下了变质的隐患。

到了1870年，罐装食品的质量提高了，也前所未有地打开了全球食品市场。英国工人们可以坐在桌前，享用从乌拉圭进口的佛莱·本托斯（Fray Bentos）腌牛肉；听装火腿也从柏孟塞运到了中国，美国消费者们也因此尝到了他们原本不可能尝到的食品。一位罐装食品历史学家发现：现在美国家庭可以从"好物云集的厨房园地"中选择食物，那里面有树莓、杏、橄榄和菠萝，更不用说"焗豆"什么的了。

这确实是一片园地，只是其中很多植物吃起来味道有点儿奇怪：真的，意大利听装西红柿令人惊喜——但不是由于它本身，而是用小火与各种意面调料炖过之后；罐装菠菜就像面糊，还带有金属的味道，有些对不起大力水手；罐装菠萝和桃子还可以（尽管缺乏新鲜水果的清新香味），罐装树莓就如同一罐浓稠的糨糊了。今天，这种包装方式对于饮料（苏打汽水、罐装啤酒）的意义远远大于食物：世界罐装加工食品的销售量是每年750亿个单位，罐装饮料则是3200亿个单位。

最终，真正大幅度地改善了美国家庭饮食结构的并非是罐装食物，而是冰箱，后者才确确实实地为人们提供了一个"好物云集的厨房园地"。

　　　杯盘之间：一部被湮没的"庖厨"史

1833 年，一批令人惊奇的货物运抵加尔各答——英国殖民期间印度的中心，它是 40 吨纯净透明的冰，从位于美国东海岸的波士顿，由制冰商弗雷德里克·都铎（Frederic Tudor）不远万里，经过 16000 海里的漫长旅程运送而来。

从波士顿到加尔各答的冰块贸易，让我们知道美国如何开始从冰块买卖中获取利润。冰，是一种古老的、储备充足的自然资源：公元前 1000 年，中国就有了采集冰块的记载；公元前 5 世纪，希腊有"雪"的买卖；17 世纪的贵族们用勺子从冰碗中挖甜点，所喝的葡萄酒曾经用雪镇过，他们甚至还吃冰淇淋和水冰。不过，只有到了 19 世纪的美国，"冰"才成为一种商品，而且，是美国人首先意识到，大冰块不应该用来做冰点，而应该用来制冷，以便保存食物。

19 世纪以前，人们对冷藏并非一无所知。很多意大利庄园都有自己的冰屋，如佛罗伦萨的波波利花园。这些冰屋可能是一个深坑，或者地下室，做过很好的隔热处理——通常使用的是草皮或者稻草——里面堆放着冬天制成的、大小不一的冰块，以备夏天使用。这些屋子的首要功能不是储存食物，而是存放冰块，这样，在盛夏时节，就可以拿来冰冻饮料或者制作奢侈的冰淇淋。冰屋有时候也被用作食品储藏室的补充，不过它的主要功能是为主人保存文明生活的组成部分——冰冻甜点。能够在夏天用上冰——无视季节的限制——成为富裕的标志。"富人在夏天得到他们的冰，穷人在冬天得到"，劳拉·英格斯·怀尔德（Laura Ingalls Wilder）在她的书中写道，她的书记载了 1880 年代达科塔牧场一位贫穷的农夫妻子的故事。

总体上来说，美国作为一个幅员辽阔、气候差异很大的国家，因为缺少冰而影响了全国的食品供应。黄油、鱼、牛奶和肉都只能在当地销售，大多数屠夫都是每天卖多少，杀多少，当天卖不掉的肉——有人称之为"肉林"——被扔到街上，任其烂掉。除非你住在乡下，拥有一个园子，否则绿色蔬菜是非常稀罕的东西。人们平时吃的食物基本上就是咸猪肉、面包或者玉米面包。城市里的消费者与农村的生产者之间的接触和交流很少。1803年，一位名叫托马斯·莫尔（Thomas Moore）的马里兰农夫，很有上进心，他琢磨着，如果把黄油运到更远一点儿的市场上去卖，应该可以卖得更多。他发明了最早的"冰箱"：这是一个鸡蛋形的雪松木桶，里面套着一个金属容器，用来装黄油；金属容器和外层木板之间的隔层，可以用来塞满冰。

1829年，纳撒尼尔·惠氏（Nathaniel J. Wyeth）申请了马力割冰机的专利，这是美国制冰工业史上第一个伟大的突破。在此之前，采集冰块十分费力，要使用斧头和锯，而且冰块大小不一；使用惠氏的割冰机可以省去很多人力，当然不是马力，而且大小一致，都是完美的正方形，易于叠放和运输。这个行业利润非常可观，就拿1873年的行情来说，在哈德逊河采集1吨冰的成本是20美分，可是卖到私人消费者的手里价格却高达4—8美元1吨，潜在的利润空间达到4000%。

1855年，蒸汽动力被用于采冰行业，现在一个小时就能采到600吨的冰。供应增加了，需求也在不断增加。1856年，纽约城需要10万吨的冰；到1879—1880年，需求量增加到近100万吨，而且还在继续上升。几乎半数的冰被卖到私人家庭，制冰公司用马车或者推车运送冰块，按月或者按天收取很少的费用。冰块存放在"冰橱"之中，这是一种原始的冰箱，有的只比锡桶略大一些，有的是以铅包边的木箱子，里面有隔层，像厨房的橱柜，底部有一个出水口，融化的冰水可以从那里流出。冰橱味道难闻，而且效率不高，里面的空气也没办法流通。尽管如此，能够在 7 月的一天吃到微冷的食物，新鲜的牛奶也不会在几个小时的间隔就变质成劣等的奶酪，更不用说那冰镇过的西梅，这些难道不是一种幸福吗？

冰带来了 19 世纪最大的变革，不是在私人家庭方面，而是在商业食品供应方面。大型的冷藏仓库与铁路上"冰车厢"的结合，打开了一个全新的食品市场。肉、奶制品以及新鲜食品工业成为最大的赢家。二战之前，美国人对肉和奶（佐以一杯杯鲜榨橙汁和绿色沙拉）的挥霍式消费闻名世界。这种消费偏好的产生，以及满足它的手段，很大程度上是缘于 19 世纪冰箱的诞生。

1851 年，黄油首先由火车的"冰车厢"从纽约运往波士顿，鱼也开始运往全国。1857 年，人们将新鲜的肉从纽约运到西部各州。以芝加哥为中心，"牛肉冰车厢"开创了一种新的肉类包装运输工业，这是典型的美国现象。到 1910 年，美国有 85000 个"冰车厢"，欧洲只有 1085 个（大部分在俄国）。新鲜的肉不必现杀现卖，或者马上用掉，"分割或者加工过的牛肉"可以冷藏储存，然后运往各地。

与所有新的食品科技一样，"冰车厢"遭到猛烈的批评。地方上的屠夫与屠宰房因为失去了生意而抗议，芝加哥对肉类市场的垄断令人们愤恨不已（他们或许是对的，厄普顿·辛克莱［Upton Sinclair］就在《屠宰场》一书中，描述了芝加哥肉类包装工厂的骇人场景）。从普通大众的角度来说，冰冻的用途真正令他们感到不安的地方在于它延长了食物的储藏时间。随着"冰车厢"的大量增加，冷藏仓库的数量也在快速增长，到 1915 年，美国冷藏库中储存着 10 亿吨的黄油。批评者指出，"过期储存"并不好，会影响食物的口感和营养价值；另外，人们一直担忧的是，冷冻食品可能会演变为一场骗局：因为通过推迟销售时间，销售商可以推高价格；还有，就是自然环境中采集而来的冰块，并非总是那么纯净，常常含有脏土、水草以及其他植物，从卫生的角度来说，冰冻储存有隐患，尤其对于奶制品来说，这成为一个更令人担心的方面。

这是美国冰冻行业逐渐从自然冰采集转向工业制冰的原因之一。那时，人类制作人造冰的历史已经有几个世纪了，不过一般是为了做冰淇淋或者冷饮。伊丽莎白时代的科学家弗朗西斯·培根爵士是一个例外。根据他的传记作家约翰·奥布里（John Aubrey）所写，培根死于 1629 年，他当时正在试验用雪来保存鸡肉，因此感染了风寒。他还曾经研究过硝酸钠的作用，因为他要"实验人工把水变成冰"。他抨击了当时富人们对冰块的消费方式，冰仅仅被用来冰镇葡萄酒，而不用来"储存"食品，是"可怜而卑劣"的行为。培根是对的，这是一个主次的问题。几个世纪以来，冷冻储存技术受到忽视的同时，冰淇淋制作技术却有了极大的进步。

1885 年的广告上，马歇尔夫人（Marshall）的专利冰淇淋机看上去是一个圆而扁的机器，上面有一个手摇的把手，广告词是：

马歇尔的专利冰淇淋机！爽滑而美味的冰淇淋，只要 3 分钟！

3 分钟做出冰淇淋？而且用手工？今天面向家庭使用的最高档的电动冰淇淋机，要价几百英镑，也只是标榜可以"在 30 分钟以内做出冰淇淋和果汁冰糕"，马歇尔的机器怎么可能只用其十分之一的时间，而且还没有电力的帮助？

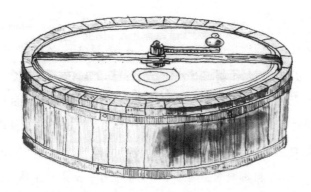

听起来好像是商业宣传。马歇尔夫人是一位十分精明的女商人，善于为自己赚取利益。作为来自于伦敦北区圣约翰林（St. John's Wood）的四个孩子的母亲，她在伦敦中区莫蒂默（Mortimer）街 31 号经营着一家烹饪学校，学校创立于 1883 年。从她书中的画像来看，这是一位有着褐色头发、充满魅力的女人，很像画家约翰·辛格尔·萨金特（John Singer Sargent）笔下所描绘的美女：眼神专注而明亮，身材丰满，瀑布般的卷发披在头上。烹饪学校开办不久，马歇尔夫人就开了一家商店，售卖所有厨房器皿：从洗刀器到精美的冰淇淋模子应有尽有。她还卖香精、调味品以及食物色素，同时还写作食谱书——两本是关于冰淇淋的，一本是关于日常烹饪的——书的后面则印满了自家产品的广告。

简言之，马歇尔夫人正是那种会宣传和吹嘘自己产品的人，会把 30 分钟的制作时间说成是 3 分钟。有时候，自我吹嘘也并非毫无根据。人们发现，马歇尔的专利冰淇淋机确实是一个了不起的设计。到 1998 年，这个机器仅存五台，其中三台为罗宾·威尔（Robin Weir）所有，他是英国顶尖的冰淇淋史专家，也是一个小规模的食物历史学家团队的一员；他们极力主张：马歇尔夫人与跟她同时代的比顿（Beeton）夫人相比，在厨艺方面高超得多。威尔在试用马歇尔专利冰淇淋机的时候，吃惊地发现，它们确实可以在几分钟之内做出软糯的冰淇淋——也许不是正好 3 分钟，但是不超过 5 分钟，前提就是每次做得不太多。

在伊安·戴的烹饪历史课上（戴是另外一位拥有一台这种机器的人，同时也是马歇尔夫人的拥戴者），我目睹过其中一部马歇尔夫人的机器是怎么工作的。看上去，它与南茜·约翰逊（Nancy Johnson）——一位来自费城的美国海军军官的妻子，另外一位伟大的女性冰淇淋机发明家——在 1843 年发明的美国经典手摇式冰淇淋机没有太大的区别。今天，在美国的很多人家，在炎热的夏日午后，大人们仍然会把这些简朴的木桶拿出来，以便哄小孩子们开心：先把冰和盐沿着金属容器的周边放入桶中，然后把冰淇淋原料倒入容器之中，再把盖子盖上，你就可以开始用手摇转它了，这样会带动里面的"转刮器"，将容器中正在冷冻的冰淇淋刮下来。如果天气很好，不是那么热，你也往机器里面投放了足够多的冰和盐，那么，经过 20 分钟不停的摇动，冰淇淋就做好了。

为什么马歇尔夫人的专利冰淇淋机会比它快 4 倍呢？从设计上来说，它比南茜·约翰逊的机器宽，也比它扁；冷冻的过程与热传输是反向的，热量从蛋奶原料传输到冰冷的金属容器上面，冷金属的表面面积越大，冰淇淋原料就凝结得越快；马歇尔冰淇淋机的制冷表面面积远远大于其他冰淇淋机，也不同于约翰逊的桶，冰和盐只能放在桶的底部，就像广告中说的："不必在边上放任何东西"；它还有一个与众不同之处：其他家用冰淇淋机，无论是电子的还是非电子的，金属容器在搅拌装置转动的时候都是静止的，而马歇尔夫人的冰淇淋机，其中间的转刮器是静止的，当上面的把手摇动时，会带动金属容器一圈一圈地转动。

这是一项了不起的发明，只有一个缺点：为了尽量降低成本和价格，马歇尔夫人使用的金属是廉价的锌，一种有毒的金属；因此，尽管现存至今的这台机器在很短的时间内就做出了丝滑的意式冰淇淋，却没有人愿意品尝，除了罗宾·威尔以外；他告诉我他"一直在吃这种冰淇淋，在零度以下的环境中，这种金属的毒素量是可以忽略不计的"。然而，在今天的世界上，任何机器如果用锌来"毒化"冰淇淋，不管量多量少，都不会有人敢用。

在伊安·戴的家中，我们看到一些柑橘与柠檬水冻成的冰块，从半透明的黄色晶体转变成了雪白的冰淇淋；无论是否有毒，想要尝一口的诱惑都十分强烈。戴提到，他和罗宾·威尔已经谈过，打算使用现代无毒材料，重新制造和生产马歇尔夫人的机器。他们应该这么做，因为这种冰淇淋机好于现在市场上的任何同类机器，它更快，更有效率，也更符合审美要求，而且使用起来低碳环保。1885 年，如果谁拥有一台马歇尔专利冰淇淋机的话，他做冰淇淋的速度很可能比现在大多数的厨房都要快，也更容易。

即使是革命性的万能磨冰机，号称利用"精密旋压"可以在 20 秒内制作出冰冻甜点，实际上也要比马歇尔的机器慢，因为"磨冰"前，你需要把材料至少冰冻 24 个小时。马歇尔夫人的机器仍然值得关注的原因在于，冰淇淋制作并非是某种可以忽视的手工艺（一百年前的果冻模大部分好于今天的，不过那是因为我们中的大多数人对于做一个宫殿状的果冻不再感兴趣了），今天的很多厨师会很乐意复制马歇尔夫人所取得的成就。她的书《冰籍》（*Book of Ices*）中记载了各种口味的冰淇淋，让我们见识了她在这个领域纵横驰骋的自由。她可以发明任何自己所喜欢的，而且她知道，只要做好那个口味的原料，冰淇淋在几分钟之内就可以完成。她的冰淇淋配方不仅包括香草、草莓和巧克力的，还包括烤杏仁、醋栗、青梅、肉桂、杏、开心果、柑橘、橘花水、茶以及蜜橘等口味。

关于冰淇淋，马歇尔夫人曾经有过一个令人惊异的设想，1901 年，她在她的杂志《饭桌》上发表了一篇文章，给"向往科学的人士"提出了一个令人欢欣鼓舞的建议：

> 在液氮的帮助下……每位晚餐桌上的客人都可以在餐桌上自制冰淇淋，只要简单地用一个勺子，把冰淇淋原料与身旁仆人倒出来的几滴液态空气一起搅拌就可以了。

她大概是听了一场皇家学院关于液化气体的讲座之后，产生了这个想法。我们不清楚她自己有没有亲身试验过，使用液态氮制作冰淇淋的科学家皮特·巴哈姆（Peter Barham）认为她没有，因为"几滴"的液态氮不足以冷冻整碗的冰淇淋。不过，在 20 世纪初，这位伟大的厨艺发明家就想到了一百年之后仍然属于高科技的冰淇淋制作方法，不能不令人感到惊叹！今天，在赫斯顿·布鲁曼索（Heston Blumenthal）的肥鸭饭店（Fat Duck）吃晚餐的客人们，对着餐桌上与液态氮一起冻凝的甜点，仍然感到惊奇不已。

马歇尔夫人液态空气的理论产生于冰淇淋诞生之后的几百年，其最基本的方法——在冰中放入盐，以便降低温度，发明于公元 300 年的印度。这个方法有效，因为盐可以降低冰点，理论上可以把冰点降低到零下 21 度。到了 13 世纪，阿拉伯物理学家们把硝酸钠加入到水中，发明了人造雪和冰，比培根早了三个多世纪。从欧洲各地来到东方的客人们，无不对那神奇的冰冻果子露和冰镇糖浆赞叹不已。16 世纪，法国人皮埃尔·贝隆（Pierre Belon）来到了中东，当地甜美的冰镇饮料让他无比惊叹："有的是用无花果做的，有的是用西梅、梨子做的，还有的用杏和葡萄，还有用蜂蜜的，做冰冻果子露的人们把雪和冰与它们搅在一起，让它们变冷。"

在波斯，冰冻果子露是用柠檬、橙子或者石榴汁做的：首先，用一个银的滤器压榨水果，然后加糖，再加水稀释，最后加入冰；类似于今天印度海滩上还在售卖的冰沙饮品，它应该是介于柠檬水与冰沙之间，成为闷热午后的一抹清凉。"给我一个太阳，我不在乎有多热"，诗人拜伦1813年到访伊斯坦布尔时写道："还有果子露，我不在乎有多凉；我的天堂，与波斯人的天堂，一样容易建造。"

到17世纪，住在巴黎、佛罗伦萨和那不勒斯的欧洲人开始制作他们自己的刨冰；到了18世纪中期，冰甜点已经是一个颇有规模的食品行业。在那不勒斯，售卖冰糕（sorbetto）的小贩们走街串巷（那时候，用来指代意大利冰淇淋的词是冰糕［sorbetto］，而不是冰淇淋［gelato］，这并非意味着当时的冰淇淋中缺少奶油），提供的冰淇淋口味有甜橙、苦樱桃、茉莉和木梨。冰淇淋是从冰淇淋机中舀出来的，这是一个很高的圆柱形容器，有金属盖，放在塞着冰和盐的桶中。为了搅碎冰晶，让冰淇淋在冰冻的同时保持软糯的口感，小贩们每过几分钟就要把冰淇淋机在塞满冰和盐的木桶中旋转几下，还要不时地用一个木铲搅动那些冰。这种制作冰淇淋的方式，虽然科技含量较低，但是效果却跟大型的电器一样好。

简言之，在家庭手工冰淇淋制作方面，我们的祖先与我们相比毫不逊色。我们今天主要的非电子的冰糕制作方法——用一个塑料容器冰冻，不时地搅动，以便打碎冰晶——较当年的意大利冰淇淋机和马歇尔专利冰淇淋机都逊色了许多。不管你如何频繁地拿出来搅动，最后出来的结果永远是那么一块不起眼的冰。除了冰淇淋的工业化制作——其在很大程度上来说是利用空气和添加剂来降低产品价格的技术——可以说，从马歇尔夫人到今天，我们在这方面并没有什么真正意义上的创新。

鉴于维多利亚时代对于冰淇淋制作技术的掌握，人们有理由认为下一个进步显然应该是冷冻储藏技术。确实，在欧洲的大户人家，在厨房服侍的仆人分为两类：制作开胃菜的厨师与甜点师。甜点师有时候会进入一个"冷屋"中，在那里，甜点被冷藏保存，那里还可以制冰和储存肉类。在小户人家，直到工业革命之后，冷冻储存条件一直都十分简陋。1880年代，马歇尔夫人出售了一系列反映"现代化革新"的"冰橱"，其实那不过是一个独立的木制厨房橱柜，上面有两个可以放冰块的容器。如果说马歇尔的专利冰淇淋机是被忽视的最伟大的厨房科技之一，那么，她的"冰橱"不过是维多利亚时代的古董。是什么让"冰屋"与"冰橱"退出了历史舞台，又是什么正在塑造着我们的生活？——是那带有电子压缩机的冰箱！

一年以前，我在伦敦与一位想家的美国人聊天。她说，真正让她感觉不适应的是英国的厨房，小里小气的器皿，还那么安静；她怀念那种嗡嗡声——不大，但是持续不断——它来自于美国的大冰箱。对她来说，这就是家的声音。

20世纪美国冰箱所发出的这种友善的声音，并非是不可避免的，这是由冰箱里面的发动机造成的（大冰箱＝大马达＝大声音）。还有另外一种技术，并不比这种电子冰箱差，那就是气体吸附式冰箱，它在工作时是安静的。这两种制冷技术——压缩式和吸附式——都是19世纪发展起来的，都基于液体和气体的热力学属性。它不是增加"冷"——也没有这种物质——而是把热量驱除出去。冷冻所依据的事实是：液体转化为气体时，热量也散去了，就像一碗正在冷却的汤，上面在冒着蒸汽一样。

在古代埃及，人们利用蒸发原理来冷却水：把液体储存在有气孔的陶罐之中，把陶罐外面的表层弄湿，随着这层水分的蒸发，罐里水的热量也被带走了。在印度，这一技术被用来制冰：在挖好的沟里铺上稻草，然后在浅浅的锅里注满水，再放在里面；在合适的气候条件下——无风或者风不太大的时候——水就会变成冰。

18世纪以来，一些发明家就在试验加速蒸汽制冷过程的方法。19世纪早期，来自康沃尔郡的工程师理查德·特里维西克（Richard Trevithick）成功地建造了第一台机器，在这台机器里面，在压力作用之下膨胀的空气把水变成了冰。空气，实际上不是很好的制冷剂——它不是热的良导体，如何更好地驱散热量是最终的目标，于是工程师们开始尝试利用不同的气体来制冷。1862年，哈里森–西比（Harrison-Siebe）蒸汽压缩制冰机出现了，用乙醚代替了空气，这是一台巨大而骇人的机器，"由15马力的蒸汽发动机发动"。它的工作原理与我们大多数人家厨房里的冰箱是一样的，即一种气体——这台机器用的是乙醚——经由金属线圈压缩成液态，然后再膨胀成气体，这样导致了热量的消耗，从而有了制冷的效果；然后，气体再被液化，整个过程重新开始。

早期存在的爆炸的可能性被排除之后，哈里森–西比机器运转十分良好。1890年代，这家伟大的蒸汽驱动制冰工厂利用压缩技术，每天可以制造几百吨钻石般纯净剔透的冰。

这并非制冰的唯一途径，引人注目的法国发明家费迪南德·卡雷（Ferdinand Carré）发明了另外一种方法——气体吸附。这两种方法的区别在于：相较于强使气体通过压缩线圈，后者让气体在"同质的"液体中消融。根据卡雷的想法，液体就是水，而气体是氨气。这是一种比压缩更为复杂的过程：需要考虑两种物质，而不是一种。然而，卡雷的机器也很了不起，它可以持续不断地工作，1867年的时候，它每小时可以生产200公斤的冰。在美国南部各州，自然冰的供应从未得到过保障，因此配备卡雷大型吸附式制冰机的工厂如雨后春笋般地涌现。到1889年，南部有165家工厂生产着美丽纯净的人造冰，用它可以冰镇薄荷朱利酒，可以帮助运输娇嫩的乔治亚桃子。

不过，虽然商业制冰工业实现了机械化，普通的美国家庭主妇们还在将就着使用她们的冰橱。直到1921年，《美丽之家》的作者仍然在抱怨，这个冷冻容器的维护实在麻烦：必须有人把送冰人放冰的地方马上擦干净……有人每天把下面的底盘抽出来，把水倒干净……有人时刻在冰橱周围闻来闻去，日复一日，什么时候发觉味道难闻了，就要赶快擦洗。

在一战与二战之间，随着家用冰箱——气体式以及电子式——的到来，这些日常的苦差事都消失得无影无踪了。有人认为，在一战结束之后、大萧条开始之前的那十年左右的时间里，美国家庭生活模式发生了历史上最"剧烈的变化"。1917年，只有四分之一的美国家庭能够用电，到1930年，这个数字变成了80%。绝大多数美国人可以使用电力是电子压缩式冰箱得以普及的关键因素。这是一个高风险高回报的行业，它不同于电熨斗和电水壶，一台电冰箱是不关的，每天24小时，嗡嗡叫着，消耗电力，电气公司也因此大力支持家庭电冰箱的普及。

首先出现的两个家用冰箱的名字是家荣华（Kelvinator）和弗立吉代（Frigidaire）。这两家公司都成立于1916年，都生产电冰箱。委婉地说，当时的冰箱存在着令人感到棘手的麻烦。1910年代，如果你买了一台电冰箱，你不会拿到一个独立的机体，电冰箱公司会上门，在你现有的木制冰橱里安装一个制冷装置，当马达启动时，冰橱常常无法承受那种压力，会变形和散架。而且，这个装置很大，会导致食物存放空间严重不足。为了解决这个问题，压缩机和马达有时候会安装在地下室里，然后再费力地把制冷剂输送到楼上的冰橱里。压缩机常常失灵，马达也会损坏，更令人忧心的是，早期的制冷气体用的是氯甲烷和二氧化硫，都有潜在的致命风险。再加上整个系统的隔热处理并不好，风险就更大。1925年，科学家阿尔伯特·爱因斯坦看到了报纸上的一则新闻，说的是冰箱管道里的有毒气体泄漏，导致整个家庭成员全部死亡，于是他就决定设计一款更好的冰箱。爱因斯坦与他以前的学生一起开发了一款冰箱，并于1930年申请了专利。这款冰箱基于吸附式原理，与卡雷的机器相同，它没有任何移动的部分，只需要一个小小的热源，比如说煤气炉之类，就可以开始工作了。

爱因斯坦发明的冰箱从未上市，因为出现了其他情况。1930年，在工业领域发现了一种新的无毒制冷剂，叫作氟利昂-12，一瞬间，所有新的家用冰箱都采用了氟利昂。在当时，这就好像是出现了新的曙光，尽管半个世纪之后，冰箱制造商们又在迫不及待地寻求氟利昂的替代材料，因为它是造成臭氧层损耗的主要氯氟碳化合物。1930年左右，美国机械冰箱的销售首次超过了冰橱。那时候，冰箱已经远远不再是那种老式、漏水的木柜。1920年代早期的独体式冰箱一般是白色的，有四只脚，像一个梳妆台。其中最著名的或许就是通用电气出品的"天窗"冰箱，这是一个白色有脚的柜子，圆柱形的机械制冷装置装在柜子的上面。到了 1930 年代，冰箱体积增大了，脚没了，增加了流线型的金属美感。

1926 年，伊莱克斯-塞韦尔（Electrolux-Servel）推出了一款持续吸附气动冰箱，一时间，气动冰箱似乎就要取代电子冰箱了。这是两位瑞典工程师卡尔·蒙特斯（Carl Munters）与巴特扎·凡·普拉敦（Baltzar von Platen）的发明。这种新式气动冰箱不需要马达，更廉价也更安静。1940 年代，塞韦尔的一则广告展示了一对着装得体的白人夫妇，吹嘘因为他们买了伊莱克斯冰箱，所以成功地留住了他们的黑人仆人："我们选择了这台安静的冰箱，所以曼迪打算再给我们一次机会。"曼迪也在旁边惊呼："天啊！它真安静！"尽管没有噪声，可是塞韦尔的影响力从未像生产电子冰箱的通用电气那么大。现在，气动冰箱听起来有些奇怪，但是当年，这两种冰箱——安静的气动冰箱与嗡嗡叫的电子冰箱——之间的竞争，促使了两边竞相发明，这也是美国冰箱之所以发展这么好、这么快的部分原因。1930 年代末的冰箱已经具备了所有的现代配件：冰箱门上的推拉门闩、存放沙拉用的保湿盒，以及放冰格盘的冷冻室——所有这些，今天仍然是冰箱的卖点。

美国人购买了弗立吉代和伊莱克斯所制造的冰箱，1926 年，是 20 万台（平均每台的价格是 400 美元）；到 1935 年，达到了 150 万台（平均每台 170 美元），全国一半的家庭拥有一台机械冰箱。广告则引导消费者们把冰箱想象成一个新鲜食品出现的地方。家荣华推出了"家荣华式"食品的理念：

> 从家荣华冰箱冰凉的空间中拿出来，它们是不可抵挡的。想

象一下切好的橙子，冰冰的；哈密瓜和葡萄，也带着透心凉；还有家装水果罐头，浸着凉凉的浓浓的果汁。想象一下你的谷物早餐中所添加的冰凉而新鲜的奶油。

总体来说，老式食物储存的方法一定不敢说会让食物变得更好，只是避免毒害到人而已。人们知道熏鲱鱼没有新鲜的鲱鱼好吃，但是毕竟比烂鲱鱼好。比较而言，冰箱产业不仅号称要保存食物，而且要让食物变得更有吸引力。

现实并非总是尽如人意，对冰箱抱怨最多的就是它们会让新鲜的食物变得无味。1966 年，食物储存专家哈钦森（R. C. Hutchinson）注意到：消费者觉得冷藏过的食物"失去了很多原来的味道，同时增加了别的味道"。从商业的角度来看，这不仅是一个问题，也是一个机遇；冰箱促进了另外一种储存产品的兴起，比如说食品保鲜膜（1953 年出现了莎伦食物保鲜膜）和特百惠（Tupperware）塑料保鲜盒（1946 年首次出现在市场上）。"听到悄悄话了吗？"1950 年代特百惠的广告在鼓动着人们："那是特百惠密封性能的承诺——保持食品新鲜的风味！"

特百惠也是冷冻食品的包装存储工具，帮助人们把更多的食品塞进家用冰箱冷冻室的有限空间里。特百惠进入市场的时候，冷冻食品行业正在发展壮大，产值接近十亿美元。冷冻食品行业起步较晚，1930年代的美国冰箱在冷冻方面毫无建树，需要冷冻的物品必须放在蒸发器丝管旁边的狭小空间里，只能存放一包或者两包食物；那是冰箱里最冷的地方，那里的小冰块还常常融化，最后结成一大块冰。

1939 年，"双温冰箱"——冷冻冷藏冰箱的出现促进了冷冻食品行业的迅猛发展。冰淇淋和冰块终于可以与冰箱中的其他食品分别存放，放在温度一直低于零度的空间里。另一项发明是把蒸发器丝管嵌入冰箱壁中，从而使制冷更均匀，帮助人们摆脱了除霜的梦魇。拥有这样一台机器的家庭现在完全有理由享用丰富的冷冻食品，如冰冻浓缩橙汁，这样全家人每天早晨都可以喝到"新鲜"的果汁（这是美国战后最成功的商业冷冻产品，1948—1949 年销售了 900 万加仑）；还有草莓、樱桃和树莓，即使身处寒冬，也能品尝到夏天结出的果实；还有新兴的冷冻鱼条以及柏兹艾（Birds Eye）公司出品的冷冻豌豆。

　　1920 年代，克拉伦斯·柏兹艾（Clarence Birdseye）开创了现代冷冻食品工业，他本人常常谦逊地说："我做的这些真的没什么……爱斯基摩人都做了几个世纪（冷冻食品）了。"确实，用冰来保存鱼和肉类并拿到市场上销售，这种商业行为早已有之，而且不仅只有爱斯基摩人这么做。但是，柏兹艾发明了奇妙的速冻技术，不仅可以用来保存整鸡整鸭，还可以保存小小的绿豌豆。

　　跟美国一样，俄罗斯也是一个幅员辽阔的国家，冬季很多地方冰天雪地，人们自然会想到利用冰冻来保存食物。1844 年，一位英国（一个冬季气候温和的小国）冰雪专家托马斯·马斯特（Thomas Masters）描绘了神奇的圣彼得堡冰冻食品市场："成千上万冰冻的动物堆得好像金字塔，牛、猪、羊、家禽、黄油、鱼——都冻得跟石头一样。"所有的东西都被冻硬了，如果你想买什么，那个东西就会"像木头一样"被砍下来。

　　很显然，这种冰冻食品与那烹饪五分钟就可以上桌的速冻青豌豆完全不同。圣彼得堡的冰冻食品市场针对艰苦生活条件下的幸存者，他们与一百年后的美国家庭主妇有着天壤之别。后者会从冷冻室中拿出米德美（Minute Maid）的"加热即食"晚餐，从冷到热，无须任何耽搁，可以直接放进电子烤炉之中。克拉伦斯·柏兹艾所发明的速冻食品，与20世纪的郊区生活实现了卫生安全的全面对接，连碎冰锥都不需要。

柏兹艾是一位毛皮商，曾经还是美国农业部的生物学专家。他的发明源于一个简单的观察结果。1912年到1915年间，他和他的妻子埃莉诺（Eleanor）以及他们年幼的儿子凯洛格（Kellogg）为了猎取兽皮而住在加拿大东北部的拉布拉多，他们住在一个很小的简易棚屋里，离最近的定居点很远。食物方面，他们主要以鱼和各种野味为生，都是被北冰洋的寒风冷冻过的。柏兹艾注意到他们的食物——兔子、鸭、驯鹿和鱼——在冬天的时候吃起来比春天和秋天更美味。冬天时很快冷冻的肉跟新鲜的肉一样好吃，他琢磨着其原因就在于冷冻的速度。他还用船运来的绿色蔬菜做了实验，柏兹艾发现，他可以把包菜和其他绿色蔬菜浸在盐水桶中，让它们快速冷冻，他甚至拿小凯洛格的婴儿澡盆作为实验用具。

以传统方式冷冻的食品，比如说圣彼得堡市场上的那些，都是被埋在冰或者雪中慢慢冷冻而成，这样会结出很大的冰块，破坏食物的细胞结构，严重影响食物的质量。慢速冷冻的食品融化时，会有液体流出，肉类在这方面的问题尤其普遍。1926年，《泰晤士报》曾有文章抱怨：慢速冷冻的牛肉融化时，会有"大量"的"血和液体"渗出。

解决的办法就在眼前。1917年，柏兹艾从拉布拉多回到了美国，他最开始的投资设备只有一台7美元的电扇，一些冰块，几桶盐水和黑鳕鱼鱼片。他在新泽西一家冰淇淋工厂的角落里开始了他的工作，试图在新英格兰复制拉布拉多的寒冬。到1925年，柏兹艾发明了一种速冻食物的新方法，就是将金属片浸在氯化钙溶液之中，降温至零下40摄氏度，然后将一包包的食物压在金属带之间，马上冷冻——这比之前的任何方法都快得多。最初，柏兹艾用这种方式冷冻鱼肉，并于1925年创立了通用海产品公司，就是希望能够成为速冻食品行业的通用汽车或者通用电气。1929年，他把他的公司和专利以2200万美元的价格卖给了高盛（Goldman Sachs）公司和波斯敦（Postum）公司。

速冻食品生意并未马上取得成功：早期的速冻豌豆口感并不好。直到1930年，人们才发现，豌豆与其他蔬菜在速冻之前，应该在热水中先焯一下，以便去除会导致变质的酶。冷冻食品质量的不稳定让很多购买者在内心深处产生了疑虑，人们普遍认为冷冻食品并非合格的食品——而是废物利用。柏兹艾展开的一场公关活动带来了转折点，他们把这种产品重新命名为"霜冻食品"，引导人们去联想冰雪的魅力。"冷冻食品"是饥饿的时候用来填饱肚子的东西，而"霜冻食品"就好像童年时幻想的美妙食物，这个方法奏效了，1955年，美国速冻食品的产值达到了15亿美元。

在英国，速冻食品也受到了欢迎。如果不是速冻工业，青豌豆永远不可能在英国人的饮食结构中占据如此重要的位置。香肠、薯条和豌豆；鸡肉、薯条和豌豆；馅饼、薯条和豌豆：酒馆所售卖的蔬菜大多是拜柏兹艾所赐。1959年，速冻豌豆在英国的销售额首次超过了有荚的新鲜豌豆。令人感到不可思议的是，英国的消费者们急切地购买着各种速冻食品，然而现实却是他们并没有那么大的空间来存放它们。《泰晤士报》注意到了这一"难题"，家庭主妇们会"临时需要多做一些菜来招待突然到访的客人们，而那时候商店已经关门了"。速冻食品制造商们试图使用室外速冻食品售卖机来解决这一困境，但是据我所知，这个想法尚不具备操作性。想象一下这种画面：几百位心急如焚的家庭主妇，在街角排着队，等待购买应急的速冻基辅炸鸡，以便招待突然到访的丈夫公司的老板。直到 1970 年，拥有冷冻冰箱的家庭只占 3.5%，其余的人家只能把速冻食品塞进制冰格上面的那个狭小空间。我记得很清楚：当年吃了一半的一盒树莓花式冰淇淋，融化之后，就在冰箱顶部冻成了一个大块的冰坨。

崇尚制冷的美国与世界其他地方产生了距离，这是资金花费的问题，因为冰箱和冷柜需要花钱购买；这也是一个文化问题，很长一段时间以来，欧洲人都在不遗余力地拒绝冷藏科技。法语中专门有一个词"冰箱恐惧症"（frigoriphobie），就是指冰箱给人们带来的恐惧。在法国巴黎主要的食品市场雷阿勒（Les Halles），消费者和生产者联合起来抵制冷冻技术。购买者担心它会赋予贸易商太多的主动权，让他们把过期的食物冒充新鲜的食物而滥竽充数；销售商应该对制冷科技持欢迎态度，因为它毕竟给了他们更大的余地来销售食物；但是，冰箱出现在雷阿勒的时候，销售商们的反应却好像被冒犯了一样，他们坚持认为，冰箱就好似一座陵墓，扼杀了一块好奶酪的天然属性；有几个人敢说他们不对呢？与传统冷藏室中发酵刚好的软嫩美味的布里干酪相比，冰箱冷藏的布里干酪实在是干枯无味。

欧洲大陆的消费者们并不急于在家中使用制冷设备，这应该与他们的食品购买模式有关，实际上也确实没有这方面的需求。1890 年代，美国冰橱制造商们曾经试图打开欧洲市场，向美领馆咨询当地的需求情况，他们收到的回复并不令人鼓舞。领事们说，在法国南部的大城市，冬天的时候肉是每天宰杀的，夏天的时候每天宰杀两次，大部分人每天买两次食品，并将买来的东西全部吃完。看来只要妇女们热爱如此频繁地购物和烹饪，销售商们能够为她们提供所需的新鲜产品，冰橱就是多余的。

在英国，人们同样不急于购买冰箱。在 20 世纪的大部分时间里，到访英国的美国人感觉每个地方的温度都是不对的：房间寒冷干燥，啤酒和牛奶又是温的，黄油变质了，奶酪黏糊糊的。1923 年，《房屋与花园》上的一篇文章注意到："对美国家庭来说只是寻常摆设的冰箱，我们这里却少有人知，更少有人使用。"鉴于 1920 年代冰箱性能的不稳定与存在的毒气风险，这未必是一件坏事。不过，英国人对冰箱的反感也不一直是理性的，在大部分房屋都已通电，冰箱的性能也变得稳定和安全之后的很长时间里，仍然有人认为冰箱代表着浪费和堕落。弗立吉代意识到了打开英国市场所面临的挑战："最难对付的大概就是英国人的想法了，他们认为冰是冬天带给人的麻烦，冷饮是美国人所犯的错误。"对于美国人挥霍无度的担忧，源于一个立志要节衣缩食的民族理念，这一理念的形成远远早于真正需要节衣缩食的战时与战后。直到 1948 年，只有 2% 的英国家庭拥有冰箱。

最终，英国人克服了他们对寒冷的反感，"快进"到了 1990 年代，平均每个家庭拥有 1.4 台"制冷设备"（其中包括单冷藏冰箱、冷藏冷冻冰箱或者车库里的卧式冰箱）。其中，斯麦格的"法比斯"冷藏冷冻复古冰箱，以其柔和的色彩和粗大的把手而备受追捧，热度好比 1950 年代的美国冰箱。换句话说，英国人直到 1990 年代，对冰箱的认识才达到了美国人 1959 年时的水平。

冰箱的设计反映了设计师对于生活方式的认识，以及对于我们是哪一种人的认识。1940 年，一位冰箱销售商说道："我们生意的 50% 是保存妇女，而不是水果。""三向推拉门"的把手很重要，因为"对于手臂中放满东西走路的妇女来说是不同的"。冰箱的设计基于妇女们的喜好——柔和的、梦幻般的色彩——以及职责：她们很清楚，保持家用食品的新鲜和安全是她们的责任。

到1930年代中期，冰箱增加了更多的隔层，如可以移动的分隔架、蔬菜保鲜格等，鼓励人们把更多的食物存放到冰箱中。在这一过程中，冷藏存储的最初目的——将食物的最佳状态保持得更久——却常常被忽略了。面包冷藏时会变得不新鲜，土豆会变质。现在售卖的冰箱，仍然附带着那个小小的鸡蛋格，但是这些凹凸不平的盘子其实不如鸡蛋包装盒更适于保存鸡蛋，后者可以保护鸡蛋免于受到其他味道的干扰。在比较冷的时候，鸡蛋放在冰箱外面保存更好，至少你会很快把它们吃完。在煎鸡蛋的时候，室温保存的蛋黄更不容易散开，用来做蛋糕糊时也不大会凝结。

问题是，你说的室温可能与我说的不同。在美国，未经冷藏的鸡蛋被认为是有害的，在某些州最热的那几个月里，也确实是这样。2007年，日本的一项研究发现：受到沙门氏菌感染的鸡蛋在10摄氏度的温度环境下存放6个多星期，也不会出现细菌增长的情况，即使在20摄氏度的温度环境之下，也仅有极少量的增长，完全可以忽略不计。可是在25度及以上的温度环境中，沙门氏菌就开始了大量繁殖和增长。在亚拉巴马州的7月份，一颗未经冷藏的鸡蛋很可能是致命的。既然我们现在都拥有美式大冰箱，我们好像都在假设自己住在亚拉巴马州。

冰箱内的格局在继续进化。1990年代，英国冷冻冷藏冰箱的内部构造大多是方正和对称的，说明当时绝大多数人依靠长方形盒子内的速冻熟食为生。最近，一位器皿专家告诉我，情况发生了变化，现在人们需要各种蔬菜与色拉的保鲜储藏格，以及搁架，反映了人们正在向"原初烹饪"（就是你我所说的"做饭"）回归。冰箱内的葡萄酒搁架也变得更普遍。

冰箱，作为一种设备，其功能在开始的时候是让我们吃得更安全，但是现在，它们变成了一个个贪得无厌的盒子，需要我们来填充。今天，很多被我们视作主食的食物，原来只是作为冰箱的填充物才出现的。我指的不仅是那些明显的例子，像炸鱼条和薯条，还有酸奶。第二次世界大战之前，西方人很少吃酸奶。酸奶是印度和中东地区的传统食物，在那里，人们把新鲜的牛奶放在阴凉的地方，让它发酵和凝结。在美国和英国，酸奶原本并无商业价值，没有冰箱的时候，人们吃的奶制甜品主要是牛奶布丁，而且是趁着新鲜和温热的时候吃，如米布丁、西米和木薯粉（英国的学龄儿童经常把这个叫作蛙卵，原因在于它的质地）等。从1950年代开始，牛奶布丁的消费量急剧下降，与此同时，酸奶制作却成为价值达到几十亿美元的全球性产业，为什么？你或许会说是因为人们的口味变了，但是这并不能解释人们为什么突然开始嫌弃那些点缀着草莓酱的热乎乎的米布丁，转而去追捧塑料盒子中装着的冰冷的草莓酸奶。

我们所说的个人口味大多是科技变革的结果。酸奶制造商们的投资所依据的是这样一个事实：既然购买了崭新闪亮的冰箱，它的主人就会想办法用各种东西来充实它，把这些小而清爽的瓶瓶罐罐整齐地排放在搁架上，看起来很不错；至于味道如何，又有什么关系呢？（有的酸奶味道很好，但是很多味道单调，比它所取代的传统布丁的含糖量还要高。）不管在一年里的什么季节，人人都可以"拥有"冰，这种情况在人类历史上还是首次出现，只是有时候，我们并不知道应该用它来做什么。

模子

马歇尔夫人卖的冰淇淋模子有苹果形、梨形、菠萝形、葡萄串形、樱桃塔形、大草莓形、鸭形、鸡形、天鹅形和鱼形，还有比较抽象的半球形、圆顶形和柱形。她的模子有的是用廉价的锡铅合金材料做的，有的是用锡做的，质量最好的是用铜做的果冻模子。

把东西塑成形，就是借用外力把你的意想强加在食材上。食物模子的形状是烹饪科技中最反复无常的部分。印度的克菲（kulfi）冰淇淋，一种用熟牛奶做成的浓稠的甜品，为什么一定要放在圆柱形的模子中成型？这里面有什么逻辑吗？为什么不能是四方的或者是六边形的？好像没有人知道为什么，答案永远是："这是传统！"

有些食物模子依照了某种逻辑：鱼奶冻一般使用鱼形的模子，蜜瓜味的冰淇淋大概会使用哈密瓜形状的模子来做。一般情况下，除了味道和时代的风俗之外，模子形状的背后并没有什么隐含的意义。20 世纪早期，法式糕点流行的模子是一个土耳其人的头型，当时的人们嘲笑穆斯林的包头巾；这是一个漂亮的模子，但是它包含的意思——吃掉一个土耳其人的头——在今天看来，似乎欠缺品位。

模子反映了人们的想象力，对美观的追求，以及形象意识随着时间的变化。中世纪的姜味面包模子，是用木头手工雕成的，形状可能是雄鹿，或者母鹿和野猪，也可能是一个圣人。我们今天所能利用的形象就更广泛了，但是我们的想象力却似乎越来越差了。在今天的厨房用品商店里，你可以买到一个做大蛋糕的模子，其外形就是一只巨大的纸杯蛋糕。

第八章　厨房

我认为这是文明的悲剧，我们可以探测金星上的环境温度，却不知道我们做的蛋奶酥是怎么回事。

——尼古拉斯·柯蒂（Nicholas Kurti）

《厨房中的物理学家》（*The Physicist in the Kitchen*），1968

新千年起始的那几年，设计师们喜欢开玩笑地说：一座房子就是一个厨房，再附带上几个房间。2007 年，经济危机爆发的前一年，《纽约时报》发现了一种新的文化"危机"：专业人士们正在因为"后装修抑郁"而备受折磨。当厨房终于装修完备之后，他们不再执着于龙头和防水挡板这类小事和细节，"人们曾经说，这类事情完了之后就可以放松了"，一位房主评论说，她家的厨房在精心装修之后，几乎把原来的房子扩大了一倍；可是装修完之后，她开始抱怨："它给我的生活留下了一个巨大的空洞。"这种痛苦，对于维多利亚时期的女仆们来说不免有些难以理解，后者每天都要从事清洗与擦涂铸铁炉这类令人筋疲力尽的厨房工作。现在这种造价昂贵的厨房，对于妇女们来说，所带来的舒适程度是前所未有的。厨房科技是这种舒适程度的起因，也是结果。我们的生活很舒适，因为我们拥有酷炫的冰箱和多士炉，我们购买冰箱和多士炉，就是为了让我们的生活更舒适。

对于百年以前的先辈们来说，现代样板厨房的奢侈与豪华是不可想象的，那时候，电冰箱尚不为人知晓，煤气炉还是个令人兴奋的新奇事物。这些厨房间对于他们来说是多么超前啊！全套闪亮的"智能存储"设备，嘶嘶作响的意式咖啡机，宽大的冷藏冷冻式冰箱，色彩协调一致的橱柜和搅拌机。一位新婚的爱德华时代的新娘，刚刚拥有一台橱柜式的红木冰箱和全套的镀银刀具，你该如何对她解释：有一天，人们——包括男人和女人——会将厨房的改造和装修当作一种爱好？很好的电子搅拌器被扔掉了，就因为它与那深蓝色的全套新橱柜不搭配；对于一套可拆卸房屋来说，人们会把前屋主几年前刚刚装修好的厨房全部拆掉，换上自己的全套设备和装配：全新的炊具、地板和水槽。这种事又是怎么变得稀松平常的呢？

透过那花岗岩、那玻璃和那嵌壁式 LED 灯，你会发现，在今天的厨房科技与往昔之间，有一条惊人的纽带相联系。1890 年代，法国化学家马塞兰·贝塞罗（Marcelin Berthelot）曾经预言：到 2000 年，烹饪将会终结，人类会以丸剂来维持生存。这种食用丸的理念一直是我们对太空时代的幻想的一部分。不过，无论食品工业如何蚕食——尽管有"瘦得快"和"早餐营养棒"——烹饪却仍然存在。即使在早期的太空航行时，宇航员所吃的也不是丸剂，他们飞离地球的距离越远，似乎越渴望品尝到家的味道。他们的食物也许被冷冻干化了，却近似普通厨房做出来的炖品和布丁。根据太空食品学家珍·利维（Jane Levi）的说法："双子座"项目是针对1965年与1966年间美国国家航空航天局进行的十次载人航天飞行的一项调查，其最主要的发现就是，宇航员们不喜欢吃冷土豆。

无论我们的信念有多么激进，一旦踏入了厨房，我们之中的大多数都会变得保守（conservative）了（注意这个小小的"c"），我们用刀切（chop）食物，用勺子搅拌它，用锅把它做熟（cook）；位于现代厨房之中，我们仍然使用滤器（colanders），使用杵臼和古代的煎锅。我们开始做饭时，并非每一次都会听从本能的呼唤，而是常常要利用手中掌握的食材和工具，凭借头脑中有关烹饪的记忆，受控于已有的规则和禁忌。

有些人不喜欢这一点。"分子厨艺"这一术语的发明者之一、法国科学家艾维·蒂斯认为：我们的烹饪正在受困于某种"科技的停滞"。2009年，蒂斯问道："为什么我们的烹饪方式与中世纪并无二致？仍然使用着打蛋器、火和汤锅？在人类将探测器送到太阳系外层空间的同时，我们却还在重复着这些过时的行为！"

我们为什么如此抗拒烹饪方式的改变？一个原因在于尝试新的食物充满了危险。在野外，如果试图吃一些从未见过却充满诱惑的浆果可能会导致死亡，也许正是这类阴影使我们下意识地要在厨房中规避风险。然而，我们对于某种烹饪方式的执着却不仅限于自我保护，很多工具之所以能够使用至今是因为它们太好用了。有什么比木勺更适合用来做木勺的事儿呢？事实是：在我们选择某种特定的器皿，以传统的方式烹制某一佳肴的时候——比如用宽口浅锅做瓦伦西亚海鲜饭，或者用老式的三明治饼盘做维多利亚果酱蛋糕——我们实际上是在履行一种仪式，这种仪式将我们与我们所出生的地方以及已经去世或者尚健在的家人联系在一起。这些联系不是那么容易摆脱掉的，我们看到，每一次新兴烹饪科技的出现——从陶器到微波炉，再到发展中国家使用的无烟炉——在某些地方，总会遭遇到敌意和抗拒，人们总是觉得原来的方法更好、更安全（从某些方面来说，有时候也确实是这样）。

艾维·蒂斯认为有两种科技变革，即地方性的和全球性的。跟厨房机械有关的地方性的小变革最容易为人们所接受。蒂斯所给的例子是关于球形打蛋器的进一步完善，人们为之增加了更多的线圈，以便提高打蛋的效率。新事物如果能够与我们所熟知的其他事物关联起来，就会带来安全感，这就解释了早期的冰箱为什么看起来像维多利亚时期厚重的木制厨房橱柜，为什么1860年代的柠檬榨汁机常常被卡在桌子上，好像笨重的铁制绞肉机。1950年代，无数器皿都像欧洲大陆的茂利食品研磨器那样，带着一个旋转柄——突然间，出现了转柄式奶酪切削器和转柄式香料切磨器，而且大受欢迎。与茂利不同的是，它们并不好用：香料磨成了泥，奶酪切削器最后总是在那个旋转的容器中剩余那么一大块；然而，关键在于：那个时候人们觉得旋转机械是自然的，手和脑已经习惯了在一个旋转的容器中处理食物。

一种全新的科技很难被人们马上接受，这就是蒂斯所称的"全球性"变革：这种改变发生在我们的祖先决定开始用陶器烹饪食物的时候，发生在拉姆福德伯爵认为开放式炉灶不适宜加热食物的时候，因为此类变革干扰了我们自然形成的保守观念。拿打蛋器来说吧，与其在现有的球形打蛋器上缠绕更多的线圈，全球性的科技变革首先需要回答的问题就是：我们究竟为什么要使用球形打蛋器来打蛋白？这也正是蒂斯博士想要知道的："为什么不用一个压缩机和一个喷管，它们也可以让蛋白产生气泡？"或者，为什么不运用你所有的智慧和想象，使用此前谁都没有想到过的一种全新的器皿？

　　不过，对于大多数人来说，烹饪只是一个十分辛苦的过程，与新工具的创造没有关系。过去这几年，家庭烹饪出现了一丝复苏的迹象，一部分要归因于经济危机的影响，但是，回顾过往的 40 年，总体来看烹饪活动是在急剧减少。2008 年，杰米·奥利弗（Jamie Oliver）来到英格兰北部小镇罗瑟勒姆制作电视节目《食物部门》，他发现有些人购买了电子炉，可是不知道怎么打开它。2006 年，食物科技研究院所做的一项调查发现，虽然 75% 的美国人在家吃晚餐，但是只有不到 1/3 的人晚餐完全是自己烹制的。因此，真正的烹饪突破在于让其余 3/2 的人使用打蛋器、火和煎锅来为自己做饭，而不是说服他们相信这些玩意儿已经过时了。使用球形打蛋器打蛋白这种行为本身或许并无新意，但是，握持打蛋器的那位烹饪者必须要克服各种困难，才能继续成为与各层次烹饪科技打交道的烹饪大军中的一员，那些不做饭的大多数人根本走不到这一步。有一百个理由可以解释厨师们为什么没有扬弃球形打蛋器，其中包括"我妈妈没这么做"，"在这个世界上，我可没有那份时间和资源"，以及"我的球形打蛋器很好用啊"。

　　最近几十年来，烹饪界有一股潮流，就是无休止地去问"为什么不"。为什么冰淇淋不能吃热的？为什么不用塑料真空袋来密封鸡蛋，然后用真空锅来"炒"它们？为什么不用蛋黄酱，然后油炸它？这股潮流有很多名字：分子烹饪法、科技情怀烹饪、激情料理、先锋烹调、现代主义料理。无论你怎么称呼它——从现在开始，我将采用"现代主义"这一称谓——这个运动所代表的就是微波炉（一件为现代主义者们所钟爱的器具）出现以来，人们对于厨房科技最大范围内的重新认识和思考。

内森·梅尔沃德（Nathan Myhrvold）想吃汉堡包的时候，他不会去找一本为人们所信任的食谱书，也不会去回忆他母亲曾经给过的建议，更不会盲目地将一块汉堡肉饼扔在煎锅上。他首先要搞清楚自己想从汉堡中得到什么——是那种"终极"汉堡包。梅尔沃德喜欢肉烤得外焦里嫩，里面是玫瑰红的颜色，而表层则是烤焦的棕色，不是每个人的"终极"汉堡都这样，但是他的是这样；而且，用传统的烹饪方式几乎不可能达到这种效果。用煎锅的话，肉的外层变成梅尔沃德喜欢的棕色时，里面应该已经是灰色了，熟过头了。为此，梅尔沃德运用他巨额的财富资源（此前他是微软的首席技术官员）进行实验，直到他发现了一种技术，可以让他得到想要的结果。

答案远非显而易见，不用说，一个家庭厨房是很难做到的。为了不让汉堡肉饼里面熟过头，你必须把它浸在液氮溶液之中，使其冷却；为了保证有一个焦脆的表皮，肉饼要在滚热的油中炸一分钟：时间长度足以使其表皮变成棕色，但是热量不足以穿透至中心。不过，使用液氮浸泡与热油以前，梅尔沃德还使用了另外一项技术，用一个真空机器，长时间地煮这块肉饼，大概需要半个小时，确保肉饼有一种半熟的柔嫩口感——完美！

真空烹饪对于现代主义料理的重要性，就如同长扦烤肉在伊丽莎白时代的地位，是烹饪的默认方式。其名称来源于法语，意思是"真空中"，实际上就是把真空密封的食物在精准控温的水中烹煮。食物用厚实的塑料袋真空包装起来，然后悬放在低温的水容器中，有时候煮好几个小时（便宜一些的肉片需要煮 48 个小时之久才能软化变嫩）。大体上，真空烹饪有些类似于已经流行了几十年的慢炖，或者是维多利亚时代的人们所钟爱的双层蒸锅，不过，就总的效果来说，它应该算是一种新奇的烹饪方式。对于习惯于家常菜的人们来说，真空料理好像谈不上烹饪。塑料袋装的食物看起来好像吓人的药物样品，或者是泡在甲醛中的大脑；另外一个令人不安的方面，就是味道的缺失。真空烹饪迷们吹嘘食物的味道都被锁在了那个安静的袋子里，可是，使用真空烹饪机的时候，没有任何传感信号让你感觉自己是在做饭，比如在油中嗞嗞作响的大蒜飘出的香味，还有炖锅中咕嘟着的意大利饭。

我对真空烹饪持怀疑态度，它对塑料的浪费以及浪漫情怀的缺失，也不符合我的审美。如果要进行真空烹饪，你需要两个单独的器皿，就是说要在我们已经塞得满满的厨房之中再添加两件摆设：首先，是一台真空封口机，这是一个长方形的塑料物体，上面有一个按钮，看起来更像一台激光打印机；先把食材放在厚实的塑料袋中，再把塑料袋口卡进真空密封口，这样会抽走塑料袋中几乎所有的空气，食物被紧紧地包裹在袋中。然后，是一个真空煮锅，就是一个不锈钢桶，装满水后，用电子操控面板来精准地控制其中的水温，烹煮紧裹着的食物。

我不想让这个金属的大家伙占据我的操作台，于是我就从英国家用市场的主要经销商（超级真空）那里借了一台，我发现以这种方式烹熟的食物跟其他方式做出来的食物有着本质的区别——并非总是略胜一筹。使用真空烹饪的话，错误地估计烹调的温度和时间会带来灾难性的后果。与用锅煮东西不同，你无法及时查看情况，你能做的就是将水温调至需要的温度，将食物真空密封在塑料袋中，将袋子浸入水中，定好时间，然后就等待那最后的"哔"的一声。不用搅动，不用涂抹，不用捅扎和尝味，整个过程中不需要人类的任何参与。

如果你做对了，真空烹煮的食物是无与伦比的，甚至超乎想象。水果和蔬菜，我们通常不是蒸、炖就是水煮，如果用真空烹饪的话，味道会更纯正浓郁。洋蓟尝起来完全就是洋蓟，吃完半个小时之后，我的舌尖上还能感觉到那种奇怪的好似肥皂的味道。与用锅煮不同，这么做，形成食物味道的化合物一点儿也没有渗入水中；以 83 摄氏度的温度，真空烹煮两个小时的苹果和柑橘，芳香金黄，口感比我之前任何一次炖煮的效果都好得多，既绵密，又没有明显的颗粒感，好似秋天的精华；把胡萝卜与迷迭香放在一起，二者好像渗入了彼此的细胞深处；还有土豆！这么多年以来，我一直在梦中着小时候在法国度假时吃到的土豆的味道：金黄、密实而又绵软，柏拉图式的理想土豆啊！真没想到，有一天，它们会从我自己厨房的塑料袋中重现。

面向家用厨房的真空烹饪设备主要被当作烹调肉类的机器，包装盒上的图像都是肉片、排骨和肉排。一位厨房五金购货商告诉我，这是因为肉和肉排值得这笔投资，大多数人（素食主义者除外）不想把这笔钱——不低于 400 英镑——浪费在做蔬菜的工具上。真空烹制的肉和鱼也确实别具风味，你可以把肉质粗糙的肉用最低的温度烹煮——温度仅仅能够改变蛋白质的性质以及杀死病原体——煮后的口感之鲜嫩，完全超乎你的想象。第一次，你可以在把蛋白质做熟的同时，损失最少的肉汁——耐嚼的牛腩融化得好像奶油冻，如果肉块的肉质细腻，比如猪肉片之类，煮过之后就会变得异常软嫩，好像啫喱一样。传统的锅煎肉排，是通过热量逐渐传导的方式烹饪，热量从已经熟透的外表传向——

如果幸运的话——粉红色的里层。真空烹制蛋白质与之不同，它们里外的生熟程度总是一致的。与之前的肉类烹调形成鲜明对比的是，你现在是在肉熟了之后再把它的表层煎好，而不是之前（不煎一下的话，真空烹制的肉是又苍白又水淋淋的）。

1960 年代，为食品包装企业快尔卫（Cryovac）工作的法国与美国的工程师们首先发明了真空技术。最初它被视为一种延长食品保鲜期的方式，在今天的食品保鲜行业，真空密封技术仍然被广泛应用。直到 1974 年，一位厨师发现，如果真空密封技术与慢炖的方式结合起来的话，那么经过快尔卫包装的食物，不仅保存的时间更长，烹饪出来的效果也更好。在法国，米其林三星大厨皮埃尔·特罗斯葛罗斯（Pierre Troisgros）对于自己烹制鹅肝酱的方法并不满意——那时候，膨胀的鹅肝或者鸭肝被认为是米其林餐厅的关键食材。特罗斯葛罗斯发现，鹅肝在煎过之后，损失了 50% 的重量。特罗斯葛罗斯咨询了一家叫作"烹饪革新"的机构，它是快尔卫的一个下属部门，这家机构建议他先用多层塑料将鹅肝紧紧地包裹起来，然后慢慢地炖，这个方法奏效了，损失的重量只有百分之五了，这样就为特罗斯葛罗斯节省了一大笔钱，鹅肝的口感也更好（至少对于那些爱吃鹅肝的人来说是如此）。之前在煎锅中熔化掉的脂肪现在得以保留，鹅肝吃起来也就格外鲜美。

六年以前，住在英国的一位匈牙利物理学家尼古拉斯·柯蒂也有了自己的发现。1968 年，一个星期五的晚上，柯蒂在皇家学院做了一场演讲，题目是"物理学家在厨房"。柯蒂难过地发现，在厨房里，科学的作用并没有得到足够的重视。他向听众们展示了一排皮下注射器，并且不无炫耀地使用这些注射器，把菠萝汁注射到一块里脊肉中，以便让它变得更嫩（菠萝含有菠萝蛋白酶，可以分解蛋白质）。他还用一台微波炉，做了一个"逆向火焰冰淇淋"，其外层是巧克力冰淇淋，里面包着热乎乎的蛋白霜和杏酱。最后，柯蒂拿来一只羊腿，在80摄氏度的温度之下，煮了8个小时，直到羊腿变得无比酥嫩——这就是真空烹调肉类的理念，在严格控制的低温之下，慢慢地煮。今天，柯蒂受到了现代派厨师和食物科学家们的敬仰，成为高科技料理的奠基人之一。

1960年代和1970年代，食品文化还没有发展到皮下注射器和真空包装那样的程度，真空烹饪则广泛应用于大规模的酒宴招待行业。但是这是一个不光彩的小秘密，我们很多人是在不知情的情况下吃了真空烹调出来的食物。如果一个酒席承办商需要为200人的公司晚宴准备红酒焖鸡这道菜，那么，使用真空烹饪就很方便了，因为食材可以先分装在袋子中，事先全部做熟，然后在需要的时候再加热一下，好像"快餐食品"，这样做还可以节省劳动力成本。但是，这却不是大厨们值得吹嘘的技艺。2009年，有关戈登·拉姆齐（Gordon Ramsay）的一个丑闻被"曝光"了，他名下的某些餐馆提供的是"放在袋子里煮出来"的食物。

只是在过去的几年里，作为现代派料理兴起的部分标志，真空烹饪才得以登堂入室。现在，饭店会在广告中说明，他们使用了真空设备来压制西瓜，"快腌"芹菜，或者调制荷兰酱。曾经围绕这一科技的羞耻感已经被骄傲所取代，从轻率怠惰的表现变成了一个标志，标志着为了最大程度地保持食材自然的风味，人们不惜大费周章。真空烹饪设备只是现代派厨房之中众多令人不知所措的工具之一，其他还有安装在液氮容器中的奶油发泡器，是用来打泡沫的；以及威力强大的均质搅拌器，可以用来制作"纳米乳剂"。从世界范围来说，还有厨师们使用冷冻干燥机、离心式分离机、冰沙机和虹吸管，他们好像游戏中的儿童，不停地问：为什么不？与其将食物放在灼热的煎锅上，为什么不把它放在速冻机上？后者的操作面可以把食物冷冻至零下30摄氏度，从而在食物表面形成酥脆的组织构造，好像煎锅煎出来的一样。

这些高科技的工具给烹饪方式的改变带来了深远的影响。就古老的法国厨艺来说，厨师们所仰仗的是一本技能词典，这部词典铭刻在他们的记忆之中，永远不会泯灭。他们知道什么时候使用煎锅，什么时候使用炖锅，与此相反，新生代的厨师们却在不断地质疑厨房技能的根基。在斗牛犬餐厅，斐朗·阿德里亚在准备食物时，不会将任何一个步骤看作是理所当然的。每年，他会将餐馆关闭6个月，这样，他就可以从事各种严谨的实验，寻找切婆罗门参的最好方法，或者如何冷冻和干燥开心果。

尽管意义重大，现代派料理技术将在多大程度上能够或者应该进入我们的家庭厨房，还是一个未知数。真空烹饪设备会占据一席之地，但是我不认为速冻机和分离机会出现在很多家庭之中。总是质疑一切，活着会比较辛苦，即使现代主义者也不会总是这样，解构多少是有范围限制的。在斗牛犬餐厅，每天早晨的工作开始之前，所有厨师们会喝上一杯，喝的不是球化处理过的瓜，也不是蜗牛气泡，而是咖啡——是液体，而非固体；是热的，不是冷的——跟任何其他的厨房一样，尽管这儿的咖啡可能更好喝一点儿。对于很多不拿报酬的实习工来说，与阿德里亚一起工作留下的最愉快的记忆是关于那些"家庭"午餐的，他们会吃到如此平常的食物，如菠菜拌西红柿酱以及花椰菜拌奶油酱之类。不同于艺术，食物不那么容易被拆裂和重组，现代料理固然可以娱人，可是它能跟家常菜一样为人们提供营养吗？

或许这解释了为什么现代派厨师们对于母亲以及母亲做的饭菜

持有非常激烈的批评态度。梅尔沃德在他的《现代料理》(*Modernist Cuisine*)第一册中，9次提到了他的母亲，都不是表扬和赞美。我有一次见到了他，他跟我热情地谈起了他的母亲，说起他的母亲如何让他在厨房里折腾，当时他只有9岁，在令人兴奋的《纵火狂食谱》(*The Pyromaniac's Cookbook*)这本书的帮助下，做出了他人生中的第一顿感恩节晚餐。但是在他的书里，他一次次地批评母亲们所持有的食物"常识"观念是错误的（比如说猪肉要完全做熟），却没有一次提到母亲们所秉持的烹饪常识也有正确的时候。梅尔沃德注意到：与"专业的烹饪人士"不同，母亲和祖母们过去"只是为她们自己和她们的家庭做饭"——"只是"？难道为亲密的人做饭是一种无关紧要的行为吗？

现代派运动并不代表做一餐饭的唯一好方法。内森·梅尔沃德也承认，全美范围内都能享用到的最美味的食物，部分来自于爱丽丝·沃特斯（Alice Waters）那母亲式风格的厨房，作为伯克利"潘尼斯之家"餐厅（Chez Panisse）的大厨和老板，以及有机运动的大师，她所做的料理以传统炖锅与煎炒为主。沃特斯连微波炉都没有，更不要提什么真空烹饪设备了。她从事食品行业不是从询问"为什么不"开始的，而是问"现在什么又新鲜又好"。沃特斯认为没有必要去改造玉米棒这类食物，只要轻轻松松地把它的皮剥去，然后放在不加盐的水中煮两分钟就好了。2011年，在一次广播节目中，沃特斯被问到如何看待这股高科技烹饪的新潮，她回答：她感觉有些"不真实"，"我觉得有些优秀的科学家以及一些狂热的老科学家还是很有趣的，可是它对我来说，更像一间博物馆，不是我们所需要的饮食方式……"

沃特斯与现代派之间的争议，让我们看到了在现代厨房中，不同的烹调策略是怎样共存的。在遥远的过去，一项新科技的到来往往会取代一项老的，陶罐取代了坑炉（波利尼西亚地区除外），冰箱取代了冰橱；然而，新式现代器具却有所不同，真空烹饪设备不会取代煎锅和汤锅。我们现在拥有众多选择，有低科技的，也有高科技的。我们希望像祖母那样做饭，还是像一个疯狂的科学家？都可以！我们可能决定挥霍一下，置备一台真空烹饪机——也可能不；我们可能更想闻到烹饪时飘散四周的香味，而不是世界上最多汁的牛排。正如爱丽丝·沃特斯所说，做饭时没有必要像一个科学家。在现代厨房里，想要做一顿美餐的话，有很多方式。今天，不是这种或者那种技术在定义我们的烹饪生活，而是这样一个事实：我们漫步于厨房之中，思量做什么的时候，可以在很多不同的科技方式之间做出选择。

想到高科技厨房，很容易令人想到那些工具，却忘记了现代厨房所展示的最大的科技进步其实是厨房本身。我们的私人厨房拥有很多古代的工具，在庞贝时期，就出现了我们所熟悉的炖锅和煎锅，以及漏斗、筛、刀具和杵臼等，但是，我们的厨房却与古代完全不同。

在很长的历史时期内，大部分家庭都没有一个独立的、目标明确的、只是用来做饭的房间。古代希腊人在不同的房间里烹饪，可移动的烘焙炉与可移动的陶火盆往往摆放在不同的房间里；因此，从建筑学的意义上来说，没有厨房的概念。考古学家们挖掘出相当多的古希腊厨房器皿：炖锅、汤锅、砍刀、长柄勺，甚至还有奶酪刨丝器，但是当时却没有一间厨房来摆放这些了不起的工具。公元前4世纪以前的希腊聚落考古发掘，截至目前还没有发现与固定的灶台或者厨房有关的蛛丝马迹。

盎格鲁-撒克逊地区同样如此，也找不到厨房的痕迹。很多人在户外做饭，特别是在夏天的那几个月里，厨房的棚顶就是天，大地就是它的地板，饭香与烟雾都飘散在空气中；与我们的分隔式厨房相比，这是一种更随意也更开放的烹饪方式；当然，在雨天，还有结冰、刮风和下雨的时候，就会有诸多不便。冬天，这些没有厨房的家庭在很大程度上要依赖面包和奶酪。

在欧洲中世纪的农舍中，通常有固定的屋内灶台，但是灶台所在的房间可能是起居室、卧室或者卫生间，也可能是厨房。在只有一居室的房子里，做饭只是污浊混乱的情境之中掺杂着的一项活动：大锅在燃烧着的炉火上，锅中炖着浓汤，与四周的家具融为一体，这是穷苦人家延续了几个世纪的标准家居布局。对于几百万人来说，现在仍然是这样。阿德里安·凡·奥斯塔德（Adriaen van Ostade）的几幅绘画与版画作品描绘了17世纪荷兰农民的生活：衣衫褴褛的家人围坐在灶台旁边，背景是一只狂吠的狗，婴儿在吃奶，锅、盘子和一篮篮的衣服散放在地板上，男人抽着烟斗，一把砍刀挂在墙上。它看起来一点也不像我们所熟悉的厨房，但是，这里和那里都是烹饪的痕迹——搁着调羹的碗、一把咖啡壶、在锅里冒着热气的食物。

不用说，我们很难看出在这样一个房间里做出来的食物，与今天厨师们的野心勃勃的晚宴聚会有什么关系；在我们今天看来易如反掌的事情，如切洋葱和打鸡蛋等，当时做起来是很不容易的。人们的日常烹饪活动大多并未受到18和19

世纪那些伟大的厨房科技变革的影响：烤肉叉转轮、自动刀具清洗机、多佛打蛋器，所有这些都从他们身边经过了。如果你从来不搅打鸡蛋的话，为什么想要一个打蛋器呢？除了火被密封在了炉栅之中，对于穷人来说，从古代到现代，烹饪技术几乎没有什么变化。进入 20 世纪之后，住在农舍之中的贫穷的苏格兰人和爱尔兰人，仍然使用放在炉子上的煎锅做饭，炉子旁边放着潮湿的靴子，还有晾晒的衣物。生活在市镇上的租户情况甚至更糟糕，查理·卓别林是在一个废弃的阁楼中长大的，与他的妈妈和弟弟住在一起。这间"令人感到压抑的房间"有 12 英尺见方，角落里放着一张旧铁床，他们三个人就睡在那上面。桌子上堆放着脏兮兮的盘子和茶杯。卓别林曾经回忆起房间里那股刺鼻的味道："房间空气中弥漫着馊水和旧衣服的味道。"唯一的做饭工具就是摆放在窗户和床之间的一个小炉子。

在这样一个一居室的房子里，虽然没有厨房，却到处都是厨房。说它没有厨房，因为我们觉得必需的大部分烹饪工具，这里都没有，比如清洗用的水槽、工作台面和储藏柜；说它到处都是厨房，因为没有地方可以躲避那种气味和油烟。我最喜欢做的事情就是烹饪，但是，在那种情况之下，我宁愿不做。人们以外卖为生的现象也并不新奇，从中世纪开始，满街卖馅饼的小贩就成为英国城镇的一道风景，他们主要的服务对象就是那些居住在拥挤不堪的、一上一下式小房子里的人，那里连类似上面提到的那种厨房也没有。

真正拥有一个厨房是奢侈的，部分原因在于你可以选择远离它。在欧洲中世纪富裕的庄园里，人们甚至在主楼之外，专门建造一个单独的木屋式厨房。庄园需要的所有食物烹饪——烘焙、奶酪制作以及烘烤——都出自这个专门的房屋。那些生活在主楼里的人，可以尽情享用厨房烹制出来的食物，却不必忍受油烟，也不用担心厨房着火把整座庄园都烧毁。即使厨房真的被烧毁了——这是时常会发生的——还可以再建一个新厨房，不会给庄园的主要建筑带来任何影响。这种外带式厨房最大的缺陷是食物被送到饭厅的时候，可能已经变凉了。

中世纪的另外一个伟大成就是建于庄园主楼之内，高大宽敞、以石头为地板的厨房。这些厨房与今天的厨房最大的差别在于，前者是公共性质的，就像位于格拉斯顿堡（Glastonbury）的著名的修道院厨房，它是一个八角形的房间，有一个大灶台，足够用来烤一整只公牛。这个空间以及其中的设备，需要满足一大群修士们的胃口。我们自己的定制厨房，比较之下就显得更加个体化，因为只需要喂饱一家人，或者是单身一个人。

然而，在过去的几个世纪里，对于那些大家族来说，一个房间难以满足多种烹饪工作。1860年代，一个典型的英国乡村庄园会有多间房屋，每一间专门用来做不同的厨房工作，就好像在一个屋檐下，有一整条街的食品商店：有一间食品储藏室或者说一个食品晾晒橱柜，用来储藏面包、黄油、牛奶和肉类熟食——这个房间需要保持凉爽干燥，建筑师需要确保相邻的隔壁墙边没有灶台；潮湿一些的储藏室放着生肉和鱼，以及水果和蔬菜；在大型庄园里，还会有猎物储藏室，猎物用钩子吊挂起来，有一个大理石的案板，是用来处理猎物的。其他与烹饪相关的房间还有乳品间，用来搅制黄油、制作奶油和奶酪；烘焙间，有一个砖砌的烤炉，为整个庄园供应面包；一个烟熏间，或许还有一个盐腌间，可以腌火腿、做咸菜什么的；另外一个房间就是面点间了，在那张光线明亮的桌子上，面团被揉成了各种形状，或者为各式馅饼做出漂亮的装饰。面点间的存在，反映了贵族们对于有着规则形状的发面食品以及精致的果味馅饼的喜爱。

人们最不愿意身处其间的就是洗碗间了，所有令人不快的杂活儿都是在这里完成的：择蔬菜、处理鱼类以及清洗，这些工作在当时做起来绝不轻松，因为供使用的工具只有热水、黑乎乎的抹布和香皂。洗碗间里最醒目的就是那一把大铜壶，用来提供洗涮用的水，还有一个很大的石砌水槽，以及碗碟架。房间闻起来有食物腐烂了的味道，还混合着肥皂水的味道。地板有一个倾斜角度，以便不时飞溅流淌的脏水可以顺着地漏流走。

最令人不快的活儿都集中在了洗碗间，富人们乡间庄园里的厨房本身是令人赏心悦目的。这个房间的主要功能就是烹调，我们今天倾向于在厨房里从事的洗衣、洗碗和食物储存等活计都不在这里做。这是一间宽敞的石地板房间——大约20或30英尺见方——有着宽大的窗户和雪白的墙壁，中间是一张木制的厨房工作台，上面安放着各种案板，房门通向洗碗间和储藏室。房间里还有放置厨房器皿的橱柜，以及储物架，上面摆放着铮亮的铜锅。每位厨师，以及厨师的助手们都有足够多的房间供他们穿梭往来，从事他们的活计。他们使用不同的热源来烹饪食物，用烤炉烘焙，在炖炉上做汤，用双层蒸锅蒸东西，在火上烧烤。参观豪华古宅的时候，站在这样一间厨房里面，将自家拥挤的小厨房与眼前经过各种擦洗打磨的高大木制品相比，难免令人嫉恨和叹息。其实不必叹息，这些厨房也许布置得很漂亮，但是并不属于在这里工作的人们，这是一个工作的地方，并非娱乐场所。很多厨房的墙上写着"不浪费，不贪想"的字样，提醒人不要盗取食物，因为那不是你的。在城市里，维多利亚时期厨房里的工作是在更为拥挤的条件下进行的，那时候，厨房通常置于阴暗潮湿、甲虫为患的地下室中，以便让看起来不雅观的烹饪活动存在于人们的视线之外。可怜的厨师们就这样在无人关注的地方汗流浃背，围着他们的铸铁炉子转。

与我们的家庭烹饪环境相比，这种维多利亚时期的厨房与专业的饭店厨房间有更多的共同点。20世纪最大的变革是新式中产阶级厨房的出现，其目标群体是那些既追求享受又要自己烹饪的人。这些新式的空间，不同于工业革命之前的普通民众所有的一居室／起居室厨房，以及特权阶层所拥有的仆从众多的厨房；它卫生，铺着油毡地板，使用煤气和电器；其中，最大的改变在于它是根据使用者的具体需求来设计的。1893年，凯洛格夫人（E. E. Kellogg，谷物早餐业巨头的妻子）写道：如果认为不管什么样的房间，"不管多么小，地方多么不舒服，都'足以'用来做厨房"，那就"错了"。凯洛格参与了新女性"科学"运动，致力于将厨房提升为"家庭工作坊"。

凯洛格认为厨房是整个家庭快乐的源泉：是家的核心。现在这个观念对我们来说再明确不过了，但它并非从来如此。我们活着离不开食物，但是直到第一次世界大战时期，烹饪食物的房间才开始有了今天的格局。人类一直在做饭，但是"理想厨房"的概念却是现代的发明。

"明日厨房"是20世纪生活运动的主要内容。回头看当年拍摄的未来厨房的照片，难免令人感觉心酸。你会看到人们惊讶地注视着一些器皿，那些器皿在今天看来既不结实，也很老土，如小小的多层电子炉和迷你冰箱等。"昨日的未来"成为"明天的废品"——或者你会觉得这种未来的概念经不起实践，它曾经被认为是一个新的起点，但是实际上却是死胡同。1926年，大英理想家博览会最值得骄傲的展品之一是一件令人好奇的古怪器皿，它由一把用于炉台上的水壶和连在一起的两个汤锅——一边一个——组成，三件东西可以同时使用，简直是节约能源的奇迹啊！可是在今天看来就是一个笑话。

大战前夕发明的器皿中，称得上可以代表未来的有保温咖啡壶，使人们可以提前几个小时把咖啡做好；土豆捣泥机和桌面转盘（也被称为无声侍者，因为它为妇女们减少了餐桌上等待家人传菜的麻烦）、卷心菜沙拉切菜器（用来切生卷心菜的切菜器）、食物处理机、蛋糕搅拌器，还有带玻璃门的烤炉——可以随时察看食物的烹饪情况；其中最关键的是使用现代化燃料的热源，有煤油的、汽油的和煤气的。

在 20 世纪早期的大部分厨房中，对于上述所说的劳动力节约型器皿来说，其主要的能源还是来自于那位在其中劳作的妇女。就中产阶级家庭来说，理想厨房源于无仆人的生活方式。建筑师与家庭经济专家们前仆后继地为厨房做设计，试图减轻妇女的劳作强度。1912 年，《妇女家庭杂志》的作者克里斯汀·弗雷德里克（Christine Frederick）提出了一种方案，可以节省人的劳作时间。弗雷德里克对于当时商务领域十分流行的理念"科学管理"产生了兴趣。效率工程师们走进工厂，告诉人们同样的工作如何用更少的时间就能完成，为什么不把这些原则应用于厨房呢？弗雷德里克在她的书《新家政》中问道。

弗雷德里克针对身高不同的妇女进行了一系列的"家务活动"研究，之后，她提出了一个理想的厨房设计，最大程度地减少人们在厨房中工作时需要走动的距离，而且不用弯腰。有效率的烹饪活动意味着在工作开始之前，各种工具已经分门别类地放好了，并且高度适中。所有器皿的摆放要"彼此关联，还要与各种任务相关联"。通过合理地布置厨房，弗雷德里克认为可以提高 50% 的效率，女人可以有更多的时间用来干别的，如阅读、工作或者"自我调整"。弗雷德里克提出：合适的厨房，可以为女人赢得一点儿"个人空间"以及"更高的生活质量"。当然她没有提出男人们也可以去灶台边忙活——在 1912 年，这一步显得太遥远。

20 世纪早期，另外一款设计合理的厨房来自于玛格丽特·舒特-里奥茨基（Margarete Schütte-Lihotzky），她是维也纳艺术与工艺学院建筑系的第一位女学生。从 1926 年到 1930 年间，法兰克福城市住房计划建造的每一间公寓，都根据舒特-里奥茨基的设计，配备了一模一样的厨房。很短的时间内，就有一万多间看起来毫无差别的厨房建造好了。这些厨房有着一样的工作台面和碗碟沥干架，一样的蓝色储物柜，一样的废物处置箱。

法兰克福的厨房或许比较狭小（其实不比现代纽约城市里的很多厨房小，那里的人们习惯竞相抱怨，到底谁的厨房更小），但是，其最显著的特点就是：它是完全按照妇女实际上在厨房里的活动规律而设计的，而不是出自设计师的想当然。1920 年代，在英国和美国的厨房商业领域，作为提升妇女生活质量的一个系列，多功能厨房橱柜亮相了。这是定制厨房的先声，它包括配套的碗柜、架子和抽屉，以及可外展的工作台面和储存面粉与糖的容器，有的甚至配备了嵌入式冰橱。其最大的生产商是印第安纳胡塞尔公司（Hoosiers Company of Indiana），"胡塞尔"*，人们这样称呼它们，将厨房柜、储藏室、厨房桌合而为一。1919 年的广告画面中，一位容光焕发的新娘子欢呼道："'胡塞尔'帮助我永葆年轻！"

广告画面中的男人则幻想着自己的梦中情人用上了这些橱柜，胡

---

* "Hoosiers"在英文中有"好大"的意思。——译者注

塞尔因此暴露了自己缺乏想象力的弱点，他不知道女人们对厨房真正的需求是什么。这些柜子对于女人们来说，更像是玩具，而不是正儿八经的烹饪工具。将所有物品一股脑儿地塞进一个封闭的空间里，就使得家庭里的其他成员——孩子或者丈夫——很难在女人做饭和洗刷时提供帮助，还阻止了干活儿的人充分利用厨房的空间。相比之下，法兰克福厨房则配备了一台转椅（高度可以调节，一位建筑设计师能够意识到每个人的身高不同，实在难能可贵），这样女人们就可以在窗边的木制工作台面与橱柜之间滑来滑去。

这个厨房的最大亮点在于它的存储系统，它模仿办公室的文件柜，有 15 个铝制抽屉，整齐地排列成三排，每排有五个，每个上面都刻写着食材的名称：面粉、糖、亚麻籽、米、干豌豆等。抽屉的把手十分结实，很容易用一只手就把它抽出来。法兰克福厨房最好的地方就是：在每个抽屉的一端，都有一个锥形的凹槽，这样，抽出抽屉时，可以直接把抽屉里的食材倒出来，比如说大米——而且食材不会溢出——然后放到秤上，或者倒进锅里。从人体功率学的角度来说，我从未见过如此完美的食物储存解决方案——它美观，实用，节省时间而且成体系。为工人阶层的租客们所设计的大众厨房，竟然有如此高质量的设计，就更令人瞩目了。

舒特-里奥茨基是一位社会革命者——因为参加了共产党抵抗组织，被纳粹关押了四年——她的厨房设计还包含着女权主义的主张，她希望，合理的厨房设计可以帮助女人们从家庭妇女的角色中解放出来，让她们有足够的时间走出家门，从事更多外面的工作。然而，法兰克福的租客们并没有感觉到从厨房之中解放了出来，一些人讨厌不得不使用电力，抱怨电费很贵；除此之外，他们也不喜欢现代功能美学，更倾向于老式厨房的杂乱和污浊。

经过相当长的时间之后，法兰克福厨房的优越性能才为人们所认识。舒特-里奥茨基的共产主义信仰意味着，即使在希特勒倒台之后，她也不可能在她的祖国奥地利受到重视。直到 83 岁高龄，舒特-里奥茨基才最终获得了维也纳城市建筑设计奖。如今，法兰克福厨房受到了建筑系学生们的膜拜，也成为 2011 年纽约现代艺术博物馆举办的厨房科技展的关键展品。漫步于展览会场，我看到那些纽约人——世界上最挑剔的消费者——驻足凝视着舒特-里奥茨基设计的简朴的铝制储存抽屉，赞赏不已，这是战后铺天盖地的美式厨房所没有的。

法兰克福厨房很窄小，只有 1.96 米宽，3.04 米长，但是，战前的理性主义设计师们并不认为一间理想的厨房一定要特别大。克里斯汀·弗雷德里克倾向于 10×12 英尺见方的房间（3.048×3.656 米），比法兰克福厨房略微宽了一点，但是并没有长多少。弗雷德里克知道，更大的空间无异于一把双刃剑，因为它意味着做饭的人需要走更长的距离。设计方面的关键环节是将任务与相应的设备做合理的安排，这样人们在房间内走动就会形成"系列性步伐"。弗雷德里克确定了烹饪的 6 个步骤：备餐、烹饪、上菜、收拾、洗涮、收起，每个步骤都需要特定的工具，因此存放工具的地方高度和距离应该适合正在干活的人们：

> 常用的工具总是挂在一起，或者乱七八糟地放在一个抽屉里。为什么要到炉子的那一边去拿土豆捣泥器呢？放在桌子上不是更好吗？为什么要到橱柜那儿去拿锅铲呢？应该放在炉边儿啊！

是的，为什么呢？令人吃惊的是，在上百年的时间里，很少有人将我们在厨房里的活动与效率联系起来！

问题的根源部分在于，弗雷德里克的理性厨房并非是通向理想厨房的唯一途径。到 1940 年代，这种务实性的厨房设计方案为一种更加精致复杂的潮流所取代，比如那别致的橱柜以及有着弧形玻璃门的烤炉。以前——包括现在——很多理想的厨房并非是在为我们已有的生活带来更高的效率，而是让我们可以假装在过着另外一种生活，因为我们选择了用这个房间来展示我们自己完美的一面。对于弗雷德里克来说，厨房布置要"清楚，必需的工具、汤锅以及煎锅是很少的"。但是，大多数商业厨房设计者的目标却是把更多可爱的厨房物品卖给我们，并且使我们产生嫉妒和羡慕的感觉，就是我们在厨房展览厅里漫步时通常会产生的那种盲目和冲动——如果没有一台嵌入式、莲红色的全自动意式咖啡机，人生会完整吗？

从 1940 年代开始，理想厨房就好像是在女人面前晃动的蜜糖，是苦累人生的一种补偿，某种程度上也成为一种骗人的把戏，让女人们感到，作为免费的"家庭保姆"是多么幸运！克里斯汀·弗雷德里克的理性厨房由效率主导——最少的步伐、最少的器皿；新式的理想厨房要宽敞和华丽得多，它们可是成熟女人们的娃娃屋，尽可能多地充塞着廉价的饰品，其目的不是要节省劳力，而是让劳作其中的人们忘记她们是在劳作。正如贝蒂·弗莱顿（Betty Friedan）在《女性的奥秘》（*The Feminine Mystique*）一书中所写：20 世纪中期，在郊区，厨房开始占据房子的中心地位。马赛克和嗡嗡作响的大冰箱使其显得非常华贵，女人们受到鼓励——尤其来自于广告——在家务事中寻求情感上的满足，从而弥补她们不能外出工作的缺憾。1930 年，有 50% 的美国妇女从事有报酬的工作，到 1950 年，则降为 34%（2000 年是 60%）。

20世纪中期的奢华厨房也是对刚刚结束的战争苦难的一种补偿，或者说忘却。1944年，战争的最后一年，利比-欧文-福特玻璃制品公司推出了一款"明日厨房"，全美估计有160万消费者见证了它。与大多数厨房样板间一样，使用了图弗莱斯玻璃橱柜的这一款厨房间，也试图激发人们的嫉羡心理，从而提高销售额。《华盛顿邮报》说它展示了战后的"光明"未来，使得人们可以忍受现实，家庭主妇可以"兴高采烈地将就目前所有的一切，只要她向往着战后会拥有一间这样的厨房"。战争期间，美国人不必像其他国家的人民那样费力地去珍惜每一粒粮食，但是在国内，人们仍然感觉食物匮乏。对于美国妇女们来说，在应对食物短缺——主要是糖和红肉——的同时，这样一幅厨房的画面令人陶醉，因为它预示着即将到来的富足。

　　70年过去了，1944年的这款厨房从很多方面来看仍然属于高科技，也就是说，仍然很诱人。镶木地板是深色的，而且十分光滑，还有着炫酷的玻璃防溅挡板。最令人关注的是它的设计师艾伯特·克雷斯顿·多纳（H. Albert Creston Doner）决定抛弃传统的汤锅和煎锅，代替它们的是一系列有着玻璃盖子的容器，用电来加热——有点类似于真空烹饪设备——所有这些器皿都储藏在踏板控制的移动板之下。不用时，整套设备都被盖了起来，看起来就像"孩子们的书桌或者爸爸的吧台"。一位衣着整洁得体的1940年代家庭主妇坐在凸起的水槽旁边，挨着的是一个打开的蔬菜抽屉柜，她正在削土豆。

　　在这里，所谓的高科技露馅了。在"明日厨房"中，这位优雅的妇女用来削土豆的工具是一把普通的老式削皮刀，这个应该不属于理想国。这款厨房或许超越了锅碗瓢盆之属，但是它缺少一把好用的削皮器。

这是小东西，不过，好的蔬菜削皮器确实是最近的发明，它们从 1990 年之后才出现在我们的生活之中。我把它们列为现代厨房最重要的科技之一，就是因为这些不起眼的小工具不知不觉地使做饭变得容易了，同时给我们的饮食内容和方式带来了微妙的改变。

在我的成长记忆之中，削皮曾经是最恼人的厨房家务之一。几个世纪以来，传承下来的方法就是用一把小小的、带着尖头的削皮刀，在技巧娴熟者的手掌之中——比如那些训练有素的厨师——这把削皮刀是一件绝好的工具，但是它要求人们必须全神贯注，以便在把皮削干净的同时，不会剜到自己的拇指。如果你用得不太熟练的话，认倒霉吧——你没有别的选择。1906 年的西尔斯·罗巴格目录上——很多美国人根据它来选择和购买厨房器具——有一把苹果去核器和一把木柄的削皮刀，但是没有削皮器。

直到 20 世纪中期，削皮器出现了，但是用起来很麻烦。在英国，标准的削皮器叫作"兰开夏"（Lancashire，以最爱吃土豆的地方命名），手柄用线绳缠绕着，粗糙的直线削刀是手柄的延伸。老样子，想吃到土豆和苹果的话，就得把很多肉跟皮一起削掉。

美国和法国的旋转式削皮器好多了，但是同样存在弱点。标准的旋转式削皮器把柄是铬钢的，上面还有格子状的颗粒，刀身是碳钢的，有着条状的刀刃。这种削皮器很锋利，效果也不错，削皮时，它的刀身可以贴合蔬菜的轮廓。但是，用起来会伤手，因为当你用力削皮时，不光滑的钢柄与你的手掌之间的摩擦力相应地就会增加；如果为一场大型的家庭聚会准备土豆泥，削皮器会在你的手掌上留下很多水泡。另外一个选择就是"雷克斯"式旋转削皮器,其弧形的金属手柄握起来更舒服一些,但是在我看来,反而更不好用,因为手柄的形状迫使你不得不笨拙地朝相反的方向用力,不像标准旋转式削皮器那样,可以自然地用力削皮。

1980 年代末期,萨姆·法伯(Sam Farber)的妻子蓓西(Betsey)因为手腕得了轻微的关节炎,所以在削皮的时候感觉比以往更困难了。法伯刚刚从家居用品行业退休,他有了一个突破性的想法:削皮器为什么会伤手? 为蓓西设计一款容易握持的削皮器的同时,法伯意识到他也可以设计出每个人用起来都更省力的一件工具。1990 年,他带着自己的想法联系了智慧设计公司。经过很多次样品试验和失败之后,最终,OXO 型蔬菜削皮器在旧金山的美食展上亮相了。

OXO 削皮器是逆向思维的产物。你或许以为一个好的削皮器关键在于它的刀身,但是法伯意识到,对于使用它的厨师来说,真正关键的部分在于它的手柄。OXO 的刀刃非常锋利,弧度与老式碳钢旋转削皮器相同,不同之处在于手柄,它的手柄是黑色的,柔软厚实,还有点儿难看;它的材料是一种热塑性橡胶,一种结实而又湿软的塑料橡胶混合物,连着刀身的一边还有锯齿;它的形状是扁扁的椭圆形,这样它就不会在你的手掌中打滑,握起来感觉很舒服。而且它真的好用,削掉的皮像纸一样薄;而且削皮时,无论你在水果或者蔬菜上面用了多大的力气,手也不会感到疼。有了 OXO,硬皮南瓜、布满疤结的柑橘和有毛的猕猴桃都可以削皮了。

OXO 削皮器带来了一场变革,至今已经销售了一千多万把,它还打开了整个削皮器的市场,吸引了众多对手竞相发明——锯齿状的水果削皮器,弧形刀身的蔬菜削皮器,Y 形、C 形和 U 形的削皮器,你想要什么颜色就有什么颜色（很多颜色是你不想要的）。30年以前，如果你走进一家高级厨房用品商店，你会发现20种不同的挖瓜器——圆的、椭圆的、两头都可以用的、有凹槽的，从大到小——但是只有两种削皮器，雷克斯的和兰开夏的。那时，削皮器被当作五金用品，传统上属于洗碗工的工作，给蔬菜削皮实在是一件苦差事。现在，情况发生了逆转，作为一种华而不实的玩意儿，挖瓜器基本上已经从厨房中销声匿迹了，而削皮器则大放异彩。英国一家厨房用品商店的店主告诉我，最近他收集了60个不同的削皮器，其中包括同样款式的不同颜色。

使用起来得心应手的削皮器是人体工程学应用的一部分。在非电子器具领域，目前有新的符合人体工程学的刮刀、滤器、手柄舒适柔软的打蛋器和硅胶涂油刷。人体工程学是充分考虑人体局限和能力的一种设计学。理论上，所有厨房工具都应该符合人体工程学的要求，因为它们归根到底是要帮助人们把饭做好。然而，令人吃惊的是，传统的设计常常在细节方面妨碍我们在厨房中的活动，而我们对此却浑然不知，直到新的方式出现。"麦克罗普林"研磨器是1994年出现的（灵感来自于一位加拿大的家庭主妇，她向丈夫借木工锉刀来擦橙皮碎，以便用来做橙味蛋糕），之前，我们所接受的事实是，擦柑橘是一项祖传下来的苦差事：就是用普通擦菜器孔洞最小的那一面来擦磨，然后再用一把小勺，万般无奈地将那些极其细碎的果皮碎屑刮下来。实际上，我们只是需要一个更好、更锋利的工具，而使用"麦克罗普林"研磨器擦磨下来的果皮碎会像蒲公英的茸毛一般优雅地飘落而下。

很多符合人体工程学的工具似乎拉近了我们与工业革命之前的传统生活方式之间的距离，那时候，人们倾向于自己制作工具。家用木勺之所以给人得心应手的感觉，因为它是为你量身定做的。很多高科技的玩意儿令人感觉别扭，因为无论就它自身来说是多么了不起，用起来却好像总是在跟人暗暗叫劲。符合人体工程学的削皮器和研磨器，从另一个方面来说，是新式友好型厨房器具的一部分，也是一个愿望——不仅要解决烹饪中遇到的问题，还要解决之前准备食材时遇到的问题。与现代派的相似之处在于，这些器具的设计者们在解决厨房中的疑难问题时，同样怀抱着一种"为什么不？"的精神；区别在于他们的目的不是要"重塑烹饪"，而是要让它变得更轻松。

对于很多厨师来说，在现代厨房里，与"高科技"相比，人体工程学更实用。最终，你就是希望手中的工具能够更好地让你完成手头的工作，而且，无论为多少人做饭，它都能适用于你的厨房和你的身体特征。在一位单身人士的厨房里，大概意味着需要安装一种新式的开水龙头"酷客"（the Quooker），可以让你在一天的劳累之后，很快地吃上一碗倍感欣慰的意面；对于一大家子来说，则意味着一台蒸汽烤箱，可以预设时间，然后在设定好的时间内，为一家人做出一盘热乎乎、有营养的食物，不用争吵该谁去做午餐了。我最近参观了一间厨房，它是全方位依照绿色环保的原则建造起来的，最大程度地减少了废物与碳的排放。工作台经过全面改造：德国感应电磁炉，超级节省能源；用生态锅做出来的食物是全素的。与往昔的厨房不同，没有人会在这里受到剥削，烹饪活儿在夫妻间轮流平分。最有创意的设计也是最简单的部分：他们让木匠把摆放瓶瓶罐罐的柜子做得很浅，这样可以防止他们浪费食物。

一间厨房中最符合人体工程学原理的工具可能是也可能不是最新奇的那个。厨房岛的概念最近出现在我们的烹饪生活之中，其目的是避免厨师们总是面墙；但是在很多厨房中，其结果却是妨碍了移动，把人禁锢在炉子后面做饭。在我看来，一张厨房桌实用得多，也更能够促进交流——但是，你或许不同意。工具通过使用来证明自己有用或者无用。我认识一个人，是我已故的祖母的朋友，她在经历了很多次保险丝爆掉之后，放弃了电水壶——一个大部分英国人认为不可或缺的器皿。几十年里，她尝试了不同型号的电水壶，最终她绝望了，给自己买了一个放在炉盘上的老式鸣叫茶壶，她告诉我，这个很适合她。回到艾维·蒂斯的问题，这也是为什么我们好像中世纪时期一样，仍然使用球形打蛋器、火和汤锅的原因。我们还在用，因为大多数时候，球形打蛋器、火和汤锅仍然很好用，我们真正想要的是更好的球形打蛋器、火源和汤锅。

有时候，在古代食物展览上，或者厨房用品公司的推销会上——回顾历史上我们曾经用过的各式烤炉，我们会看到老式厨房的实体模型。但是，这些重现总是会犯一种微妙的错误，不是因为它们过时了——没有伊丽莎白时代的电视或者 1920 年代的电子计算机——而是因为这些厨房间都太真实了。每件东西都要符合那个特定的时期：就像一个厨房样板间，每件东西都那么匹配。举例来说，一间 1940 年代的厨房样板间，不会有什么东西不是 1940 年代制造的，但是真正的厨房不是那样的。我们真正使用的厨房里，老的与新的器皿往往交错共存。1940 年代的一位 30 岁的家庭主妇，父母可能出生于 19 世纪；她的祖父母或许出身于维多利亚时代的上层社会，习惯于用一个叉子在炉盘上烤面包；我们真的以为那些更早的生活没有在她的厨房中留下任何痕迹吗？没有老式烤箱？祖母的铸铁煎锅也没有留下？在厨房里，老的与新的往往是肩并肩互相陪衬的，在过去的大厨房中，如果有了一个新设备，并不意味着老的就应该淡出视线了。不同时期的工具前后叠加着，从中不难瞥见往昔的烹饪方式，就像复写纸上留下的墨痕。

卡尔克修道院（Calke Abbey）是一座老式的德比郡住宅，其曾经的居住者哈珀（Harpur）家族，很少扔东西。现在它属于国家信托组织，处于一种破旧朽坏的状态之中。它那宽敞的老式厨房简直就是一系列历史厨房的叠加，一个连接着另一个，每一个都代表着一段逝去的时光。1794年，这个铺着石板的房间首次作为厨房使用（在那之前，可能是一间礼拜堂）。厨房的钟也是那一年在德比市买的，同样属于1794年的是那个庞大的烧烤灶，上面还有一个机械（发条式）烧烤转轮。就在这一团火上，牛肉曾经在钢钎上翻转。但是，到了1840年代，烧烤一度暂停了，因为封闭式铸铁炉被硬生生地嵌进了灶台。后来，这个炉子无法满足一大家子的需求了，于是在1889年，第二个有着封闭式铸铁炉的灶台加进来了；与此同时，沿着另外一面墙，增加了一个砖砌的炖炉，是18世纪的样式，用来炖东西和煮汤。1920年，主人又安装了一台烧热水的比斯顿（Beeston）锅炉。无论何时，这里没有人想到应该抛掉以前的烹饪器具。1928年，因为仆人数量急剧下降，这间厨房突然被弃置不用了；在这座房子的另外一个地方，装建了一间新式的、更实用的厨房。这间老式厨房从1928年以来留存至今，还有一个柜子立在那里，上面摆放着锈迹斑斑的锅具。烧烤转轮与钟仍然挂在墙上，挂在它们当年的位置上。

不用说，大多数家庭会把没用的东西扔掉，而且毫不手软。但是，厨房在兼容古今方面却有着独特的优势。今天，这种从零开始，兴建全新厨房的热潮令人感到忧伤，也是一种浪费——抹去所有过往厨师的印记，不会失忆吗？总体来说，厨房从未像今天这样经过精心的设计，配备齐全的设施，这样富于时尚——或者这样空洞。1910年代，理想的厨房是"理性的";之后，在1940年代与1950年代，它是"美丽的"；现在，它是"完美的"——每件东西都必须般配与合适，从象牙天花板到瓷砖地板，每个元素都必须"应时"，所有破旧与不合时宜的东西都应该被抛弃（除非你选择"破旧时尚"作为基调）。

这一切当然只是一种幻觉，即使在经过精心设计的现代厨房中，我们仍然需要依赖过去的工具和技艺。你用那把锃亮的食夹夹起现代菜肴，比如炒鱿鱼、炒蔬菜和南瓜红椒意面的时候，你所做的不过是一件古老，而且非常古老的事情——利用火的转化力量，使东西更好吃。我们的厨房遍布着魂灵，你或许看不到他们，但是没有他们的智慧，你就不可能像现在这样烹饪——那些制陶人，让我们能够把东西煮好和炖熟；那些制刀匠，还有那些聪明的工程师，他们设计了第一台冰箱；那些首先使用煤气炉和电子炉的领风气之先者，制作秤的人们，以及打蛋器与削皮器的发明者们。

我们今天烹饪的食物并非组装时代的食材，它是往昔与现在的科技产物。这一天阳光明媚，午餐我决定做一个简单的鸡蛋饼，就是那种口感松软、颜色金黄并按照法国传统卷起来的蛋饼。在纸上，做这个东西只需要鸡蛋（放养的）、糖、冷黄油和海盐，但是真正用到的东西比这多得多——比如说冰箱，我从冰箱里把黄油拿出来；还有，用来煎鸡蛋的那只老旧的铝煎锅，已经用了十年了，表面无比光滑；球形打蛋器，用来打鸡蛋的，其实叉子也可以；以及那些美食作家，他们都给过我忠告：搅拌鸡蛋的时候小心搅过头；我的这个煤气炉盘可以把锅烧热，但是不至于把鸡蛋煎煳，或者煎得太老；那把小铲，我用它把鸡蛋饼卷起来，然后放到盘中。幸亏有这么多的科技与技艺，才做成了这份鸡蛋饼，成就了我的这顿单人午餐，我很开心。一顿午餐的好坏足以让我们整个下午的心情变得愉悦或者糟糕。

　　关于这顿饭，还有一个因素需要提及，就是一开始产生的烹饪冲动。厨房之所以存在，是因为你要在那里做饭。真正促使科技发展的动力是使用的需求。如果我的妈妈当年没有教导我，厨房是一个好事情频频发生的地方，恐怕这份鸡蛋饼午餐就做不出来了。

咖啡

    与咖啡有关的技术和工艺正在变得令人困惑。人们为这一饮用食品所做出的各项发明彰显了它作为全球饮料界首选饮品的地位。冲咖啡不外乎就是把热水与咖啡粉倒在一起，然后再滤出咖啡渣。但是，其方式却无穷无尽。从 16 世纪开始，土耳其人用一种长柄铜壶，煮制芳香浓郁的黑咖啡，直到 2008 年，携带式咖啡机（My-Pressi TWIST）上市，这是一种便携式手持咖啡机，跟奶油发泡器一样，以迷你储气罐作为动力。

    就在几年前，咖啡机领域的最新成就是大型意式咖啡机，问题在于你的预算是多少（最好的要几千块）以及你能够在多大程度上控制你的欲求。另外一个选项是胶囊咖啡机，像雀巢（Nespresso）胶囊咖啡机，可以提供各种浓度的咖啡。但是，真正的咖啡迷们则会参与整个制作的过程——选咖啡豆、研磨、填塞和压滤。

迷恋意式咖啡的人们开始注意到，即使你花了一大笔钱，每个步骤都做对了，最后做出来的咖啡仍然可能不尽如人意——变量太多了。新的潮流已经超越了意式咖啡机，很大程度上甚至超越了电子化，出现了一种气压式咖啡壶（Aero Press），这是一种聪明的塑料材质的工具，利用空气的压力将咖啡推进到缸子中，你需要的就是一个壶和强有力的臂膀。日式虹吸咖啡壶仍然很时兴，它看起来好像化学课上用的东西——两个连接起来的玻璃容器，下面是一个小小的燃烧炉。但是，处于一个特定年龄段的人们指出，这些虹吸壶与 1960 年代流行的科娜咖啡壶没什么两样。

　　低科技是目前咖啡领域的真正动向。我们花费了那么长的时间来思考怎么才能把咖啡做得更好，现在我们绕回来了。在伦敦、墨尔本与奥克兰，有着世界上最前卫的咖啡专家，他们现在更青睐于使用法式液压壶，而不是昂贵的意式咖啡机。总有一天，有人会宣布接下来值得关注的是——壶和调羹。

参考文献

Abend, Lisa (2011) *The Sorcerer's Apprentices: A Season in the Kitchen at Ferran Adrià's elBulli*, New York, Free Press

Aikens, Melvin (1995) 'First in the World: The Jomon Pottery of Early Japan', in William K. Barnett and John W. Hoopes (eds), *The Emergence of Pottery: Technology and Innovation in Ancient Societies*, Washington, DC, Smithsonian Institution Press, pp. 11–21

Akioka, Yoshio (1979) *Japanese Spoons and Ladles*, Tokyo, New York, Kodansha International

Anderson, Atholl, Green, Kaye, and Leach, Foss (eds) (2007) *Vastly Ingenious: The Archaeology of Pacific Material Culture*, Dunedin, New Zealand, Otago University Press

Anderson, Oscar Edward (1953) *Refrigeration in America: A History of a New Technology and Its Impact*, Princeton, Princeton University Press

Anonymous (1836) *The Laws of Etiquette by 'A Gentleman'*, Philadelphia, Carey, Lea and Blanchard

Appert, Nicolas (1812) *The Art of Preserving all Kinds of Animal and Vegetable Substances for Several Years*, London, Black, Parry and Kingsbury

Arnold, Dean E. (1985) *Ceramic Theory and Cultural Process*, Cambridge, Cambridge University Press

Artus, Thomas (1996) *L'Isle des hermaphrodites* (first published in 1605), edited by Claude-Gilbert Dubois, Geneva, Droz

Artusi, Pellegrino (2004) *Science in the Kitchen and the Art of Eating Well*, foreword by Michele Scicolone, translated by Murtha Baca and Stephen Sartarelli, Toronto, University of Toronto Press

Bailey, Flora L. (1940) 'Nahavo Foods and Cooking Methods', *American Anthropologist*, vol. 42, pp. 270–90

Bang, Rameshwar L., Ebhrahim, Mohammed K., and Sharma, Prem N. (1997) 'Scalds Among Children in Kuwait', *European Journal of Epidemiology*, vol. 13, pp. 33–9

Barham, Peter (2001) *The Science of Cooking*, Berlin, London, Springer

Barley, Nigel (1994) *Smashing Pots: Feats of Clay from Africa*, London, British Museum Press

Barnett, William K. and Hoopes, John W., (eds) (1995) *The Emergence of Pottery: Technology and Innovation in Ancient Societies*, Washington, DC, Smithsonian Institution Press

Barry, Michael (1983) *Food Processor Cookery*, Isleworth, ICTC Ltd

Barthes, Roland (1982) *Empire of Signs*, translated by Richard Howard, London, Jonathan Cape

Bates, Henry Walter (1873) *The Naturalist on the River Amazon*, 3rd edn, London, John Murray

Beard, James (ed.) (1975) *The Cooks' Catalogue*, New York, Harper & Row

Beard, Mary (2008) *Pompeii: The Life of a Roman Town*, London, Profile

Beckmann, Johann (1817) *A History of Inventions and Discoveries*, 3rd edn, 4 vols, London, Longman, Hurst, Rees, Orme and Brown

Beeton, Isabella (2000) *The Book of Household Management, A Facsimile of the 1861 edition*, London, Cassell

Beier, Georgina (1980) 'Yoruba Pottery', *African Arts*, vol. 13, pp. 48–52

Beveridge, Peter (1869) 'Aboriginal Ovens', *Journal of the Anthropological Society of London*, vol. 7, pp. clxxxvi–clxxxix

Bilger, Burkhard (2009) 'Hearth Surgery: The Quest for a Stove that Can Save the World', *New Yorker*, 21 December

Birmingham, Judy (1975) 'Traditional Potters of the Kathmandu Valley: An Ethnoarchaeological Study', *Man*, New Series, vol. 10, no. 3, pp. 370–86

Bittman, Mark (2010) 'The Food Processor: A Virtuoso One-Man Band', *New York Times*, 14 September

Blot, Pierre (1868) *Handbook of Practical Cookery for Ladies and Professional Cooks Containing the Whole Science and Art of Preparing Human Food*, New York, D. Appleton

Blumenthal, Heston (2009) *The Fat Duck Cookbook*, London, Bloomsbury

Boardman, Brenda, Lane, Kevin, et al. (1997) *Decade: Transforming the UK Cold Market*, University of Oxford, Energy and Environment Programme

Bon, Ottaviano (1650) *A Description of the Grand Signor's Seraglio, or Turkish Emperours Court*, translated by Robert Withers, London, Jo. Martin and Jo. Ridley

Booker, Susan M. (2000) 'Innovative Technologies. Chinese Fridges Keep Food and the Planet Cool', *Environmental Health Perspectives*, vol. 108, no. 4, p. A164

Bottero, Jean (2004) *The Oldest Cuisine in the World: Cooking in Mesopotamia*, Chicago, University of Chicago Press

Brace, C. Loring (1977) 'Occlusion to the Anthropological Eye', in James McNamara, (ed.) *The Biology of Occlusal Development*, Ann Arbor, Michigan, Center for Human Growth and Development, pp. 179–209

— (1986) 'Egg on the Face, *f in* the Mouth, and the Overbite', *American Anthropologist*, New Series, vol. 88, no. 3, pp. 695–7

— (2000) 'What Big Teeth You Had, Grandma!', in C. Loring Brace, *Evolution in an Anthropological View*, Walnut Creek, California, Altamira, pp. 165–99

— (1984) with Shao, Xiang-Qing, and Zhang Z. B., 'Prehistoric and Modern Tooth Size in China', in F. H. Smith and F. Spencer (eds), *The Origins of Modern Humans: A World Survey of the Fossil Evidence*, New York, A. R. Liss

— (1987) with Rosenberg, Karen R., and Hunt, Kevin D., 'Gradual Change in Human Tooth Size in the Late Pleistocene and Post-Pleistocene', *Evolution*, vol. 41, no. 4,; pp. 705–20

Brannon, N. F. (1984) 'An Examination of a Bronze Cauldron from Raffrey Bog, County Down', *Journal of Irish Archaeology*, vol. 2, pp. 51–7

Brears, Peter (1999) *All the King's Cooks*, London, Souvenir Press

— (2008) *Cooking and Dining in Medieval England*, Totnes, Prospect Books

— (2009) 'The Roast Beef of Windsor Castle', in Ivan Day (ed.), *Over a Red-Hot Stove: Essays in Early Cooking Technology*, Totnes, Prospect Books

Brears, Peter, and Sambrook, Pamela (eds) (1996) *The Country House Kitchen 1650–1900: Skills and Equipment for Food Provisioning*, Stroud, Alan Sutton (for the National Trust)

Brown, Alton (2008) *Alton Brown's Gear for Your Kitchen*, New York, London, Stewart, Tabori & Chang

Buchanan, Robertson (1815) *A Treatise on the Economy of Fuel*, Glasgow, Brash & Reid

Buffler, Charles R. (1993) *Microwave Cooking and Processing: Engineering Fundamentals for the Food Scientist*, New York, Van Nostrand Reinhold

Bull, J. P., Jackson, D. M., and Walton, Cynthia (1964) 'Causes and Prevention of Domestic Burning Accidents', *British Medical Journal*, vol. 2, no. 5422, pp. 1421–7

Burnett, John (1979) *Plenty and Want: A Social History of Diet in England from 1815 to the Present Day*, London, Scolar Press

— (2004) *England Eats Out: A Social History of Eating Out in England from 1830 to the Present*, London, Pearson Longman

Bury, Charlotte Campbell (1844) *The Lady's Own Cookery Book*, 3rd edn, London, Henry Colburn

Chang, K. C. (ed.) (1977) *Food in Chinese Culture: Anthropological and Historical Perspectives*, New Haven, Yale University Press

Child, Julia (2009) *Mastering the Art of French Cooking*, London, Penguin

Childe, V. Gordon (1936) *Man Makes Himself*, London, Watts

Claflin, Kyri Watson (2008) 'Les Halles and the Moral Market: Frigophobia Strikes in the Belly of Paris', in Susan R. Friedland (ed.), *Food and Morality: Proceedings of the Oxford Symposium on Food and Cookery 2007*, Totnes, Prospect Books

Claiborne, Craig (1976) 'She Demonstrates How to Cook Best with New Cuisinart', *New York Times*, 7 January

— (1981) 'Mastering the Mini Dumpling', *New York Times*, 21 June

Clarke, Samuel (1670) *A True and Faithful Account of the Four Chiefest Plantations of the English in America: to wit, of Virginia, New-England, Bermudas, Barbados*, London, Robert Clavel et al.

Codrington, F. I. (1929) *Chopsticks*, London, Society for Promoting Christian Knowledge

Coe, Andrew (2009) *Chop Suey: A Cultural History of Chinese Food in the United States*, Oxford, Oxford University Press

Coe, Sophie D. (1989) 'The Maya Chocolate Pot and its Descendants', in Tom Jaine (ed.), *Oxford Symposium on Food and Cookery 1988. The Cooking Pot: Proceedings*, Totnes, Prospect Books, pp. 15–22

Coffin, Sarah (ed.) (2006) *Feeding Desire: Design and the Tools of the Table*, New York, Assouline in collaboration with Smithsonian Cooper-Hewitt

Coles, Richard, McDowell, Derek, and Kirwan, Mark J. (eds) (2003) *Food Packaging Technology*, Oxford, Blackwell

Collins, Shirley (1989) 'Getting a Handle on Pots and Pans', in Tom Jaine (ed.), *Oxford Symposium on Food and Cookery 1988. The Cooking Pot: Proceedings*, Totnes, Prospect Books, pp. 22–8

Cooper, Joseph (1654) *The Art of Cookery Refined and Augmented*, London,

R. Lowndes

Coryate, Thomas (1611) *Coryats Crudities hastily gobled up in five moneths travells in France, Savoy, Italy*, London, William Stansby

Cowan, Ruth Schwartz (1983) *More Work for Mother: The ironies of household technology from the open hearth to the microwave*, New York, Basic Books

Cowen, Ruth (2006) *Relish: The extraordinary life of Alexis Soyer, Victorian Celebrity Chef*, London, Weidenfeld & Nicolson

Dalby, Andrew, and Grainger, Sally (1996) *The Classical Cookbook*, London, British Museum Press

Darby, William, Ghalioungui, Paul, and Grivetti, Louis (1977) *Food: The gift of Osiris*, London, Academic Press

David, Elizabeth (1970) *Spices, Salt and Aromatics in the English Kitchen*, Harmondsworth, Penguin

— (1994a) *Harvest of the Cold Months: The Social History of Ice and Ices*, London, Michael Joseph

— (1994b), *English Bread and Yeast Cookery*, New American Edition, Newton, Mass., Biscuit Books Inc. (first published in 1977); London, Allen Lane

— (1998) *French Provincial Cooking* (first published in 1960); London, Michael Joseph

Davidson, Caroline (1982) *A Woman's Work is Never Done: A History of Housework in the British Isles 1650–1950*, London, Chatto & Windus

Davidson, I., and McGrew, W. C. (2005) 'Stone Tools and the Uniqueness of Human Culture', *Journal of Royal Anthropological Institute*, vol. 11, no. 4, December, pp. 793–817

Day, Ivan (ed.) (2000) *Eat Drink and Be Merry: The British at Table 1600-2000*, London, Philip Wilson Publishers

— (ed.) (2009) *Over a Red-Hot Stove: Essays in Early Cooking Technology*, Totnes, Prospect Books

De Groot, Roy Andries de (1977) *Cooking with the Cuisinart Food Processor*, New York, McGraw-Hill

De Haan, David (1977) *Antique Household Gadgets and Appliances, c.1860 to*

1930, Poole, Blandford Press

Deighton, Len (1979) *Basic French Cooking* (revised and enlarged from *Ou est le garlic?*), London, Jonathan Cape

Dench, Emma (2010) 'When Rome Conquered Italy', *London Review of Books*, 25 February

Derry, T. K., and Williams, Trevor I. (1960) *A Short History of Technology: From the Earliest Times to A.D. 1900*, Oxford, Clarendon Press

Doerper, John, and Collins, Alf (1989) 'Pacific Northwest Indian Cooking Vessels', in Tom Jaine (ed.), *Oxford Symposium on Food and Cookery 1988.The Cooking Pot: Proceedings*, Totnes, Prospect Books, pp. 28–44

Dubois, Urbain (1870) *Artistic Cookery: A Practical System Suited for the Use of Nobility and Gentry and for Public Entertainments*, London

Dugdale, William (1666) *Origines Juridiciales, or Historical Memorials of the English Laws*, London, Thomas Warren

Dunlop, Fuchsia (2001) *Sichuan Cookery*, London, Penguin

— (2004) 'Cutting It is More Than Cutting Edge', *Financial Times*, 7 August

Eaton, Mary (1823) *The Cook and Housekeeper's Complete and Universal Dictionary*, Bungay, J. and R. Childs

Ebeling, Jennie (2002) 'Why are Ground Stone Tools Found in Middle and Late Bronze Age Burials?', *Near Eastern Archaeology*, vol. 65, no. 2, pp. 149–51

Ebeling, Jennie R., and Rowan, Yorke M. (2004) 'The Archaeology of the Daily Grind: Ground Stone Tools and Food Production in the Southern Levant', *Near Eastern Archaeology*, vol. 67, no. 2, pp. 108–17

Edgerton, David (2008) *The Shock of the Old: Technology and global history since 1900*, London, Profile

Elias, Norbert (1994 [first published in 1939]) *The Civilising Process*, translated by Edmund Jephcott, Oxford, Blackwell

Ellet, Elizabeth Fries (1857) *The Practical Housekeeper: A Cyclopedia of Domestic Economy*, New York, Stringer and Townsend

Emery, John (1976) *European Spoons Before 1700*, Edinburgh, John Donald

Publishers Ltd

Ettlinger, Steve (1992) *The Kitchenware Book*, New York, Macmillan

Eveleigh, David J. (1986) *Old Cooking Utensils*, Aylesbury, Shire Publications

— (1991) '"Put Down to a Clear Bright Fire": The English Tradition of Open-Fire Roasting', *Folk Life*, vol. 29, pp. 5–18

Falk, Dean, and Seguchi, Noriko (2006) 'Professor C. Loring Brace: Bringing Physical Anthropology ("Kicking and Screaming") into the 21st Century!' *Michigan Discussions in Anthropology*, vol. 16, pp. 175–211

Farb, Peter, and Armelagos, George (1980) *Consuming Passions: The Anthropology of Eating*, Boston, Houghton Mifflin

Farmer, Fannie (1896) *The Boston Cooking-School Cookbook*, Boston, Little Brown and Company

— (1904) *Food and Cookery for the Sick and Convalescent*, Boston, Little Brown and Company

Feild, Rachael (1984) *Irons in the Fire: A History of Cooking Equipment*, Marlborough, Wiltshire, Crowood Press

Fernández-Armesto, Felipe (2001) *Food: A History*, London, Macmillan

Ferrie, Helke (1997) 'An Interview with C. Loring Brace', *Current Anthropology*, vol. 38, no. 5, pp. 851–917

Forbes, R. J. (1950) *Man the Maker: A History of Technology and Engineering*, London, Constable & Co.

Frederick, Christine (1916) *The New Housekeeping: Efficiency Studies in Home Management*, New York, Doubleday, Page and Company

Friedberg, Suzanne (2009) *Fresh: A Perishable History*, Cambridge, Mass., The Belknap Press of Harvard University Press

Friedland, Susan (ed.) (2009) *Vegetables: Proceedings of the Oxford Symposium on Food and Cookery 2008*, Totnes, Prospect Books

Fuller, William (1851) *A Manual: Containing Numerous Original Recipes for Preparing Ices, With a Description of Fuller's Neapolitan Freezing Machine for making ices in three minutes at less expense than is incurred by any method now in use*, London, William Fuller

Furnivall, Frederick J. (ed.) (1868) *Early English Meals and Manners*, London, Kegan Paul, Trench, Trübner & Co.

Galloway, A. Keene, Derek, and Murphy, Margaret, (1996) 'Fuelling the City: Production and Distribution of Firewood and Fuel in London's Region, 1290–1400', *Economic History Review*, New Series, vol. 49, no. 3, pp. 447–72

Gillette, Mrs F. L., and Ziemann, Hugo (1887) *The White House Cookbook*, Chicago, Werner Company

Gladwell, Malcolm (2010) *What the Dog Saw: And Other Adventures*, London, Penguin

Glancey, Jonathan (2008) 'Classics of Everyday Design no. 45', *Guardian*, 25 March

Goldstein, Darra (2006) in Sarah Coffin (ed.), *Feeding Desire: Design and the Tools of the Table*, New York, Assouline in collaboration with Smithsonian Cooper-Hewitt

Gordon, Bertram M., and Jacobs-McCusker, Lisa (1989) 'One Pot Cookery and Some Comments on its Iconography', in Tom Jaine (ed.), *Oxford Symposium on Food and Cookery 1988. The Cooking Pot: Proceedings*, Totnes, Prospect Books, pp. 55–68

Gordon, Bob (1984) *Early Electrical Appliances*, Aylesbury, Shire Publications

Gouffé, Jules (1874) *The Royal Book of Pastry and Confectionery*, translated from the French by Alphonse Gouffé, London, Sampson, Low, Marston

Green, W. C. (1922) *The Book of Good Manners: A Guide to Polite Usage*, New York, Social Mentor Publications

Hanawalt, Barbara (1986) *The Ties that Bound: Peasant Families in Medieval England*, New York and Oxford, Oxford University Press

Hård, Mikael (1994) *Machines are frozen spirit: The scientification of refrigeration and brewing in the nineteenth century*, Frankfurt and Boulder, Colorado, Westview Press

Hardyment, Christina (1988) *From Mangle to Microwave: The Mechanization of Household Work*, Cambridge, Polity Press

Harland, Marion (1873) *Common Sense in the Household*, New York, Scribner, Armstrong & Co.

Harris, Gertrude (1980) *Pots and Pans*, London, Penguin

Harrison, James, and Steel, Danielle (2006), 'Burns and Scalds', *AIHW National Injury Surveillance Unit*, South Australia, Flinders University

Harrison, Molly (1972) *Kitchen in History*, London, Osprey

Harrold, Charles Frederick (1930)'The Italian in Streatham Place: Giuseppe Baretti (1719–1789)', *Sewanee Review*, vol. 38, no. 2, pp. 161–75

Harry, Karen, and Frink, Liam (2009) 'The Arctic Cooking Pot: Why Was It Adopted?' *American Anthropologist*, vol. 111, pp. 330–43

Helou, Anissa (2008) *Lebanese Cuisine*, London, Grub Street

Herring, I. J. (1938) 'The Beaker Folk', *Ulster Journal of Archaeology*, 3rd series, vol. 1, pp. 135–9

Hertzmann, Peter (2007) *Knife Skills Illustrated: A User's Manual*, New York, W. W. Norton

Hess, Karen (ed.) (1984) *The Virginia Housewife by Mary Randolph*, Columbia, South Caroline, University of South Carolina Press

Hesser, Amanda (2005) 'Under Pressure', *New York Times*, 14 August

Heßler, Martina (2009) 'The Frankfurt Kitchen: The Model of Modernity and the "Madness" of Traditional Users, 1926 to 1933', in Ruth Oldenziel and Karin Zachmann (eds), *Cold War Kitchen: Americanization, Technology, and European Users*, Cambridge, Mass., MIT Press

Homer, Ronald F. (1975) *Five Centuries of Base Metal Spoons*, London, The Worshipful Company of Pewterers

Homes, Rachel (1973) 'Mixed Blessings of a Food Mixer', *The Times*, 9 August

Hosking, Richard (1996) *A Dictionary of Japanese Food*, Totnes, Prospect Books

Hughes, Bernard, and Therle (1952) *Three Centuries of English Domestic Silver 1500–1820*, London, Lutterworth Press

Hutchinson, R. C. (1966) *Food Storage in the Home*, London, Edward

杯盘之间：一部被湮没的"庖厨"史

Arnold

Isenstadt, Sandy (1998) 'Visions of Plenty: Refrigerators in American Around 1950', *Journal of Design History*, vol. 11, no. 4, pp. 311–21

Ishige, Naomichi (2001) *The History and Culture of Japanese Food*, London, Kegan Paul

Jaine, Tom (ed.) (1989) *Oxford Symposium on Food and Cookery 1988. The Cooking Pot: Proceedings*, Totnes, Prospect Books

Jay, Sarah (2008) *Knives Cooks Love: Selection, Care, Techniques, Recipes*, Kansas City, Andrews McMeel Publishing

Kafka, Barbara (1987) *Microwave Gourmet*, New York, William Morrow

Kalm, Pehr (1892) *Kalm's Account of his Visit to England on his Way to America in 1748*, translated by Joseph Lucas, London, Macmillan

Keller, Thomas, with McGee, Harold (2008) *Under Pressure: Cooking Sous Vide*, New York, Artisan Publishers

Kinchin, Juliet, with O'Connor, Aidan (2011) *Counter Space: Design and the Modern Kitchen*, New York, Museum of Modern Art

Kitchiner, William (1829) *The Cook's Oracle and Housekeeper's Manual*, 3rd edn, Edinburgh, A. Constable & Co.

Koon, H. E. C., O'Connor, T. P., and Collins, M. J. (2010) 'Sorting the Butchered from the Boiled', *Journal of Archaeological Science*, vol. 37, pp. 62–9

Kranzberg, Melvin (1986) 'Technology and History: Kranzberg's Laws', *Technology and Culture*, vol. 27, June, pp. 544–60

Kurti, Nicholas and Giana (eds) (1988) *But the Crackling is Superb: An anthology on food and drink by fellows and foreign members of the Royal Society*, Bristol, Hilger

Lamb, Charles (2011) *A Dissertation Upon Roast Pig and Other Essays*, London, Penguin

Larner, John W. (1986) 'Judging the Kitchen Debate', *OAH Magazine of History*, vol. 2, no. 1, pp. 25–6

Larson, Egon (1961) *A History of Invention*, London, Phoenix House

Leach, Helen M. (1982) 'Cooking without Pots: Aspects of Prehistoric and Traditional Polynesian Cooking', *New Zealand Journal of Archaeology*, vol. 4, pp. 149–56

— (2007) 'Cooking with Pots – Again', in Atholl Anderson, Kaye Green and Foss Leach (eds), *Vastly Ingenious: The Archaeology of Pacific Material Culture*, Dunedin, New Zealand, Otago University Press, pp. 53–68

Lemme, Chuck (1989) 'The Ideal Pot', in Tom Jaine (ed.), *Oxford Symposium on Food and Cookery 1988. The Cooking Pot: Proceedings*, Totnes, Prospect Books, pp. 82–99

Levenstein, Harvey (2000) 'Fannie Merritt Farmer', *American National Biography Online*, February, accessed 2012

Lincoln, Mary Johnson (1884) *Mrs Lincoln's Boston Cook Book: What to Do and What Not to Do in Cooking*, Boston, Roberts Brothers

Lloyd, G. I. K. (1913) *The Cutlery Trades: An Historical Essay in the Economics of Small-Scale Production*, London, Longmans Green & Co.

Lockley, Lawrence C. (1938) 'The Turn-Over of the Refrigerator Market', *Journal of Marketing*, vol. 2, no. 3, pp. 209–13

MacDonald, John (1985) *Memoirs of an Eighteenth-Century Footman*, London, Century

McEvedy, Allegra (2011) *Bought, Borrowed and Stolen: Recipes and Knives from a Travelling Chef*, London, Conran Octopus

McGee, Harold (1986) *On Food and Cooking: The Science and Lore of the Kitchen*, London, Allen and Unwin

MacGregor, Neil (2010) *A History of the World in 100 Objects*, London, Allen Lane

Mackenzie, Donald, and Wajcman, Judy (eds) (1985) *The Social Shaping of Technology: How the Refrigerator Got Its Hum*, Milton Keynes, Open University Press

McNeil, Ian (ed.) (1990) *An Encyclopedia of the History of Technology*, London, Routledge

Man, Edward Horace (1932) *On the Aboriginal Inhabitants of the Andaman Islands*, London, Royal Anthropological Institute

Marquardt, Klaus (1997) *Eight Centuries of European Knives, Forks and*

杯盘之间：一部被湮没的"庖厨"史

Spoons, translated by Joan Clough, Stuttgart, Arnoldsche

Marsh, Stefanie (2003) 'Can't Cook. Won't Cook. Don't Care. Going Out', *The Times*, 17 November

Marshall, Mrs A. B. (1857) *The Book of Ices*, 2nd edn, London, Marshall's School of Cookery

— (1894) *Fancy Ices*, London, Simpkin, Hamilton & Kent & Co.

— (1896) *Mrs A. B. Marshall's Cookery Book*, London, Simpkin, Hamilton & Kent & Co.

Marshall, Jo (1976) *Kitchenware*, London, BPC Publishers

Martino, Maestro (2005) *The Art of Cooking, composed by the eminent Maestro Martino of Como*, edited by Luigi Ballerini, translated by Jeremy Parzen, Berkeley and London, University of California Press

Masters, Thomas (1844) *The Ice Book*, London, Simpkin, Marshall & Co.

May, Robert (2000) *The Accomplisht Cook; or the Art and Mystery of Cookery, a facsimile of the 1685 edition*, edited by Alan Davidson, Marcus Bell, and Tom Jaine, Totnes, Prospect Books

Mellor, Maureen (1997) *Pots and People That Have Shaped the Heritage of Medieval and Later England*, Oxford, Ashmolean Museum

Mintel Report (1998) *Microwave Ovens*, London, Mintel

Myers, Lucas (1989) 'Ah, youth . . . : Ted Hughes and Sylvia Plath at Cambridge and After', *Grand Street*, vol. 8, no. 4

Myhrvold, Nathan, Young Chris, and Bilet, Maxime (2011) *Modernist Cuisine: The Art and Science of Cooking*, 6 vols, Seattle, The Cooking Lab

Nakano, Yoshiko (2010) *Where There are Asians, There are Rice Cookers*, Hong Kong, Hong Kong University Press

Nasrallah, Nawal (ed.) (2007) *Annals of the Caliph's Kitchen: Translation with Introduction and Glossary*, Leiden, Brill

Newman, Barry (2009) 'To Keep the Finger out of Finger Food, Inventors Seek a Better Bagel Cutter', *Wall Street Journal*, 1 December

Nickles, Shelley (2002) 'Preserving Women: Refrigerator Design as Social Process in the 1930s', *Technology and Culture*, vol. 43, no. 4, pp. 693–727

O'Connor, Desmond (2004), 'Baretti, Giuseppe Marc'Antonio (1719–

1789)', *Oxford Dictionary of National Biography*, Oxford University Press

Ohren, Magnus (1871) *On the Advantages of Gas for Cooking and Heating*, London, printed for the Crystal Palace District Gas Company

Oka, K., Sakuarae, A., Fujise, T., Yoshimatzu, H., Sakata, T., and Nakata, M. (2003) 'Food Texture Differences Affect Energy Metabolism in Rats', *Journal of Dental Research*, June 2003, vol. 82, pp. 491–4

Oldenziel, Ruth, and Zachmann, Karin (eds) (2009) *Cold War Kitchen: Americanization, Technology, and European Users*, Cambridge, Mass., MIT Press

Ordway, Edith B. (1918) *The Etiquette of Today*, New York, Sully & Kleinteich

Osepchuk, John M. (1984) 'A History of Microwave Heating', *IEEE Transactions on Microwave Theory and Techniques*, vol. 32, no. 9, pp. 1200–24

— (2010) 'The Magnetron and the Microwave Oven: A Unique and Lasting Relationship', *Origins and Evolution of the Cavity Magnetron (CAVMAG)*, 2010 International Conference, April, pp. 19–20, 46–51

Owen, Sri (2008) *Sri Owen's Indonesian Food*, London, Pavilion

Parloa, Maria (1882) *Miss Parloa's New Cookbook*, New York, C. T. Dillingham

Parr, Joy (2002) 'Modern Kitchen, Good Home, Strong Nation', *Technology and Culture*, vol. 43, no. 4, pp. 657–67

Pierce, Christopher (2005) 'Reverse Engineering the Ceramic Cooking Pot: Cost and Performance Properties of Plain and Textured Vessels', *Journal of Archaeological Method and Theory*, vol. 12, no. 2, pp. 117–57

Plante, Ellen M. (1995) *The American Kitchen: From hearth to highrise*, New York, Facts on File

Pollan, Michael (2008) *In Defence of Eating: An Eater's Manifesto*, New York, Penguin Press

— (2009) 'Out of the Kitchen, Onto the Couch', *New York Times*, 2 August

Post, Emily (1960) *The New Emily Post's Etiquette*, New York, Funk & Wagnalls

Potter, Jeff (2010) *Cooking for Geeks: Real Science, Great Hacks and Good Food*, Sebastopol, Calif., O'Reilly Media

Power, Eileen (ed.) (1992) *The Goodman of Paris (Le Ménagier de Paris*, c. 1393), translated by Eileen Power, London, Folio Society

Pufendorf, Samuel (1695) *An Introduction to the History of the Principal Kingdoms and States of Europe*, London, M. Gilliflower

Quennell, Marjorie and C. H. B. (1957) *A History of Everyday Things in England, Volume 1 1066–1499* (first published in 1918), London, B. T. Batsford

Randolph, Mary (1838) *The Virginia Housewife or Methodical Cook*, Baltimore, Md., Plaskitt, Fite

Rath, Eric C. (2010) *Food and Fantasy in Early Modern Japan*, Berkeley, Calif., University of California Press

Reid, Susan (2002) 'Cold War in the Kitchen: Gender and the De-Stalinization of Consumer Taste in the Soviet Union under Khrushchev', *Slavic Review*, vol. 61, no. 2, pp. 211–52

— (2005) 'The Khrushchev Kitchen: Domesticating the Scientific-Technological Revolution', *Journal of Contemporary History*, vol. 40, no. 2, pp. 289–316

— (2009) '"Our Kitchen is Just as Good": Soviet Responses to the American Kitchen', in Ruth Oldenziel and Karin Zachmann (eds), *Cold War Kitchen: Americanization, Technology, and European Users*, Cambridge, Mass., MIT Press

Renton, Alex (2010) 'Sous-vide cooking: A kitchen revolution', *Guardian*, 2 September

Rios, Alicia (1989) 'The Pestle and Mortar', in Tom Jaine (ed.), *Oxford Symposium on Food and Cookery 1988. The Cooking Pot: Proceedings*, Totnes, Prospect Books, pp. 125–36

Rodgers, Judy (2002) *The Zuni Café Cookbook*, New York, W. W. Norton

Rogers, Ben (2003) *Beef and Liberty: Roast Beef, John Bull and the English Nation*, London, Chatto & Windus

Rogers, Eric (1997) *Making Traditional English Wooden Eating Spoons*,

Felixstowe, Suffolk, Woodland Craft Supplies

Rorer, Sarah Tyson (1902) *Mrs Rorer's New Cookbook*, Philadelphia, Arnold & Co.

Ross, Alice (2007) 'Measurements', in Andrew F. Smith (ed.), *The Oxford Companion to American Food and Drink*, Oxford, Oxford University Press

Routledge, George (1875), *Routledge's Manuel of Etiquette*, London and New York, George Routledge & Sons

Ruhlman, Michael (2009) *Ratio: The Simple Codes Behind the Craft of Everyday Cookery*, New York, Scribner Book Company

Rumford, Benjamin, Count von (1968) *Collected Works of Count Rumford*, edited by Sanborn Brown, Cambridge, Mass., Harvard University Press

Salisbury, Harrison E. (1959) 'Nixon and Khrushchev Argue in Public as US Exhibit Opens', *New York Times*, 25 July

Samuel, Delwen (1999) 'Bread Making and Social Interactions at the Amarna Workmen's Village, Egypt', *World Archaeology*, vol. 31, no. 1, pp. 121–44

Sanders, J. H. (2000) 'Nicholas Kurti C.B.E.', *Biographical Memoirs of Fellows of the Royal Society*, vol. 46, pp. 300–315

Scappi, Bartolomeo (2008) *The Opera of Bartolomeo Scappi (1570)*, translated with commentary by Terence Scully, Toronto, University of Toronto Press

Scully, Terence (1995) *The Art of Cookery in the Late Middle Ages*, Woodbridge, Boydell Press

Segre, Gino (2002) *Einstein's Refrigerator: Tales of the hot and cold*, London, Allen Lane

Seneca, Lucius Annaeus (2007) *Dialogues and Essays*, translated by John Davie, Oxford, Oxford University Press

Serventi, Silvano, and Sabban, Françoise (2002) *Pasta: The story of a universal food*, translated by Anthony Shugaar, New York, Columbia University Press

Shapiro, Laura (1986) *Perfection Salad: Women and Cooking at the Turn of the*

Century, New York, Farrar, Straus and Giroux

Shephard, Sue (2000) *Pickled, Potted and Canned: The Story of Food Preserving*, London, Headline

Shleifer, Andrei, and Treisman, Daniel (2005) 'A Normal Country: Russia after Communism', *Journal of Economic Perspectives*, vol. 19, no. 1, pp. 151–74

Simmons, Amelia (1796) *American Cookery*, Hartford, Hudson and Goodwin, for the Author

Smith, Andrew F. (ed.) 2007 *The Oxford Companion to American Food and Drink*, 2 vols, Oxford, Oxford University Press

— (2009) *Eating History: 30 Turning Points in the Making of American Cuisine*, New York, Columbia University Press

Snodin, Michael (1974) *English Silver Spoons*, London, Charles Letts & Company

So, Yan-Kit (1992) *Classic Food of China*, London, Macmillan

Sokolov, Ray (1989) 'Measure for Measure', in Tom Jaine (ed.), *Oxford Symposium on Food and Cookery 1988. The Cooking Pot: Proceedings*, Totnes, Prospect Books, pp. 148–52

Soyer, Alexis (1853) *The Pantropheon or History of Food and its Preparation from the Earliest Ages of the World*, London, Simpkin, Marshall & Co.

Sparkes, B. A. (1962) 'The Greek Kitchen', *Journal of Hellenic Studies*, vol. 82, pp. 121–37

Spencer, Colin (2002) *British Food: An Extraordinary Thousand Years of History*, London, Grub Street

— (2011) *From Microliths to Microwaves*, London, Grub Street

Spencer, Colin, and Clifton, Claire (1993) *The Faber Book of Food*, London, Faber and Faber

Spurling, Hilary (ed.) (1986) *Elinor Fettiplace's Receipt Book*, London, Viking Salamander

Standage, Tom (2009) *An Edible History of Humanity*, London, Atlantic Books

Stanley, Autumn (1993) *Mothers and Daughters of Invention: Notes for a Revised History of Technology*, London, Scarecrow Press

Strong, Roy (2002) *Feast: A History of Grand Eating*, London, Jonathan Cape

Sugg, Marie Jenny (1890) *The Art of Cooking by Gas*, London, Cassell

Sydenham, P. H. (1979) *Measuring Instruments: Tools of Knowledge and Control*, London, Peter Peregrinus

Symons, Michael (2001) *A History of Cooks and Cooking*, Totnes, Prospect Books

Tannahill, Reay (2002) *Food in History* (new and updated edition), London, Review, an imprint of Headline

Tavernor, Robert (2007) *Smoot's Ear: The Measure of Humanity*, New Haven, Yale University Press

Teaford, Mark, and Ungar, Peter (2000) 'Diet and the Evolution of the Earliest Human Ancestors', *Proceedings of the National Academy of Sciences of the United States of America*, vol. 97, no. 25, pp. 13506–11

This, Hervé (2005) 'Molecular Gastronomy', *Nature Materials*, vol. 4, pp. 5–7

— (2009) *The Science of the Oven*, New York, Columbia University Press

Thoms, Alston V. (2009) 'Rocks of Ages: Propagation of Hot-Rock Cookery in Western North America', *Journal of Archaeological Science*, vol. 36, pp. 573–91

Thornton, Don (1994) *Beat This: The Eggbeater Chronicles*, Sunnyvale, Offbeat Books

Toomre, Joyce (ed.) (1992) *Classic Russian Cooking: Elena Molokhovets' A Gift to Young Housewives*, Bloomington, Ind., Indiana University Press

Toth, Nicholas, and Schick, Kathy (2009) 'The Oldowan: The Tool Making of Early Hominins and Chimpanzees Compared', *Annual Review of Anthropology*, vol. 38, pp. 289–305

Toussaint-Samat, Maguelonne (1992) *A History of Food*, translated by Anthea Bell, Oxford, Blackwell Reference

Trager, James (1996) *The Food Chronology*, London, Aurum Press

Trevelyan, G. M. (1978) *English Social History: A Survey of Six Centuries from Chaucer to Queen Victoria* (first published in 1944), London, Longman

Troubridge, Lady (1926) *The Book of Etiquette*, 2 vols, London, The Associated Bookbuyer's Company

Unger, Richard W. (1980) 'Dutch Herring, Technology and International Trade in the Seventeenth Century', *Journal of Economic History*, vol. 40, no. 2, pp. 253–80

Visser, Margaret (1991) *The Rituals of Dinner: The Origins, Evolution, Eccentricities and Meaning of Table Manners*, London, Penguin Books

Vitelli, Karen D. (1989) 'Were Pots First Made for Food? Doubts from Franchti', *World Archaeology*, vol. 21, no. 1, pp. 17–29

— (1999) '"Looking Up" at Early Ceramics in Greece', in James M. Skibo and Gary M. Feinman (eds), *Pottery and People: A Dynamic Interaction*, Salt Lake City, University of Utah Press, pp. 184–98

Waines, David (1987) 'Cereals, Bread and Society: An Essay on the Staff of Life in Medieval Iraq', *Journal of the Economic and Social History of the Orient*, vol. 30, no. 3, pp. 255–85

Wandsnider, LuAnn (1997) 'The Roasted and the Boiled: Food Consumption and Heat Treatment with Special Emphasis on Pit-Hearth Cooking', *Journal of Anthropological Archaeology*, vol. 16, pp. 1–48

Weber, Robert J. (1992) *Forks, Phonographs and Hot Air Balloons: A field guide to inventive thinking*, Oxford, Oxford University Press

Webster, Thomas (1844) *An Encyclopaedia of Domestic Economy*, London, Longman, Brown, Green and Longmans

Weinstein, Rosemary (1989) 'Kitchen Chattels: The Evolution of Familiar Objects 1200–1700', in Tom Jaine (ed.), *Oxford Symposium on Food and Cookery 1988. The Cooking Pot: Proceedings*, Totnes, Prospect Books, pp. 168–83

Weir, Robin and Caroline (2010) *Ices, Sorbets and Gelati: The Definitive Guide*, London, Grub Street

Weir, Robin, Brears, Peter, Deith, John, and Barham, Peter (1998) *Mrs*

Marshall: The Greatest Victorian Ice Cream Maker with a Facsimile of the Book of Ices 1885, Leeds, Smith Settle Ltd for Syon House

Wheaton, Barbara (1983) *Savouring the Past: The French Kitchen and Table from 1300 to 1789*, London, Chatto & Windus

Whitelaw, Ian (2007) *A Measure of All Things: The Story of Measurement Through the Ages*, Newton Abbot, David & Charles

Wilkins, J. (1680) *Mathematical Magick or the Wonders that May be Performed by Mechanical Geometry*, London, Edward Gellibrand

Wilkinson, A.W. (1944) 'Burns and Scalds in Children: An Investigation of their Cause and First-Aid Treatment', *British Medical Journal*, vol. 1, no. 4331, pp. 37–40

Wilson, C. Anne (1973), *Food and Drink in Britain from the Stone Age to Recent Times*, London, Constable

Wolf, Burt (2000) *The New Cooks' Catalogue*, New York, Alfred A. Knopf

Wolfman, Peri, and Gold, Charles (1994) *Forks, Knives and Spoons*, London, Thames & Hudson

Wolley, Hannah (1672) *The Queen-Like Closet, or Rich Cabinet*, London, Richard Lowndes

— (1675) *The Accomplish'd lady's delight in preserving, physick, beautifying, and cookery*, London, B. Harris

Woodcock, F. Huntly, and Lewis, W. R. (1938) *Canned Foods and the Canning Industry*, London, Sir I. Pitman & Sons Ltd

Worde, Wynkyn de (2003) *The Boke of Keruynge* (The Book of Carving), with an Introduction by Peter Brears, Lewes, Sussex, Southover Press

Wrangham, Richard, with Holland Jones, James, Laden, Greg, Pilbeam, David, and Conklin-Brittain, Nancylou (1999) 'The Raw and the Stolen', *Current Anthropology*, vol. 40, no. 5, pp. 567–94

— (2009) *Catching Fire: How Cooking Made Us Human*, London, Profile

Wright, Katherine (1994) 'Ground-Stone Tools and Hunter-Gatherer Subsistence in Southwest Asia: Implications for the Transition to Farming', *American Antiquity*, vol. 59, no. 2, pp. 238–63

Yarwood, Doreen (1981) *British Kitchen: Housewifery since Roman Times*, London, Batsford

Young, Carolin (2002) *Apples of Gold in Settings of Silver: Stories of Dinner as a Work of Art*, London, Simon and Schuster

— (2006) 'The Sexual Politics of Cutlery', in Sarah Coffin (ed.), *Feeding Desire: Design and the Tools of the Table*, New York, Assouline in collaboration with Smithsonian Cooper-Hewitt

Young, H. M. (1897) *Domestic Cooking with Special Reference to Cooking by Gas*, 21st edn, Chester, H. M. Young

扩展阅读

基础文献

这本书的涉及面很广，作为第一手材料的补充，我参考了很多第二手材料，其中包括杂志文章以及各种书籍章节。我所参阅的主要材料包括烹饪历史著作、科技著作以及当代的新闻报纸、期刊和厨房产品类目等，如美国的西尔斯（Sears）、罗巴克（roebuck）和法国的雅科托（Jacquotot）。我所参观的厨房几乎都属于国家信托协会（National Trust）的资产。参考文献中已经罗列了我使用的全部资料，下面提到的部分对我来说，尤其具有启发性。

我刚刚开始思考这个题目的时候，一位朋友送给我一本莫莉·哈里森（Molly Harrison）所写的《厨房历史》（*The Kitchen in History*, 1972），这本书从始至终都在为我提供参考。我也从蕾切尔·菲尔德（Rachael Feild）所著《火上之钢：厨房设备的历史》（*Irons in the Fire: A History of Cooking Equipment*, 1984）一书中借鉴良多，它从古玩器皿的角度入手来探讨厨房工具这一主题。

每一位对食物历史感兴趣的读者都不应该错过雷伊·坦那希尔

（Reay Tannahill）的精彩著作《食物的历史》（*Food in History*, 2002, updated edition）。关于厨师的历史，迈克尔·西蒙斯（Michael Symons）所著《厨师与烹饪的历史》（*A History of Cooks and Cooking*, 2001）一书，不但资料丰富，而且影响深远。另外一部全景式的著作是菲利普·费尔南德兹·阿尔梅斯托（Felipe Fernández Armesto）的《食物：一部历史》（*Food: A History*, 2001）。

牛津食物与烹饪研讨会（Oxford Symposium on Food and Cookery）让我获益良多，这个每年一次的聚会是由阿兰·戴维森（Alan Davidson）与西奥多·泽尔丁（Theodore Zeldin）共同赞助的，是研究与欣赏食物历史的最好窗口之一。由前景书屋（Prospect Books）出版的《研讨会论文集》中，有很多精品之作。同样由前景书屋出版的四月刊《厨事琐言》（*Petits Propos Culinaires*），对于食物历史学家们来说具有难以估量的价值。另外一部有价值的食物历史周刊是《美食家》（*Gastronomica*），由德拉·戈德斯坦（Darra Goldstein）主编。从两位无与伦比的食物历史学家伊安·戴（Ivan Day）与彼得·布莱尔（Peter Brears）那里我也学到了很多，他们的文章通常发表于"利兹食物历史论坛"（Leeds History of Food Symposium），往往独辟蹊径，专注于烹饪历史的技艺与设备方面。

一般性书籍之中，我发现最有帮助的是卡罗琳·戴维森（Caroline Davidson）的杰作《一个女人的活儿永远做不完：1650—1950 大不列颠家务的历史》（*A Woman's Work is Never Done: A History of Housework in the British Isles 1650—1950*, 1982）以及克里斯蒂娜·哈德门（Christina Hardyment）的《从压干机到微波：家务劳动的机械化》（*From Mangle to Microwave: The Mechanization of Household Work*,

1988），这两部著作着重呈现大不列颠家庭生活领域的烹饪科技，后者甚至涵盖了现代时期，直到 1990 年代。来自美国的同类著作，是从女权主义视角展开的《妈妈的工作更多了》（*More Work for Mother*, 1983），作者是露丝·施瓦兹·科文（Ruth Schwartz Cowan），此书非常耐人寻味。以上三部书籍，在社会史与器皿史方面都堪称杰作。

各种厨房工具指南可谓数不胜数，我经常参考的是詹姆斯·比尔德（James Beard）百科全书式的《厨师编目》（*The Cooks' Catalogue*, 1975）一书，至今，他仍然被认为是最伟大的美国食物作家之一，知识与激情的结合使他的作品永远引人入胜。同样有帮助的是伯特·沃尔夫（Burt Wolf）的《新厨师编目》（*The New Cooks' Catalogue*, 2000），从面点刀具到食物处理器，它确实是一部不错的指南。新近出版的著作中我喜欢艾尔顿·布朗（Alton Brown）的《装备你的厨房》（*Gear for Your Kitchen*, 2008）。与未来厨房有关的书籍，我喜欢杰夫·波特（Jeff Potter）的《怪客烹饪：真正的科学、伟大的工具以及美味佳肴》（*Cooking for Geeks: Real Science, Great Hacks and Good Food*, 2010）一书，其中不但教你如何 DIY 你自己的真空器皿，还会告诉你用洗碗机做三文鱼的方法。

引言

传统科技史忽视了食物领域，艾贡·拉尔森（Egon Larson）所著《发明的历史》（*A History of Invention*, 1961）一书为我们提供了例证，书中既没有提到食物，也没有涉及烹饪；T. K. 德利（T. K. Derry）与特雷弗·威廉姆斯（Trevor I. Williams）的《科技简史》（*A Short History of Technology*）一书，提到了犁和打谷机，但是没有涉及厨房工具。

在奥特姆·斯坦利（Autumn Stanley）的《母亲与女儿们的发明》（*Mothers and Daughters of Invention*, 1993）一书中，琳达·布鲁斯特（Linda C. Brewster）的去苦味专利罗列于众多妇女们的发明之列。

陶器的使用与牙齿脱落之后是否可以存活之间的关系，在查尔斯·劳瑞·布雷斯（Charles Loring Brace）整理的文献中可见几篇讨论它的文章，其中包括布雷斯与他的同事们 1987 年所写的《更新世晚期与后更新世时期人类牙齿大小的渐变》（"Gradual Change in Human Tooth Size in the Late Pleistocene and Post-Pleistocene"）一文。

罗伯特·韦伯（Robert Weber）在《叉子、留声机与热气球》（*Forks, Phonographs and Hot Air Balloons*, 1992）一书中探索了各种工具所承载的不为人知的智慧。2008 年，凯瑞·沃森·克莱弗林（Kyri Watson Claflin）的论文《雷阿勒以及道义集市》（"Les Halles and the Moral Market"）分析了冰箱给雷阿勒市场带来的恐惧。

2011 年，"五比二十五"项目针对英国人的烹饪习惯进行了一次调查，这一项目旨在激励人们在 25 岁之前学会 5 种菜肴。蕾切尔·菲尔德的《火上之钢》一书讨论了"砖砌烟囱"给厨房带来的一场革命，也谈到了罐头的发明远远早于开罐器的出现，以及这一现象所蕴含的讽刺意味。

第一章　锅具

写作这一章节所使用的最重要的参考资料是汤姆·杰恩（Tom Jaine）主编的《1988 年牛津食物与烹饪研讨会："锅具"专集》（*Oxford Symposium on Food and Cookery 1988. The Cooking Pot: Proceedings*）。这部论文集中收录了很多精彩的文章，其中包括查克·莱枚（Chuck

Lemme）的《理想锅具》，伯特伦·戈登（Bertram Gordon）和丽莎·雅各布-麦卡斯克（Lisa Jocobs-McCusker）关于"单锅烹饪"的论文，以及索菲·科埃（Sophie D. Coe）关于玛雅人的巧克力锅的论述。

人类学家与考古学家关于早期陶器的论述资料数不胜数，比如，就陶器的起源来说，威廉·巴内特（William Barnett）与约翰·霍普斯（John Hoopes）所编著的《陶器的出现》（*The Emergence of Pottery*）就位列其中。人类学家和考古学家们普遍对坑式炉子十分着迷，有关这方面的研究资料也很多，卢安·万德斯奈德（LuAnn Wandsnider）所写的《烘烤与烹煮》（*The Roasted and the Boiled*, 1997）尤其让我获益良多。B. A. 斯巴克斯（B. A. Sparkes）所著《希腊厨房》（*The Greek Kitchen*, 1962）一书审视了希腊陶器在烹饪方面的应用；与此同时，凯伦·维塔利（Karen D. Vitelli）的研究（尤其是其中的《锅首先是用来烹饪的吗？》["Were Pots First Made for Food?", 1989]一文）探讨了古代锅具并非总是用来烹饪的原因。关于维多利亚时代的"全套厨具"以及佩特沃斯庄园的收藏，我主要参考了彼得·布莱尔和帕梅拉·萨姆布鲁克（Pamela Sambrook）编著的《乡村厨房》（*The Country House Kitchen*, 1996）。

关于不粘材质的诸多弱点以及其他情况，可以参阅格特鲁德·哈里斯（Gertrude Harris）的《各种锅具》（*Pots and Pans*, 1980）。

第二章　刀

关于中式菜刀的历史及其对中餐烹饪的贡献，请参考张光直（K. C. Chang）主编的《中国饮食与文化》（*Food in Chinese Culture*, 1977），特别是其中由安德森（Anderson）和张光直所撰写的文章。菲霞·邓洛普（Fuchsia Dunlop）的《四川菜》（*Sichuan Cookery*）为我们提供了中式菜刀的刀工指南（包括一些珍贵的食谱，告诉我们如何烹制菜刀切好后的食材），还有她 2004 年所写的一篇文章《刀工不仅在刀刃上》（"Cutting It is More than Cutting Edge", 2004）。

关于欧洲的厨房刀技，我从彼得·布莱尔的著作中了解到很多。作为欧洲文明的组成部分，欧洲刀具与餐具在玛格丽特·维瑟（Margaret Visser）的《晚餐仪式》（*The Rituals of Dinner*, 1991）以及莎拉·卡芬（Sarah Coffin）的《满足渴望》（*Feeding Desire*, 2006）中的描述给我带来了非常愉快的阅读体验。

查尔斯·劳瑞·布雷斯是一位著作等身的学者，在参考文献中，我罗列了一部分他所撰写的有关"覆咬合"以及人类牙齿方面的论文。

就刀具在实践中给人们带来的乐趣——买哪一种刀以及如何使用等——可以参阅萨拉·杰伊（Sarah Jay）所著《厨师挚爱之刀》（*Knives Cooks Love*, 2008）、皮特·赫茨曼（Peter Hertzmann）所著《刀技图解》（*Knife Skills Illustrated*）和阿莱格拉·麦克伊韦迪（Allegra McEvedy）所著《购买、出借和被盗》（*Bought, Borrowed and Stolen*, 2011）这三本书。目前，我最喜欢的一把刀是碳钢的，红木刀柄，在奥尔良的野火刀具店（Wildfire Cutlery）购买的，这要感谢麦克伊韦迪的推荐。

第三章　火

如果想更多了解伊安·戴（Ivan Day）和他的著作，可以点击 www. historiccookery. com 阅览，本书所引用的内容全部来源于此，大部分基于他与笔者之间的谈话。大卫·伊夫利（David Eveleigh）所写的《熄灭明亮的火焰》(*Put Down to a Clear Bright Fire*, 1991)一书，对于研究英格兰的明火烧烤传统是最好的参考资料之一，还可以参阅同一位作者的另一部著作《古老的烹饪器皿》(*Old Cooking Utensils*, 1986)。

关于前现代时期的火灾隐患，芭芭拉·哈那瓦尔特（Barbara Hanawalt）所著《连接的纽带》(*The Ties that Bound*, 1984)以及蕾切尔·菲尔德的《火上之钢》都让我获益匪浅，后者还谈到英格兰的烹饪风尚其实是木材资源丰富而导致的结果。

伯克哈德·比尔格（Burkhard Bilger）所写的《灶台革命》("Hearth Surgery")一文报道了无烟炉在发展中国家所产生的影响，这篇出色的报道登载在 2009 年 12 月的《纽约客》(*New Yorker*)上。

关于微波炉的烹饪潜力，可以去看芭芭拉·卡夫卡（Barbara Kafka）的《微波炉美食》(*Microwave Gourmet*, 1987)，以及内森·梅尔沃德（Nathan Myhrvold）的《现代派烹饪》(*Modernist Cuisine*, 2011)等等，其中包括一系列最好不要在家里用微波炉尝试进行的实验。

第四章 称量

写作这一章节是因为受到了雷伊·索科洛夫（Ray Sokolov）《为称量而称量》("Measure for Measure", 1989)一文的启发，这是一篇有关美国"量杯式"称量体系的文章，也是一篇绝妙的、引人深思的好文。关于称量的历史，不局限于厨房里的，可以参阅 P. H. 西德纳姆（P. H. Sydenham）的《称量用具》(*Measuring Instruments*, 1979)、罗伯特·塔沃纳（Robert Tavernor）的《斯穆特的耳朵：人体测量》(*Smoot's Ear: The Measure of Humanity*, 2007)以及伊恩·怀特劳（Ian Whitelaw）的《称量一切》(*A Measure of All Things*, 2007)。

关于芬妮·法尔默（Fannie Farmer），请参阅劳拉·夏皮罗（Laura Shapiro）的《完美色拉》（*Perfection Salad*, 1986），以及安德鲁·史密斯（Andrew Smith）的《吃的历史》（*Eating History*, 2009）。还可以参考网上美国国家传记（American National Biography Online, 2000）上面由哈维·莱文斯坦（Harvey Levenstein）所撰写的法尔默条目以及法尔默的自传。

关于现代称量工具，可以参阅赫斯顿·布鲁曼索（Heston Blumenthal）的《肥鸭食谱》（*The Fat Duck Cookbook*, 2009）以及内森·梅尔沃德的《现代派烹饪》等。朱迪·罗杰（Judy Rodgers）有关称量的睿智文字出现在《祖尼咖啡食谱》（*The Zuni Café Cookbook*, 2002）一书的第40—41页，这也是有史以来最好的烹饪书之一。

第五章 舂碾

有关早期碾磨工具的著作，凯瑟琳·赖特（Katherine Wright）的《磨石工具》（*Ground-Stone Tool*, 1994）以及珍妮·艾伯林（Jennie Ebeling）和约克·罗文（Yorke M. Rowan）的《日常舂碾考古》（*The Archaeology of the Daily Grind*, 2004）都令人深受启发。

如果想了解伊丽莎白时代的人们如何热衷于搅打蛋白，可以参阅希拉里·斯普林（Hilary Spurling）的《埃莉诺·凡迪普雷斯的账本》（*Elinor Fettiplace's Receipt Book*, 1986），以及安妮·威尔逊（C. Anne Wilson）的《从石器时代到近代大不列颠的饮食》（*Food and Drink in Britain from the Stone Age to Recent Times*, 1973）。

关于19世纪末美国打蛋器的收藏家指南，可以参阅唐·桑顿（Don Thornton）的《搅打它：打蛋器编年史》（*Beat This: The Egg-*

beater Chronicles）。在使用以及不使用电子食物处理器的情况下，肉丸制作的过程分别是怎样的情形？这个问题可以在阿妮萨·埃洛（Anissa Helou）所著的《黎巴嫩的菜肴》（*Lebanese Cuisine*, 2008）一书中找到答案。

第六章　食具

在众多有关匙和勺的学术性著作之中，约翰·埃默里（John Emery）的《1700年以前的欧洲匙勺》（*European Spoons Before 1700*, 1976）尤为引人注目，因为它将实用知识与鉴赏家的眼力结合起来了。

关于叉子，可以参阅德拉·戈德斯坦（Darra Goldstein）与卡罗琳·扬（Carolin Young）在《满足渴望》一书中所登载的文章。《满足渴望》这本书是由莎拉·卡芬编辑的。

关于筷子与中国菜在欧洲的际遇，我推荐安德鲁·科埃（Andrew Coe）所写的《切菜》（*Chop Suey*, 2009）一书。关于日本筷子，我觉得理查德·霍斯金（Richard Hosking）所写的《日餐词典》（*A Dictionary of Japanese Food*, 1996）以及石毛直道（Naomichi Ishige）所写的《日本饮食的历史与文化》（*The History and Culture of Japanese Food*）都很富有洞察力。

第七章　冰

与美国冰箱相关的最好书籍是奥斯卡·安德森（Oscar Anderson）所写的《美国冰箱》（*Refrigeration in America*, 1953），这是一部精彩的、全景式的学术著作。

关于"厨房之争"，人们的讨论很多，可以阅读参考文献中所列的苏珊·里德（Susan Reid）的著作，以及露丝·欧登泽尔（Ruth Olden-ziel）与卡琳·扎克曼（Karin Zachmann）所编写的《冷战时期的厨房》（*Cold War Kitchen*，2009 年卷）。

关于冰的历史，可参阅伊丽莎白·戴维（Elizabeth David）所著《寒冷时刻的收获》（*Harvest of Cold Months*，1994）以及托马斯·马斯特（Thomas Masters）的《冰之典》（*The Ice Book*，1844）。关于马歇尔夫人（Mrs Marshall）及其冰淇淋制作的技术，可以阅读罗宾·威尔（Robin Weir）等人编辑的《马歇尔夫人：维多利亚时代最伟大的冰淇淋制作者，并附影印的 1885 年"冰之书"》（*Mrs Marshall: The Greatest Victorian Ice Cream Maker with a Facsimile of the Book of Ices 1885*，1998）。

关于爱因斯坦在冰箱领域所做的尝试，可以参阅吉诺·塞格雷（Gino Segre）所写的《爱因斯坦的冰箱》（*Einstein's Refrigerator*，2002）。

第八章　厨房

艾维·蒂斯（Hervé This）有关厨房科技的观点主要出现在《烤炉科学》（*The Science of the Oven*，2009）以及《分子美食》（"*Molecular Gastronomy*"，2005）之中。

关于真空烹饪的短暂历史和实践，可以参阅《压力之下》（"Under Pressure"，2005）一文，作者是杰出的食物作家阿曼达·赫瑟（Amanda Hesser），还有托马斯·凯勒（Thomas Keller）的《压力之下》（*Under Pressure*，2008）一书和亚历克斯·兰顿（Alex Renton）的《真空烹饪》一文。

内森·梅尔沃德和爱丽丝·沃特斯（Alice Waters）参与的广播节目是生动有趣的魔经播客《侍者，我的汤里有一位物理学家！》的第一部分，首次播出时间是 2011 年 1 月 26 日。

致　谢

第七章的题词，即威廉姆·卡洛斯·威廉姆斯（William Carlos Williams）的诗《这就是说说》（*This Is Just to Say*）中的几句诗，是从《诗选：第一卷，1909—1939》（*The Collected Poems: Volume I, 1909—1939*，2000）一书中节选的，此书版权属于英国和英联邦国家，经由卡柯耐特出版社出版（Carcanet Press），并经其允许重印（在美国，这些诗句经由新方向出版公司［New Directions Publishing］允许发表，1938 年出版）。

我应该感谢杰出的帕特·卡瓦纳（Pat Kavanagh），她于 2008 年过世。作为我的经纪人，我要永远感激她，是她把企鹅出版社的海伦·康福德（Helen Conford）介绍给了我。写作这本书正是海伦的主意，她也是我所能够奢望的最尽责，也最富有洞察力的一位编辑。海伦不同意人们常常挂在嘴边的说法——"已经没有人在认真地编书了"。我还要感谢帕特里克·洛克伦（Patrick Loughran）、佩内洛普·沃格勒（Penelope Vogler）、丽莎·西蒙斯（Lisa Simmonds）、丽贝卡·李（Rebecca Lee）、克莱尔·梅森（Claire Mason）、露丝·平克尼（Ruth Pinkney）、泰伦·阿姆斯特朗（Taryn Armstrong），他们也是企鹅出版社的工作人员，以及特约文字编辑简·罗伯逊（Jane Robertson），她的奇思妙想多次救我于水火之中。

帕特还介绍了另外两位出色的经纪人给我，伦敦联合经纪公司（United Agents）的莎拉·巴拉德（Sarah Ballard）以及纽约佐伊·帕格纳门塔文学经纪公司（Zoë Pagnamenta Literary Agency）的佐伊·帕格纳门塔（Zoë Pagnamenta），我对他们在各种关键时刻所给予的支持和建议深表谢意。同时，我要特别感谢联合经纪公司的拉纳·休斯-扬（Lara Hughes-Young）、佐伊·罗斯（Zoe Ross）、杰西卡·克里格（Jessica craig）以及卡罗尔·麦克阿瑟（Carol MacArthur）。

我深深感谢基础图书公司（Basic Books）的拉纳·海默特（Lara Heimert），感谢她的耐心、勇气以及高超的编辑判断力。我还要感谢基础图书公司的凯蒂·奥唐纳（Katy O'Donnell）、米歇尔·雅各布（Michele Jacob）、凯特琳·格拉夫（Caitlin Graf）、米歇尔·威尔斯-赫斯特（Michelle Welsh-Horst）和塞斯卡·萨利菲尔（Cisca Schreefel），我特别要感谢米歇尔·韦恩（Michele Wynn）对本书美国版的精心编辑和校对。

安娜贝尔·李（Annabel Lee）在很短的期限之内，为本书配上了出色的插图，我真希望我家厨房中的设备看上去能有这些图的一半好。卡罗琳·扬（Carolin Young）以一位食物历史学家的眼光审阅了本书，当然，书中尚存的任何错误毋庸置疑都是我的责任。在写作本书的初期，我参加了英国广播公司第四广播频道的食物节目，讨论有关食物的器皿用具，参与这次活动让我获益匪浅，帮助我完善了之前的一些想法，谢谢希拉·狄林（Sheila Dillon）和蒂利·巴洛（Dilly Barlow）。我还要感谢我在杂志《斯特拉》（*Stella*）所开设的食物栏目的编辑——才华横溢的埃尔弗瑞达·博纳尔（Elfreda Pownall）。我要把全部的爱和谢意送给我的家人，大卫（David）、汤姆（Tom）、塔莎（Tasha）和莱欧（Leo），谢谢你们容忍各种稀奇古怪的玩意儿闯进家中，还要强忍无聊，去参观那些开放的大家庭厨房，特别要感谢汤姆，谢谢你的那些关于题目的主意（虽然我们最后没有采纳你的想法）。

大部分的研究工作是在剑桥大学图书馆和澳大利亚国立大学堪培拉校区完成的（感谢鲍勃·古德温［Bob Goodin］）。最后，感谢来自各方的各种帮助、建议和支持，感谢埃莱茜（Alessi）公司的马修·布莱尔（Matthew Blair），以及凯瑟琳·布莱斯（Catherine Blyth）、艾米·布赖恩特（Amy Bryant）、大卫·伯内特（David Burnett）、萨利·布契（Sally Butcher）、约翰·卡迪乌斯（John Cadieux）、梅丽莎·卡拉来苏（Melissa Calaresu）、特蕾西·卡劳（Tracy Calow）、剑桥烹饪学校（Cambridge Cookery School）、伊安·戴（Ivan Day）、凯蒂·德拉蒙德（Katie Drummond）、凯瑟琳·邓肯－琼斯（Katherine Duncan-Jones）、冈萨洛·吉尔（Gonzalo Gil）、索菲·汉娜（Sophie Hannah）、克莱尔·休斯（Claire Hughes）、崔斯特瑞姆·亨特（Tristram Hunt）、汤姆·杰恩（Tom Jaine）、毕本·基德龙（Beeban Kidron）、米兰达·兰德格拉夫（Miranda Landgraf）、约翰·路易斯百货（John Lewis）的弗莱德利卡·拉蒂夫（Frederika Latif）、瑞格·李

（Reg Lee）、以斯帖·麦克尼尔（Esther Mcneill）、安妮·马尔科姆（Anne Malcolm）、安西娅·莫里森（Anthea Morrison）、安娜·墨菲（Anna Murphy）、约翰·奥赛普查克（John Osepchuk）、凯特·彼得斯（KatePeters）、斯蒂默炊具店（Steamer Trading）的本·菲利普斯（Ben Phillips）、萨拉·雷伊（Sarah Ray）、蒂内·罗切（Tine Roche）、米利·鲁宾（Miri Rubin）、凯茜·罗西曼（Cathy Runciman）、丽萨·罗西曼（Lisa Runciman）、露丝·罗西曼（Ruth Runciman）、加里·罗西曼（Garry Runciman）、海伦·萨贝里（Helen Saberi）、艾比·斯考特（Abby Scott）、OXO厨房五金的毕那·沙哈（Benah Shah）、加雷思·斯泰德曼·琼斯（Gareth Stedman Jones）、飞轮店（Aerobie）的亚历克斯·坦南特（Alex Tennant）、罗伯特（Robert）和伊萨贝尔·图姆斯（Isabelle Tombs）、马克·特纳（Mark Turner）、罗宾·威尔（Robin Weir）、杰伊·威廉姆斯（Jay Williams）、安德鲁·威尔逊（Andrew Wilson）以及艾米莉·威尔逊（Emily Wilson）。